JMeter

性能测试与脚本开发实战

蔡治国◎ 编著

人民邮电出版社

北京

图书在版编目（CIP）数据

JMeter性能测试与脚本开发实战 / 蔡治国编著. --
北京 : 人民邮电出版社, 2024.11
ISBN 978-7-115-63974-5

Ⅰ．①J… Ⅱ．①蔡… Ⅲ．①软件开发－程序测试
Ⅳ．①TP311.55

中国国家版本馆CIP数据核字(2024)第075523号

内 容 提 要

本书是关于 JMeter 性能测试与脚本开发技术的实用指南，旨在通过详尽的代码示例和深入浅出的案例分析，帮助读者从理论到实践逐步掌握 JMeter 性能测试与脚本开发的技术和方法。

本书共 11 章。首先介绍 JMeter 的基础知识和如何测试 HTTP；其次讲述 JMeter 参数化、断言、关联等高级技术和脚本调试技术；接着讨论如何构建复杂的测试场景和扩展 JMeter 的功能，如何测试 SOAP、NoSQL 和 WebSocket，以应对更多的测试场景，满足更多的需求；最后介绍 JMeter 内置对象和 JSR223 元素，以及 Groovy 脚本开发。

本书适合测试人员和开发人员阅读，也适合作为高等院校计算机相关专业的教材。

◆ 编　著　蔡治国
　　责任编辑　牟桂玲
　　责任印制　王　郁　焦志炜

◆ 人民邮电出版社出版发行　　北京市丰台区成寿寺路 11 号
　　邮编　100164　　电子邮件　315@ptpress.com.cn
　　网址　https://www.ptpress.com.cn
　　北京市艺辉印刷有限公司印刷

◆ 开本：800×1000　1/16
　　印张：19.5　　　　　　　　　2024 年 11 月第 1 版
　　字数：423 千字　　　　　　　2024 年 11 月北京第 1 次印刷

定价：89.80 元

读者服务热线：(010)81055410　印装质量热线：(010)81055316
反盗版热线：(010)81055315
广告经营许可证：京东市监广登字 20170147 号

前言

感谢你选择阅读本书。本书旨在帮助你深入了解 JMeter，并通过详细的示例，使你能够快速掌握 JMeter 性能测试与脚本开发的关键知识和技术。无论你是软件测试工程师、性能测试专家还是开发人员，相信本书都将成为你的"得力助手"。

为什么要写本书

随着数字化时代的到来，应用程序的性能和接口的稳定性对于企业系统的运维至关重要。为了确保系统在高负载下的可靠性以及与外部接口交互的稳定性，性能测试和接口测试环节不可或缺。

对于性能测试，JMeter 具备许多优势。作为一款开源工具，JMeter 提供免费且灵活的解决方案，适用于各种规模的项目和组织。此外，JMeter 支持多种协议和技术栈，并提供友好的图形用户界面，支持可扩展的脚本编写，使得测试人员能够快速上手并开发出高效、可靠的测试脚本。

尽管有很多关于 JMeter 的资料和教程，但专门讲述 JMeter 性能测试与脚本开发技巧的图书很少。本书通过提供全面而实用的指南，帮助你克服在 JMeter 脚本开发过程中遇到的困难，并在实际项目中取得成功。

在进行性能测试和接口测试时，由于业务需求的复杂性，JMeter 提供的测试元素可能无法满足所有需求。在实际项目中经常会遇到加盐加密、响应数据验签、复杂响应数据提取、数据库查询与验证等问题，本书提供解决这些问题的案例。通过学习和实践，你可以充分发挥 JMeter 的优势和作用，解决问题，从而在实际工作中获得更好的测试效果。

本书主要内容

本书共 11 章，分为 4 部分，主要内容如下。

第一部分（第 1 章和第 2 章）详细介绍 JMeter 的基础知识和使用方法。第 1 章将深入讲解 JMeter，包括其工作机制、安装部署和测试元素等。第 2 章则介绍如何使用 JMeter 进行 HTTP

测试，包括请求配置、测试请求等内容。通过本部分的学习，你能够快速上手并进行基本的 HTTP 测试。

第二部分（第 3～6 章）将带领你探索 JMeter 的进阶技术。第 3 章将重点介绍 JMeter 参数化技术，让你能够灵活地处理不同的测试数据和应对不同的参数化场景。第 4 章将详细介绍 JMeter 断言技术，帮助你验证测试结果的准确性和一致性。第 5 章将深入讲解 JMeter 关联技术，使你能够有效应对登录等复杂场景。第 6 章则专注于介绍 JMeter 脚本调试技术，帮助你快速定位和解决问题。

第三部分（第 7～9 章）将引领你拓展 JMeter 的功能。第 7 章将教你如何使用逻辑控制器构建复杂测试场景。第 8 章将介绍 JMeter 扩展机制，让你能够通过插件满足更多特定需求。第 9 章将探索如何使用 JMeter 测试 SOAP、NoSQL、WebSocket 等，使你能够应对多样化的测试场景。

第四部分（第 10 章和第 11 章）将带领你深入了解 JMeter 开发技术。第 10 章将详细介绍 JMeter 内置对象，如 ctx 对象、vars 对象、props 对象等，这些对象将为你提供更强的灵活性和控制力。第 11 章将深入讲解 JSR223 元素与 Groovy 脚本开发，让你能够利用 Groovy 脚本实现更复杂的功能。

本书读者对象

本书适合各层次的测试人员和开发人员阅读。

如果你是初学者，本书提供了丰富的参考资料和实用的技巧，可帮助你从基础开始了解 JMeter，并在理论与实践之间建立有效的连接。

如果你是有一定经验的专家，本书提供了 JMeter 脚本开发的技术细节和实践案例，可帮助你进一步扩展和优化技能，以应对实际项目中的挑战。

衷心希望本书能成为你探索和应用 JMeter 的指南，为你在软件测试领域取得更好的成果提供帮助。祝你阅读愉快，享受学习与实践 JMeter 的过程！

致谢

本书的创作过程漫长而艰辛，其中充满了挑战和磨砺。在这里，我向那些在我创作道路上给予我支持和鼓励的人致以诚挚的谢意。

首先，我要感谢我的家人和朋友。他们是我生命中的灵感源泉，他们的理解、支持和鼓励一直伴随着我，让我能坚持不懈地追求我的写作梦想。他们的陪伴和耐心使我能够顺利完成本书。

其次，我要感谢人民邮电出版社编辑团队的支持和帮助。他们为我的创作提供了良好的平台和机会，给予了我充分的信任和自由创作的空间。没有他们的支持，本书就无法面世。

最后，我要衷心感谢所有的读者。你们是我创作的动力和目标，感谢你们阅读我的作品，希望你们能给予我宝贵的意见和反馈。我诚恳地希望本书能够对你们有所启发和帮助。

蔡治国

资源与支持

资源获取

本书提供如下资源：

- 本书源代码；
- 本书思维导图；
- 异步社区 7 天 VIP 会员。

要获得以上资源，您可以扫描下方二维码，根据指引领取。

提交勘误信息

作者和编辑尽最大努力来确保书中内容的准确性，但难免会存在疏漏。欢迎您将发现的问题反馈给我们，帮助我们提升图书的质量。

当您发现错误时，请登录异步社区（https://www.epubit.com），按书名搜索，进入本书页面，单击"发表勘误"按钮，输入勘误信息，单击"提交勘误"按钮即可（见下页图）。本书的作者和编辑会对您提交的勘误信息进行审核，确认并接受后，您将获赠异步社区的 100 积分。积分可用于在异步社区兑换优惠券、样书或奖品。

与我们联系

我们的联系邮箱是 contact@epubit.com.cn。

如果您对本书有任何疑问或建议，请您发邮件给我们，并请在邮件标题中注明本书书名，以便我们更高效地做出反馈。

如果您有兴趣出版图书、录制教学视频，或者参与图书翻译、技术审校等工作，可以发邮件给我们。

如果您所在的学校、培训机构或企业想批量购买本书或异步社区出版的其他图书，也可以发邮件给我们。

如果您在网上发现有针对异步社区出品图书的各种形式的盗版行为，包括对图书全部或部分内容的非授权传播，请您将怀疑有侵权行为的链接通过邮件发送给我们。您的这一举动是对作者权益的保护，也是我们持续为您提供有价值的内容的动力之源。

关于异步社区和异步图书

"异步社区"是由人民邮电出版社创办的 IT 专业图书社区，于 2015 年 8 月上线运营，致力于优质内容的出版和分享，为读者提供高品质的学习内容，为作译者提供专业的出版服务，实现作者与读者在线交流互动，以及传统出版与数字出版的融合发展。

"异步图书"是异步社区策划出版的精品 IT 图书的品牌，依托于人民邮电出版社在计算机图书领域几十年的发展与积淀。异步图书面向 IT 行业以及各行业使用 IT 的用户。

目录

第二部分　进阶

第三部分　拓展

第四部分 深入

第一部分

基础

学习需要从基础开始。只有不断完善、沉淀和努力耕耘，才能实现自己的目标并取得长久的成功。在学习 JMeter 之初，你需要全面、系统地掌握 JMeter 的基础知识，特别是如何构建常用的 HTTP 测试脚本。这将为后面的系统学习奠定坚实的基础。

第 1 章　JMeter 基础

JMeter 是一款备受欢迎的、功能强大的性能测试工具，其易学、易用和深度定制的特点使其广受推崇。本章将详细介绍 JMeter 的基础知识，包括其工作机制、安装、部署、测试元素、执行顺序、作用域、测试计划、线程组以及常用配置元件等内容。

通过学习本章，读者将全面了解 JMeter 的基本原理和使用方法，并为进一步系统地学习 JMeter 打下坚实的基础。

1.1　JMeter 简介

JMeter 是一款使用广泛的开源性能测试工具，由 Apache 软件基金会开发与维护。它使用 Java 语言编写，主要用于对软件、网络、服务器等进行性能测试。JMeter 可以模拟多个并发用户发送不同类型的请求，如 HTTP（Hypertext Transfer Protocol，超文本传送协议）请求、HTTPS（Hypertext Transfer Protocol Secure，超文本传输安全协议）请求、FTP（File Transfer Protocol，文件传送协议）请求、JDBC（Java Database Connectivity，Java 数据库互连）请求、SMTP（Simple Mail Transfer Protocol，简单邮件传送协议）请求等，以评估系统在不同负载下的性能表现和稳定性。

JMeter 功能强大，支持多种不同类型的测试。除了性能测试，它也可以胜任一些其他类型的测试，如接口测试、功能测试、安全性测试与数据库测试等。

JMeter 具有以下特点。

- 开源免费：JMeter 是开源性能测试工具，可以免费下载和使用，无须支付任何费用。
- 平台无关性：由于 JMeter 是用 Java 编写的，因此它在各种操作系统（包括 Windows 操作系统、Linux 操作系统和 macOS）上都可以运行。
- 可扩展性：JMeter 提供了丰富的插件和可扩展性选项，用户可以根据需要自定义功能，并集成其他测试框架和工具。
- 多协议支持：JMeter 支持多种协议，如 HTTP、HTTPS、FTP、JDBC、SMTP 等，可

以对不同类型的应用程序和服务进行全面的测试。

- 分布式测试支持：JMeter 支持分布式测试，可以通过多个 JMeter 客户端模拟大量的并发用户，以评估系统在高负载下的性能表现。
- 强大的报告和图表功能：JMeter 提供了丰富的测试结果报告和图表，可以以可视化和易于理解的方式展示测试数据，帮助用户进行性能分析和决策。
- 多种验证和断言选项：JMeter 提供了多种验证响应数据和断言结果的选项，可以确保系统在预期范围内返回正确的数据和状态。
- 容易上手和使用：JMeter 具有用户友好的界面和直观的工作流程，用户可以快速上手并配置测试计划，无须学习复杂的编程知识。

1.2   JMeter 的工作机制

通过了解工具的机制，我们可以更深入地了解工具的功能和使用方法，从而更加高效地工作。掌握 JMeter 这款性能测试工具的机制，可以帮助我们更好地理解性能测试的流程和方法。

1.2.1   性能测试工具的核心要素

性能测试工具的核心要素包括以下几个方面。

- 基于协议：基于协议的性能测试是一种直接与被测系统底层通信协议进行交互的方法，而不是通过模拟用户在用户界面上的点击操作（单击、双击等）间接与被测系统底层通信协议进行交互。这种方法通过构建和发送符合特定协议的请求到被测系统，模拟真实用户的行为和交互过程。使用这种方式可以获得准确和细粒度的性能指标，如响应时间、吞吐量和错误率等。基于协议的性能测试可以模拟多个并发用户发送请求，以评估系统在高负载下的性能表现。它可以测试系统的吞吐量、响应时间、并发连接数等指标，帮助发现系统的瓶颈和性能问题。
- 虚拟用户和并发模拟：性能测试工具应具备创建和模拟大量虚拟用户的能力，并能够以多线程方式模拟并发访问。通过创建多个虚拟用户并以高并发模式进行请求，可以评估系统在高负载下的性能表现和稳定性。
- 场景设计和脚本编写：性能测试工具通常提供场景设计和脚本编写功能，用于模拟真实的用户行为和操作。通过编写脚本来定义使用场景和操作流程，可以准确地模拟用户在系统中的各种交互行为，从而评估系统在不同使用场景中的性能表现。
- 性能监控和指标收集：性能测试工具应当能够对系统性能进行实时监控，并收集关键的性能指标，如响应时间、吞吐量、并发数、错误率等。性能监控和指标收集功能可以帮助我们了解系统在不同负载下的性能表现，并快速定位性能瓶颈和问题。

■ 结果分析和报告生成：性能测试工具应当能够对测试结果进行分析和解读，并生成易于理解和使用的测试报告。结果分析功能可以帮助识别系统的性能瓶颈和问题，提供优化建议和决策依据；报告生成功能则可以将测试结果以可视化的方式展示，方便与利益相关者共享和交流。

综上所述，性能测试工具的核心要素包括基于协议、虚拟用户和并发模拟、场景设计和脚本编写、性能监控和指标收集，以及结果分析和报告生成。这些核心要素共同构成一个全面的性能测试工具，用于评估系统的性能表现、稳定性和可扩展性。

1.2.2　JMeter 的功能

JMeter 是一款功能强大的性能测试工具，可以基于各种协议进行测试，并通过多线程的方式模拟并发用户，支持设计各种场景来模拟真实的用户负载。

JMeter 支持多种协议，包括但不限于 HTTP、HTTPS、FTP、JMS（Java Message Service，Java 消息服务）协议、SOAP（Simple Object Access Protocol，简单对象访问协议）、REST（Representational State Transfer，描述性状态迁移）协议、TCP（Transmission Control Protocol，传输控制协议）、SMTP、LDAP（Lightweight Directory Access Protocol，轻量目录访问协议）等。这意味着可以使用 JMeter 对各种类型的应用程序或服务，如 Web 应用、移动应用、数据库、消息队列、API（Application Program Interface，应用程序接口）等进行性能测试。

在 JMeter 中，可以创建多个线程组，并为每个线程组配置不同的用户数量、循环次数、延迟等参数。每个线程组代表一个虚拟用户群体，可以根据实际情况来模拟不同的用户负载和行为。例如，可以创建一个线程组，模拟同时有 100 个用户进行登录操作，创建另一个线程组，模拟同时有 200 个用户浏览同一个网页。

除了基本的并发模拟功能外，JMeter 还提供了其他丰富的功能来设计各种场景。例如，可以使用定时器来模拟用户发送请求的间隔时间，让用户在不同时间点发送请求；也可以使用逻辑控制器来设计条件分支和循环，以模拟用户的不同操作路径；还可以使用数据文件来提供测试数据，模拟真实的用户输入。

1.2.3　JMeter 测试流程

使用 JMeter 进行测试的流程如图 1-1 所示。

图 1-1　使用 JMeter 进行测试的流程

使用 JMeter 进行测试的具体步骤如下。

（1）创建测试计划：在 JMeter 中，用户需要创建测试计划，用于组织和管理测试元素。测试计划是测试的顶层容器，可以包含多个线程组和其他测试元素。

（2）配置线程组：线程组是模拟并发用户的容器。用户可以配置线程组的用户数量、循环次数、延迟等参数。每个线程代表一个并发用户，可以使用线程组模拟多个并发用户同时执行测试脚本。

（3）添加测试元素：用户可以添加各种测试元素，如取样器、断言和监听器等。这些测试元素用于定义具体的测试行为、验证逻辑以及收集和分析测试结果。

（4）配置测试参数：对于每个测试元素，用户需要根据被测应用程序或服务的需求，配置相应的测试参数，如 URL（Uniform Resource Locator，统一资源定位符）、请求方法、请求头、请求体等。

（5）运行测试：测试参数配置完毕后，用户可以使用 GUI（Graphical User Interface，图形用户界面）模式或 CLI（Command-Line Interface，命令行界面）模式运行测试。JMeter 将模拟并发用户执行测试脚本，并发送请求到被测应用程序或服务。

（6）收集测试结果：在测试运行期间，JMeter 会收集各个请求的响应时间、吞吐量、错误率等性能指标。这些指标可以用来评估系统的性能表现和稳定性。

（7）分析测试结果：测试完成后，用户可以查看测试结果。JMeter 提供了多种方式来呈现测试结果，如图表和报告等。用户可以根据需要进行数据分析和性能评估。

1.3 JMeter 的安装部署

JMeter 的安装部署相对简单，可以分为单机部署和分布式部署两种方式。单机部署适用于简单的性能测试，而分布式部署则适用于需要模拟大量并发用户的复杂场景。用户可以根据需求选择合适的部署方式。

1.3.1 JMeter 环境需求

1. Java 运行时环境

JMeter 是基于 Java 开发的，所以需要安装 Java 运行时环境（Java Runtime Environment，JRE）或 Java 开发工具包（Java Development Kit，JDK）。不同版本的 JMeter 对 Java 版本的要求不尽相同。以下列出了 JMeter 常见版本对 Java 版本的支持情况。

- JMeter 3.3 仅支持 Java 8。
- JMeter 4.0 支持 Java 8+（Java 8 及更高版本）。
- JMeter 5.0 支持 Java 8+。
- JMeter 5.1.1 支持 Java 8+。

- JMeter 5.2.1 支持 Java 8+。
- JMeter 5.6.2 支持 Java 8+。

2.内存

JMeter 对内存的需求取决于执行的测试计划的复杂性和模拟的负载大小。默认情况下，JMeter 分配给堆内存的最大空间为 1GB，这在处理大型测试计划时可能会导致内存不足。

在进行大数据、高并发的压力测试时，可能会因为默认设置的堆内存太小而出现堆内存溢出的问题，一般在日志中会看到 java.lang.OutOfMemoryError: Java heap space 的异常。这时就需要修改 JMeter 内存参数。

修改 JMeter 内存参数的方法在后面的 JMeter 安装中介绍。

1.3.2 JMeter 运行方式

基于运行架构的不同，可以将 JMeter 运行方式分为单机模式与分布式模式两种。

1.单机模式

单机模式是指在单台计算机上执行测试，所有的线程、请求和测试资源都由该计算机处理。这种模式适用于对小规模系统进行性能测试或在本地开发环境中进行调试和验证。

使用单机模式进行测试时，所有的测试资源都由单台计算机处理，因此在测试大规模系统或高并发负载时可能会有一定的限制。在这种情况下，可以考虑使用分布式模式，将负载分散到多台计算机上执行测试。

2.分布式模式

分布式模式是指将负载分散到多台计算机上执行测试，以模拟大规模用户并发请求的场景。在分布式模式下，JMeter 使用一个主控制节点（Master 节点）和多个被控制节点（Slave 节点）来执行测试。

主控制节点是整个测试的管理者和协调者。在主控制节点上，使用 JMeter GUI 模式创建测试计划，并启动测试。主控制节点负责分配测试任务给所有的被控制节点，并收集、整合和汇总测试结果。

被控制节点是执行测试任务的计算机。每个被控制节点都需要安装 JMeter，并在 JMeter 服务器（jmeter-server）模式下运行。它们接收主控制节点发送的测试任务，并模拟用户并发请求，执行测试并返回结果给主控制节点。

主控制节点和被控制节点之间通过网络进行通信。主控制节点将测试任务分配给被控制节点，并实时接收被控制节点发送的测试结果。这要求主控制节点和被控制节点之间能够相互访问和通信。

分布式模式的工作原理是基于主从模型，通过将负载分散到多台计算机上执行测试来模拟并发请求。JMeter 分布式体系结构如图 1-2 所示。

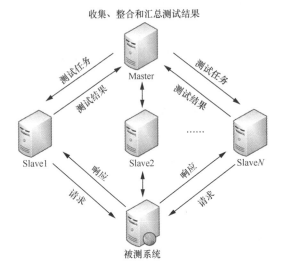

图 1-2   JMeter 分布式体系结构

JMeter 在分布式模式下执行测试的过程如下。

（1）配置主控制节点。

① 在一台计算机上选择 JMeter 作为主控制节点。

② 安装 JMeter 并配置其与被控制节点通信。

③ 创建测试计划。

（2）配置被控制节点。

① 在多台计算机上选择 JMeter 作为被控制节点。

② 安装 JMeter 并启动 JMeter 服务器模式。

③ 运行以下命令来启动被控制节点。

```
jmeter-server(Linux/macOS);jmeter-server.bat(Windows)
```

（3）启动测试。

① 在主控制节点上配置测试计划中的线程组和其他测试元素。

② 单击运行按钮来启动测试，主控制节点将向被控制节点发送测试任务。

③ 被控制节点接收测试任务后，开始执行测试，模拟用户的并发请求。

（4）收集结果。

① 被控制节点执行完测试任务后，将结果返回给主控制节点。

② 主控制节点收集、整合和汇总来自所有被控制节点的测试结果。

③ 查看聚合的测试结果和报告，以评估被测系统的性能和可靠性。

（5）结束测试。

① 停止主控制节点和被控制节点上的 JMeter 进程。

② 清理测试环境，确保所有资源都已释放。

1.3.3　JMeter 单机部署

1．安装步骤

以在 Windows 10（64 位）上安装 JMeter 5.6.2 为例进行说明，JMeter 的安装步骤如下。

（1）安装 Java 8（JDK 8）。假设安装路径为 C:\Program Files\Java\jdk1.8.0_212。

（2）配置 Java 8 环境变量。

① 新建系统环境变量 JAVA_HOME，将其值设置为 Java 8 的安装路径 C:\Program Files\Java\jdk1.8.0_212。

② 修改系统环境变量 Path，在其值后追加 ";%JAVA_HOME%\bin"（注意不要忘记前面的分号）。

③ 测试 Java 8。打开命令行窗口，分别运行 java、javac、java -version 这 3 条命令。若前两条命令运行后输出了命令的语法帮助信息，最后一条命令运行后输出了 Java 8 的版本信息，则表明 Java 8 安装成功。

（3）安装 JMeter 5.6.2。从 JMeter 官网下载安装包 apache-jmeter-5.6.2.zip，将其解压到任意目录即可，如 D:\Programs\apache-jmeter-5.6.2。

（4）配置 JMeter。在安装目录下的 bin 目录中，找到 jmeter.properties 文件，使用文本编辑器打开它，找到下面的内容。

```
#sampleresult.default.encoding=UTF-8
```

将前面的 "#" 删除，将 "=" 后的 UTF-8 改成想要的编码方式。其实从 JMeter 5.6.1 开始，默认使用 UTF-8 编码，一般不需要额外配置。

（5）在 bin 目录中找到 jmeter.bat，双击即可启动 JMeter 5.6.2（使用 GUI 模式）。

2．JMeter 目录结构

JMeter 安装目录下的各个目录都有特定的功能。为了方便使用 JMeter 工具，我们必须熟悉这些目录的作用。JMeter 5.6.2 的目录结构如下。

- bin：包含 JMeter 的可执行文件和运行脚本。
- docs：包含 JMeter 的官方文档和帮助文件。这些文件提供 JMeter 的详细说明和使用指南。
- extras：包含一些额外的 JMeter 扩展和插件，如图表生成器、自定义插件等。这些扩展和插件可以增强 JMeter 的功能。

- lib：包含 JMeter 的核心库和依赖库。这些库提供 JMeter 的核心功能和支持，如 HTTP 请求、数据库请求、断言等。
- lib\ext：包含 JMeter 的扩展库。用户可以将自定义的 JMeter 插件和扩展放置在这个目录下，以便 JMeter 加载和使用。
- lib\junit：包含 JMeter 的 JUnit 库。JMeter 使用 JUnit 来执行一些基于 Java 的测试脚本。
- bin\jmeter.properties：JMeter 的主要配置文件之一，包含许多全局属性和默认值，可以通过编辑此文件来自定义 JMeter 的行为和设置。
- bin\jmeter.bat 与 bin\jmeter.sh：JMeter 启动脚本。jmeter.bat 用于在 Windows 环境中启动 JMeter，jmeter.sh 用于在 Linux、macOS 环境中启动 JMeter。
- bin\jmeter-server.bat 与 bin\jmeter-server.sh：JMeter 服务器启动脚本。jmeter-server.bat 用于 Windows 环境，jmeter-server.sh 用于 Linux、macOS 环境。

3．配置 JMeter 的 JVM 参数

1）在 Windows 系统中配置

在 Windows 系统中配置 JVM（Java Virtual Machine，Java 虚拟机）参数有两种方式。

第一种方式是修改 jmeter.bat 文件。

用文本编辑器打开 bin\jmeter.bat 文件，找到图 1-3 所示的代码行。

```
148  if not defined HEAP (
149      rem See the unix startup file for the rationale of the following parameters,
150      rem including some tuning recommendations
151      set HEAP=-Xms1g -Xmx1g -XX:MaxMetaspaceSize=256m
152  )
```

图 1-3　在 Windows 系统中修改 jmeter.bat 文件

这里就是配置 JVM 参数的地方。根据需要，可以修改如下参数的值。

- -Xms1g：设置 JVM 堆内存的初始值为 1GB。
- -Xmx1g：设置 JVM 堆内存的最大值为 1GB。
- -XX:MaxMetaspaceSize=256m：设置元空间的最大值为 256MB。这个参数仅在 Java 8 或更高版本中有效。

修改参数后，保存文件，重启 JMeter 即可。

第二种方式是修改 setenv.bat 文件。

在 bin 目录下新建 setenv.bat 文件，在该文件中配置如下 JVM 参数。

```
set JVM_ARGS=-Xms1g -Xmx1g -XX:MaxMetaspaceSize=256m
```

注意，setenv.bat 文件中配置的参数的优先级高于 jmeter.bat 文件中配置的参数的优先级，若在这两个文件中都配置了 JVM 参数，则以 setenv.bat 文件中配置的参数为准。

2）在 Linux 系统、macOS 中配置

在 Linux 系统、macOS 中配置 JVM 参数也有两种方式。

第一种方式是修改 jmeter（非 jmeter.sh）文件。

用文本编辑器打开 bin/jmeter 文件，找到图 1-4 所示的代码行。

```
164  # This is the base heap size -- you may increase or decrease it to fit your
165  # system's memory availability.
166  : "${HEAP:="-Xms1g -Xmx1g -XX:MaxMetaspaceSize=256m"}"
167
```

图 1-4　在 Linux 系统、macOS 中修改 jmeter 文件

这里就是配置 JVM 参数的地方。根据需要，可以修改如下参数的值。

- -Xms1g：设置 JVM 堆内存的初始值为 1GB。
- -Xmx1g：设置 JVM 堆内存的最大值为 1GB。
- -XX:MaxMetaspaceSize=256m：设置元空间的最大值为 256MB。这个参数仅在 Java 8 或更高版本中有效。

修改参数后，保存文件，重启 JMeter 即可。

第二种方式是修改 setenv.sh 文件。

在 bin 目录下新建 setenv.sh 文件，在该文件中配置如下 JVM 参数。

```
export JVM_ARGS="-Xms1g -Xmx1g -XX:MaxMetaspaceSize=256m"
```

注意，setenv.sh 文件中配置的参数的优先级高于 jmeter 文件中配置的参数的优先级，若在这两个文件中都配置了 JVM 参数，则以 setenv.sh 文件中配置的参数为准。

1.3.4　JMeter 分布式部署

JMeter 分布式部署需要的安装包如表 1-1 所示。

表 1-1　JMeter 分布式部署需要的安装包

程序名	描述	安装包名	备注
Java 8	Java 环境	jdk-8u212-linux-i586.tar.gz	无
JMeter Master	JMeter Master 安装程序	apache-jmeter-5.6.2.zip	无
JMeter Slave	JMeter Slave 安装程序	apache-jmeter-5.6.2.zip	主控制节点和被控制节点使用的安装包相同

这里以主控制节点控制两台被控制节点为例介绍 JMeter 分布式部署。JMeter 分布式部署需要的服务器如表 1-2 所示。

表 1-2　JMeter 分布式部署需要的服务器

名称	操作系统信息	IP 地址	端口号
JMeter Master	64 位 Windows 10	192.168.126.1	随机
JMeter Slave1	32 位 RHEL 6.9	192.168.126.129	1099
JMeter Slave2	32 位 RHEL 6.9	192.168.126.130	1099

首先，部署并配置多个被控制节点。具体步骤如下。

（1）安装 Java 8。

```
[root@localhost ~]# mkdir -p /usr/local/java
[root@localhost ~]# tar -zxvf jdk-8u212-linux-i586.tar.gz -C /usr/local/java
```

（2）配置 Java 8 环境变量，并在/etc/profile 文件末尾加入如下内容。

```
[root@localhost ~]# vim /etc/profile
export JAVA_HOME=/usr/local/java/jdk1.8.0_212
export PATH=$JAVA_HOME/bin:$PATH
```

（3）安装被控制节点。

```
[root@localhost ~]# mkdir -p /usr/local/jmeter
[root@localhost ~]# unzip apache-jmeter-5.6.2.zip -d /usr/local/jmeter
```

（4）配置被控制节点。用文本编辑器打开 bin 目录下的 jmeter.properties 配置文件，找到下面的行并修改。

```
server_port=1099              # 默认端口号为1099，可以将其改为其他端口号
server.rmi.ssl.disable=true # 取消注释，并将 false 改为 true
```

（5）启动 jmeter-server。

```
[root@localhost ~]# cd /usr/local/jmeter/apache-jmeter-5.6.2/bin/
[root@localhost bin]# nohup ./jmeter-server -Djava.rmi.server.hostname=
192.168.126.129 &
```

注意，当为 JMeter 服务器配置了多张网卡时，启动 JMeter 服务器需要使用 Djava.rmi.server.hostname 选项指定 IP 地址。

被控制节点 2 的部署方法与被控制节点 1 的部署方法相似，但启动 JMeter 服务器时需要指定 Djava.rmi.server.hostname=192.168.126.130。

然后，部署并配置主控制节点。具体步骤如下。

（1）安装 Java 8。

（2）配置 Java 8 环境变量。

（3）安装主控制节点。

（4）配置主控制节点。用文本编辑器打开 bin 目录下的 jmeter.properties 配置文件，找到下面两行。

```
remote_hosts=127.0.0.1
#server.rmi.ssl.disable=true
```

将这两行分别改为如下内容。

```
remote_hosts=192.168.126.129:1099,192.168.126.130:1099
```

`server.rmi.ssl.disable=true # 取消注释，并将 false 改为 true`

注意，被控制节点的 IP 地址与端口用英文冒号 (:) 连接，多个键值对之间用英文逗号 (,) 分隔。

（5）双击 bin 目录下的 jmeter.bat，以 GUI 模式启动 JMeter。

接下来即可在 JMeter GUI 中进行测试与验证。

以 GUI 模式启动主控制节点，在菜单栏中选择 Run→Remote Start，如果可以看到配置的两个远程被控制节点的信息，并且单击都能启动成功，则表示 JMeter 安装部署成功，如图 1-5 所示。

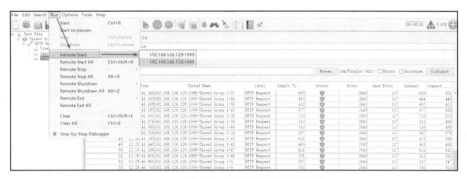

图 1-5　查看远程被控制节点的信息

为了确保成功地进行 JMeter 分布式部署，需要特别注意以下几个方面。

- 主控制节点与各被控制节点使用的 Java 版本必须保持一致。
- 主控制节点与各被控制节点使用的 JMeter 版本必须保持一致。
- 若测试计划中引用了某插件，则主控制节点与各被控制节点都要包含该插件。
- 主控制节点与所有的被控制节点必须在同一网段。
- 关闭主控制节点与各被控制节点上的防火墙或开放通信端口。
- 测试计划只需要放在主控制节点上，执行时会自动分发到各被控制节点，无须为每个被控制节点复制一份。
- 若测试计划中引用了参数化文件，则需要将相应的参数化文件复制到各个被控制节点上，并且存放的路径需要保持一致。
- 分布式部署时执行的线程数等于单机部署时执行的线程数与被控制节点数的乘积。例如，在单机部署模式下，运行 50 个线程，若采用分布式部署时有 4 个被控制节点，则总共执行的线程数为 50×4=200。

1.4　JMeter 测试元素和 JMeter GUI

构建 JMeter 测试类似于组装智能设备，如智能手机。智能手机由 CPU（Central Processing Unit，中央处理器）、内存、输入/输出设备（如听筒、摄像头）、屏幕和电池等物理部件构成。

而 JMeter 测试由一系列测试元素构成。JMeter 提供了构建测试所需的所有元素，测试者只需要根据需求选择合适的测试元素，然后将它们"组装"在一起即可构建所需的测试。

JMeter 提供了 4 种类型的测试元素用于构建 JMeter 测试。

- 测试计划。
- 线程组。
- 控制器。控制器包括取样器、逻辑控制器与测试片段。
- 组件。组件包括配置元件、前置处理器、定时器、后置处理器、断言与监听器。

通过选取和"组装"这些测试元素，测试者可以灵活地构建各种复杂的测试场景，并对系统进行全面的性能和负载测试。

1.4.1　JMeter 测试元素

1．测试计划

测试计划（Test Plan）用于定义整个测试的结构和配置。它是包含测试元素和配置参数的树状结构，用于描述测试场景和测试流程。

在 JMeter 中，测试计划是顶层的元素，所有的测试元素都是在测试计划下进行配置和组织的。一个 JMeter 测试计划可以包含多个线程组。在线程组中可以添加各种测试元素，如 HTTP 请求、JDBC 请求、响应断言等，用于定义具体的测试行为和验证逻辑。

测试计划中的每个测试元素都有相应的参数，用户可以根据需要进行配置。例如，对于 HTTP 请求，用户可以配置 URL、请求方法、请求头、请求体等参数；对于断言，用户可以配置与期望的响应结果和验证规则相关的参数。

通过配置不同的测试元素和参数，用户可以模拟各种场景和负载条件来测试应用程序或服务的性能和稳定性。测试计划还可以包含逻辑控制器、定时器、前置处理器、后置处理器等，用于控制测试流程和处理测试数据。

JMeter 使用.jmx（JMeter XML）文件来保存测试计划的配置和设置。.jmx 文件是 XML（Extensible Markup Language，可扩展标记语言）格式的文件，包含 JMeter 测试计划的所有信息。

2．线程组

线程组（Thread Group）用于定义并发用户的行为和测试执行方式。一个线程组代表一组并发用户，可以同时执行相同或不同的测试操作。

在 JMeter 中，线程组用于配置并发用户数量、循环次数、延迟等参数。用户可以根据需求创建多个线程组，每个线程组可以模拟不同的并发用户场景。

线程组还可以包含其他元素，如配置元件、逻辑控制器、前置处理器、后置处理器、断言等，以实现更复杂的测试场景。

3．控制器

控制器（Controller）用于控制怎样发送请求与发送请求的逻辑，包括取样器、逻辑控制器与测试片段 3 种类型。

1）取样器

取样器（Sampler）用于发送请求并模拟用户的行为。取样器可以发送不同类型的请求，如 HTTP 请求、FTP 请求、JDBC 请求等，以模拟用户与被测系统的交互。

JMeter 提供了多种类型的取样器，常用的有如下几种。

- HTTP Request（HTTP 请求）：用于发送 HTTP 或 HTTPS 请求，支持 GET、POST、PUT、DELETE 等常用的请求方法。
- Debug Sampler（调试取样器）：用于调试和验证测试脚本。它可以将任意变量或属性的值输出到查看结果树中，以便检查脚本中的数据和逻辑。
- JSR223 Sampler（JSR223 取样器）：允许使用 JSR223 脚本代码来执行各种复杂的逻辑和操作。
- JDBC Request（JDBC 请求）：用于发送 SQL（Structure Query Language，结构查询语言）语句到数据库，可以模拟数据库查询操作。
- FTP Request（FTP 请求）：用于发送 FTP 请求，可以模拟文件上传、下载等操作。
- SMTP Sampler（SMTP 取样器）：用于发送 SMTP 请求，可以模拟发送邮件的操作。

2）逻辑控制器

逻辑控制器（Logic Controller）用于控制测试计划中的请求执行顺序、控制请求的循环、实现条件分支和逻辑判断、组织和管理测试计划的结构等。通过控制测试计划中取样器和其他元素的执行方式，可以模拟用户的行为和业务流程。

JMeter 提供了多种逻辑控制器，以下是一些常见的逻辑控制器。

- If Controller（If 控制器）：根据条件判断是否执行某个测试元素。可以使用 JMeter 的函数或变量作为条件进行判断。
- Transaction Controller（事务控制器）：用于将多个请求组合成一个事务，并对事务的执行进行计时和统计。
- Loop Controller（循环控制器）：用于重复执行包含在该控制器中的测试元素，可以指定循环次数或无限循环，适用于模拟重复的用户操作。
- While Controller（While 控制器）：用于在满足条件的情况下，重复执行包含在该控制器中的测试元素，直到条件不再满足为止。
- ForEach Controller（ForEach 控制器）：提供一种简单且方便的方法来遍历数据集合并重复执行特定的请求或操作。
- Include Controller（Include 控制器）：提供一种方便的方法来复用和组织测试逻辑。通过将常用的测试片段单独存储并引用它们，提高测试脚本的可维护性和代码的可重用性。

3）测试片段

测试片段（Test Fragment）是一种可重复使用的测试元素，用于将一组相关的测试步骤封装成一个独立的片段，以便在测试计划中多次引用。

测试片段可以包含多个测试元素，如取样器、断言、前置处理器、后置处理器等。通过将这些元素组合成一个测试片段，可以方便地复用和管理测试步骤，提高测试脚本的可维护性和可扩展性。

需要注意的是，测试片段只能在同一个测试计划中进行引用，无法跨测试计划进行引用。此外，测试片段不能单独执行，只能通过引用它们的测试计划来执行。

4. 组件

为了实现更精细的控制和验证，JMeter 提供了多种组件，包括配置元件、前置处理器、定时器、后置处理器、断言与监听器。这些组件可以帮助我们进行更多的配置和操作，以满足不同的测试需求。它们作用于测试计划的不同阶段，以实现对应用程序的全面测试和验证。通过使用这些组件，我们可以更好地优化和控制测试计划，以获得更准确的测试结果。

1）配置元件

配置元件（Config Element）的作用是设置和配置测试计划的各种环境与参数，以确保测试能够准确地模拟真实场景并产生有效的结果。

JMeter 提供了多种配置元件。以下是一些常见的配置元件。

- CSV Data Set Config（CSV 数据集配置）：用于从 CSV（Comma-Separated Value，逗号分隔值）文件中读取数据，并将这些数据作为参数传递给测试脚本中的请求。这样可以方便地进行多用户场景模拟和数据驱动测试。
- HTTP Header Manager（HTTP 信息头管理器）：用于设置 HTTP 请求头的信息，如 User-Agent、Referer、Content-Type、Authorization 等。
- HTTP Cookie Manager（HTTP Cookie 管理器）：用于管理 HTTP 请求中的 Cookie 信息。通过 HTTP Cookie 管理器，我们可以自动处理和管理 Cookie，以便在测试过程中模拟真实的用户会话。
- HTTP Cache Manager（HTTP 缓存管理器）：用于模拟浏览器缓存行为。通过 HTTP 缓存管理器，我们可以控制和管理 HTTP 请求和响应的缓存，以模拟真实的浏览器行为。
- HTTP Request Defaults（HTTP 请求默认值）：用于设置 HTTP 请求的默认值，如服务器地址、端口、协议、路径等。
- Counter（计数器）：用于生成一个或多个线程的计数器。它可以在测试计划中的不同位置使用，以便在测试过程中生成唯一的计数值。
- JDBC Connection Configuration（JDBC 连接配置）：用于配置 JDBC 连接的参数，如数据库 URL、用户名、密码等。
- User Defined Variables（用户自定义变量）：用于定义用户自定义变量，可以在测试计划中引用这些变量。

2）前置处理器

前置处理器（Pre-Processor）用于在发送请求之前对请求进行预处理。例如，修改请求参数、对请求数据进行加密加签处理、添加请求头、设置变量等，以模拟真实用户请求并满足测试需求。

JMeter 提供了多种前置处理器。以下是一些常见的前置处理器。

- User Parameters（用户参数）：用于设置用户参数，可以在测试计划中引用这些参数，以模拟多个用户的不同输入。
- JSR223 PreProcessor（JSR223 前置处理器）：用于执行自定义的 JSR223 脚本代码，可以在发送请求之前执行一些复杂的逻辑。

3）定时器

定时器（Timer）用于在请求之间添加延迟或等待时间，以模拟用户的行为和网络环境。JMeter 提供了多种定时器。以下是一些常见的定时器。

- Constant Timer（固定定时器）：在请求之间等待固定的时间间隔。
- Uniform Random Timer（统一随机定时器）：在指定的时间范围内随机等待一个时间间隔，可以模拟用户的不规律行为。
- JSR223 Timer（JSR223 定时器）：可以通过编写自定义的 JSR223 脚本代码来控制请求之间的时间间隔。
- Synchronizing Timer（同步定时器）：用于模拟并发用户的场景。该定时器将等待固定数量的线程到达，然后一起释放它们，以模拟大量用户在同一时间发送请求。

4）后置处理器

后置处理器（Post Processor）用于在接收到服务器响应后对响应进行处理。例如，从响应中提取数据、修改响应数据或执行其他需要在请求之后完成的操作。它们可以解析和使用响应数据，以便进行进一步的验证、断言或其他处理。

JMeter 提供了多种后置处理器。以下是一些常见的后置处理器。

- Regular Expression Extractor（正则表达式提取器）：通过使用正则表达式从响应数据中提取特定的内容。它可以根据指定的正则表达式提取出满足条件的文本，并将提取的结果存储到变量中供后续使用。
- JSON Extractor（JSON 提取器）：用于从 JSON（JavaScript Object Notation，JavaScript 对象表示法）格式的响应中提取数据。它可以根据 JSON Path 表达式提取出满足条件的值，并将提取的结果存储到变量中。
- CSS Selector Extractor（CSS Selector 提取器）：用于从 HTML（Hypertext Markup Language，超文本标记语言）或 XML 响应中提取数据。它可以使用 CSS Selector 定位并提取匹配元素的属性或内容，并将提取的结果存储到变量中。
- JSR223 PostProcessor（JSR223 后置处理器）：可以通过编写自定义的 JSR223 脚本代码对响应进行处理。

5）断言

断言（Assertion）用于验证服务器响应是否符合预期。断言可以对响应的内容、格式、状态码、时间等进行验证，以确保被测应用程序的正确性和稳定性。如果断言失败，JMeter 将抛出断言错误，并将对应请求标记为失败。

JMeter 提供了多种断言。以下是一些常见的断言。

- Response Assertion（响应断言）：用于验证响应的内容是否符合预期。可以使用字符串、正则表达式等进行匹配。
- JSON Assertion（JSON 断言）：用于验证 JSON 响应是否符合预期。可以使用 JSON Path 表达式进行匹配。
- Size Assertion（大小断言）：用于验证响应的大小是否符合预期。
- Duration Assertion（持续时间断言）：用于验证请求时间是否在预定范围内。
- JSR223 Assertion（JSR223 断言）：可以通过编写自定义的 JSR223 脚本代码对响应进行验证。

6）监听器

监听器（Listener）用于收集和展示测试执行期间的结果与信息。它可以显示请求和响应的详细信息，提供实时的性能监控和报告，帮助分析和调试测试脚本。

JMeter 提供了多种监听器。以下是一些常见的监听器。

- View Results Tree（查看结果树）：以树状结构显示每个请求的详细结果，包括响应内容、请求头、请求参数等。
- Aggregate Report（聚合报告）：显示每个请求的聚合结果，包括请求的响应时间、吞吐量、错误率等。
- JSR223 Listener（JSR223 监听器）：使用自定义的 JSR223 脚本代码，根据需求编写自己的监听器来收集和显示测试结果。
- Response Time Graph（响应时间图）：以图表形式显示每个请求的响应时间变化情况。

1.4.2　JMeter GUI

JMeter 提供了一个 GUI 来帮助用户创建和管理测试计划，并进行测试。JMeter 以 GUI 模式启动后就会打开 GUI。熟悉 GUI 是熟练掌握 JMeter 脚本开发的前提条件。GUI 按照功能可以划分为菜单栏、工具栏、测试计划面板、元素编辑区与运行日志区 5 个区域，如图 1-6 所示。

1. 菜单栏

JMeter 的菜单栏提供了多种功能和选项，用于配置和管理测试计划。以下是 JMeter 菜单栏中的主要选项。

- File（文件）：用于执行新建、打开、保存、重启、退出等操作。

图 1-6　GUI

- Edit（编辑）：用于执行新增、剪切、复制、粘贴、复写、删除等编辑操作。
- Search（查找）：用于执行查找、重置搜索操作。
- Run（运行）：用于执行启动、停止、关闭、远程启动、远程关闭等运行操作。
- Options（选项）：用于进行外观设置、日志级别设置、界面语言设置等选项设置。
- Tools（工具）：用于执行打开函数助手、生成 HTML 测试报告、编译 JSR223 脚本等操作。
- Help（帮助）：用于打开在线帮助文档和一些有用的网站链接等帮助资源。

2. 工具栏

JMeter 的工具栏提供了一些常用的快捷操作和功能按钮，方便用户进行测试计划的配置和管理，如表 1-3 所示。

表 1-3　JMeter 的工具栏

快捷图标	描述	快捷键
	创建一个新的测试计划	Ctrl + N
	测试计划模板	
	打开一个已有的测试计划	Ctrl + O
	保存当前的测试计划	Ctrl + S
	剪切选中的元素	Ctrl + X
	复制选中的元素	Ctrl + C
	粘贴剪贴板中的元素	Ctrl + V
	展开所有元素	Ctrl + Shift + -
	折叠所有元素	Ctrl + -

快捷图标	描述	快捷键
	在启用元素与禁用元素之间切换	Ctrl + T
	开始执行测试计划	Ctrl + R
	开始执行测试计划，不停顿（忽略定时器）	Ctrl + Shift + N
	停止执行当前测试	Ctrl + .
	关闭测试计划	Ctrl + ,
	清除选中的测试结果	Ctrl + Shift + E
	清除所有的测试结果（包括运行日志）	Ctrl + E
	打开函数助手	Ctrl + Shift + F1
	打开在线帮助文档	Ctrl + H
00:00:00	测试计划运行时长	
⚠ 5	运行日志中的错误数，单击可显示或隐藏日志查看器	
0/5	正在运行的线程数/总的线程数	

3．测试计划面板

JMeter 的测试计划面板是用户进行测试计划配置的主要区域。在测试计划面板中，用户可以添加和管理各种元素，如线程组、取样器、断言、监听器等，以构建完整的测试场景。

测试计划面板提供了丰富的功能和选项，以方便用户进行测试计划的设置和管理。

1）添加元素

在 JMeter 中，只有测试计划、线程组、逻辑控制器、取样器 4 类元素可以当作元素容器，容纳子元素。

测试计划是唯一的根节点，不能再容纳其他测试计划。控制器只能存在于线程组中，不能直接添加到测试计划中。除了以上两类元素，其他元素都能直接添加到测试计划中。例如，在测试计划中添加线程组元素，如图 1-7 所示。

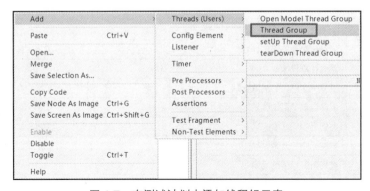

图 1-7   在测试计划中添加线程组元素

在 JMeter 中，在测试计划节点上右击，选择 Add→Threads(Users)→Thread Group，即可添加线程组到测试计划面板中。

线程组节点下可以直接添加除测试计划与线程组之外的任意元素。

逻辑控制器节点下也可以直接添加除测试计划与线程组之外的任意元素。

取样器节点下可以直接添加配置元件、定时器等组件。

为了提高开发脚本的效率，有必要记住一些常用的添加测试元素的快捷键，如表 1-4 所示。

表 1-4 常用的添加测试元素的快捷键

要添加的测试元素	快捷键
Thread Group	Ctrl + 0
HTTP Request	Ctrl + 1
Regular Expression Extractor	Ctrl + 2
Response Assertion	Ctrl + 3
Constant Timer	Ctrl + 4
Flow Control Action	Ctrl + 5
JSR223 PostProcessor	Ctrl + 6
JSR223 PreProcessor	Ctrl + 7
Debug Sampler	Ctrl + 8
View Results Tree	Ctrl + 9

2）删除元素

在测试计划面板中删除元素有以下 3 种方法。

■ 在 JMeter 中，右击要删除的元素，选择 Remove，即可删除对应元素。

■ 单击选中要删除的元素，按 Delete 键，即可删除选中的元素。

■ 按住 Ctrl 或 Shift 键，同时单击要删除的元素，这样可以选中多个元素，右击并选择 Remove 或按 Delete 键，即可进行批量删除。

注意，若选中的元素有子元素，则子元素会被一并删除。

3）移动元素

有时元素位置不太合理，这种情况下需要通过移动元素来调整元素位置。单击选中要移动的元素，按住鼠标左键将其拖曳到要移动的位置，待到显示下画线并且鼠标指针下方出现一个虚线矩形（见图 1-8）时，松开鼠标左键，该元素就会移动到显示下画线的位置。有一种特殊情况，如果想移动一个元素到另一个元素下并使前者成为后者的子元素，但后者当前没有任何子元素，则必须拖曳第一个元素（要移动的那个元素）到第二个元素（一般此元素会以背景色高亮显示）上，待鼠标指针下

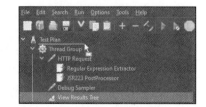

图 1-8 移动元素

方出现一个虚线矩形时，松开鼠标左键，要移动的那个元素就成为第二个元素的子元素。当

元素不能移动到某个位置时，鼠标指针会变成禁止移动状态（◎）。

4）复写元素

有时需要添加类似的元素，此时可以通过复写元素来提高开发效率。单击选中需要复写的元素，按 Ctrl+Shift+C 快捷键即可。也可以在按住 Ctrl 或 Shift 键的同时，单击选中多个元素后，再按 Ctrl+Shift+C 快捷键批量复写元素。

5）禁用/启用元素

有时为了便于调试脚本，需要暂时禁用一些元素，调试完后再启用。单击选中需要禁用的元素，按 Ctrl+T 快捷键即可禁用该元素，再按一次 Ctrl+T 快捷键即可启用该元素。也可以在按住 Ctrl 或 Shift 键的同时，通过单击选中多个元素，再按 Ctrl+T 快捷键，批量禁用元素。

4．元素编辑区

在测试计划面板中，单击选中要编辑的测试元素，就会显示对应的元素编辑区，可以在其中查看或编辑元素内容。

5．运行日志区

在调试脚本时，有时需要在日志查看器中查看运行日志。日志查看器（Log Viewer）默认是关闭的，若要开启，可以在菜单栏中选择 Options→Log Viewer，或单击 GUI 右上角的 Show the number of errors in log 按钮；若要关闭，操作方法与开启方法类似。

1.5　元素执行顺序与组件作用域

在清楚了 JMeter 中元素的执行顺序与作用域之后，就可以更好地理解和控制测试计划的执行方式，避免冲突和错误，并确保测试结果的准确性和可靠性。这对构建高质量的性能测试非常重要。

1.5.1　元素执行顺序

1．线程组执行顺序

线程组有 3 种类型——setUp 线程组、tearDown 线程组、普通线程组。

首先，我们来看 setUp 线程组。不论 setUp 线程组处于测试计划中的哪个位置，它都是首先执行的。setUp 线程组的作用是为测试做一些准备工作，例如准备测试数据、建立数据库连接、加载配置文件等。通过 setUp 线程组，我们可以在测试开始之前执行必要的初始化操作，以确保后续的测试能够顺利进行。setUp 线程组通常只执行一次，在测试开始之前调用。

接下来，我们再看 tearDown 线程组。不论 tearDown 线程组处于测试计划中的哪个位置，它都是最后执行的。tearDown 线程组的作用是为测试做一些清理工作，以确保测试环境的整洁性和稳定性。例如，删除测试过程中产生的临时文件、关闭数据库连接、释放资源等。通过 tearDown 线程组，我们可以在测试结束之后执行必要的清理操作，以免影响后续的测试或者留下一些脏数据。tearDown 线程组通常只执行一次，在所有测试结束之后调用。

　　一般情况下，测试计划下只允许至多存在一个 setUp 线程组与一个 tearDown 线程组。但普通线程组可以有多个。若有多个普通线程组，它们默认是按照并行方式执行的，也就是说，所有普通线程组都是同时执行的。但如果普通线程组中的操作存在逻辑上的先后顺序，就需要普通线程组按照它们在测试计划中出现的先后顺序依次执行。这种情况下，只需要在测试计划配置面板中勾选 Run Thread Groups consecutively（i.e. one at a time）复选框即可，如图 1-9 所示。

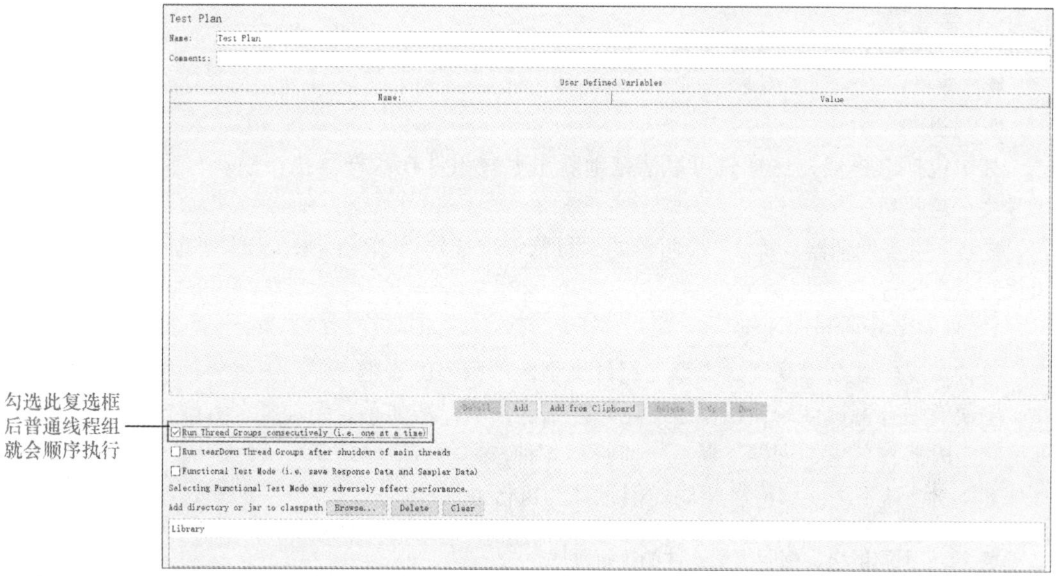

图 1-9　勾选 Run Thread Groups consecutively(i.e. one at a time)复选框

2．控制器执行顺序

　　控制器主要包括取样器与逻辑控制器。控制器只能存在于某个线程组。在单个线程组中，控制器都是顺序执行的，也就是按照它们在线程组中出现的先后顺序依次执行。

　　每执行一次取样器，就会按照"配置元件→前置处理器→定时器→取样器→后置处理器→断言→监听器"这样的闭环执行一次对其起作用的组件。

3．组件执行顺序

　　组件的执行顺序比较复杂，受层次类型与组件类型两个因素的影响。下面分 4 种情况进行讨论。

1）相同层次、相同类型

相同层次、相同类型的组件按出现的先后顺序依次执行。例如，如果在同一个 HTTP 请求下添加两个 JSON 断言，那么这两个 JSON 断言是顺序执行的。

2）相同层次、不同类型

相同层次、不同类型的组件并不是顺序执行的，而是优先级高的先执行。按照优先级从高到低排列的组件如下所示：

- 配置元件；
- 前置处理器；
- 定时器；
- 取样器；
- 后置处理器；
- 断言；
- 监听器。

其中包括取样器，这样就可以清楚地看出哪些组件在取样器执行前执行，哪些组件在取样器执行后执行。

注意，后置处理器、断言、监听器的执行依赖取样器请求的结果，若服务器没有返回响应，则它们不会执行。

3）不同层次、相同类型

这种情况较复杂，受层次类型与组件类型两个因素的影响。

层次类型有测试计划、线程组、逻辑控制器、取样器 4 种，组件类型有配置元件、前置处理器、定时器、后置处理器、断言、监听器 6 种。

表 1-5 总结了不同层次、相同类型组件的执行顺序。

表 1-5　不同层次、相同类型组件的执行顺序

组件	执行顺序
配置元件	多个作用域内的配置元件会合并覆盖，一般遵循就近原则（个别除外）
前置处理器	线程组下的前置处理器→测试计划下的前置处理器→逻辑控制器下的前置处理器→取样器下的前置处理器
定时器	取样器下的定时器→逻辑控制器下的定时器→线程组下的定时器→测试计划下的定时器
后置处理器	线程组下的后置处理器→测试计划下的后置处理器→逻辑控制器下的后置处理器→取样器下的后置处理器
断言	线程组下的断言→测试计划下的断言→逻辑控制器下的断言→取样器下的断言
监听器	取样器下的监听器→逻辑控制器下的监听器→线程组下的监听器→测试计划下的监听器

以监听器为例，不同层次、相同类型组件的执行顺序如图 1-10 所示。

在测试计划、线程组、事务控制器、取样器下各添加一个 JSR223 监听器，在监听器中添加调试日志，在日志查看器中可以清楚地看到监听器的执行顺序：首先执行取样器下的监听器，然后执行事务控制器下的监听器，接着执行线程组下的监听器，最后执行的是测试计划下的监听器。

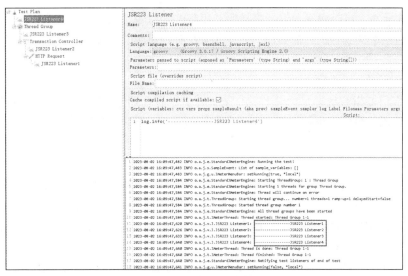

图 1-10　不同层次、相同类型组件的执行顺序

4）不同层次、不同类型

这种情况与"相同层次、不同类型"的情况类似。针对某个取样器，找出对其起作用的所有不同类型的组件，再按照优先级顺序执行它们即可。先看一个例子，测试计划如图 1-11 所示。

编号为 1、2、3、5、6、7 的组件对 HTTP 请求都有效。按照优先级，组件执行顺序如下：

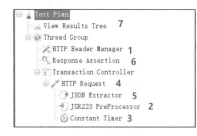

- HTTP Header Manager；
- JSR223 PreProcessor；
- Constant Timer；
- HTTP Request；
- JSON Extractor；
- Response Assertion；
- View Results Tree。

图 1-11　测试计划

1.5.2　组件作用域

1. 测试树中的元素类型

在 JMeter 中，测试计划可以视作一棵节点树，Test Plan 是树的根节点，其他元素是其子孙节点。从作用域的角度来看，测试树中的元素可以分为两类。

- 层次元素。这类元素的作用域与其所处的层次有关，这类元素包括配置元件、前置处理器、定时器、后置处理器、断言、监听器这六大组件。

　　■　顺序元素。这类元素一般严格按照其出现的先后顺序依次有序地执行。典型的顺序元
　　　　素包括取样器与逻辑控制器。顺序元素没有作用域的概念。

2．什么是作用域

　　JMeter 作用域指的是 JMeter 组件（配置元件、前置处理器、定时器、后置处理器、断言、
监听器）起作用的范围。也就是组件对哪些取样器有效，可以影响哪些取样器的行为。

3．作用域分类

　　组件作用域根据组件在测试计划中所处层次的不同，一般可分为测试计划作用域（全局作
用域）、线程组作用域、逻辑控制器作用域、取样器作用域 4 种类型。
　　■　测试计划作用域。当某组件是测试计划节点的子节点时，该组件具有测试计划作用域，
　　　　对测试计划下所有的取样器有效。
　　■　线程组作用域。当某组件是线程组节点的子节点时，该组件具有线程组作用域，对线
　　　　程组下所有的取样器有效。
　　■　逻辑控制器作用域。当某组件是逻辑控制器节点的子节点时，该组件具有逻辑控制器
　　　　作用域，对逻辑控制器下所有的取样器有效。
　　■　取样器作用域。当某组件是取样器节点的子节点时，该组件具有取样器作用域，仅对
　　　　其父节点取样器有效。
　　以取样器作用域为例，对应的测试计划如图 1-12 所示。

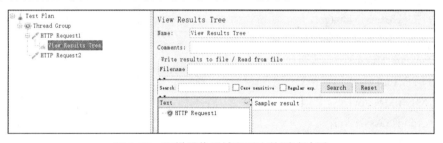

图 1-12　取样器作用域所对应的测试计划

　　在测试计划中，HTTP Request1 取样器下的 View Results Tree 监听器具有取样器作用域，
它仅记录 HTTP Request1 取样器的测试结果，而没有记录 HTTP Request2 取样器的测试结果。

4．组件叠加对取样器的影响

　　一般情况下，对于前置处理器、定时器、后置处理器、断言与监听器组件而言，当一个取
样器受多个不同作用域的组件影响时，将按照这些组件在测试计划中执行的先后顺序依次作用
于取样器。
　　但对于配置元件而言，情况有所不同。不同的配置元件叠加后的行为不尽相同，这带来了

一定的复杂性与不确定性。当有多个配置元件作用于取样器时，JMeter 一般会按照执行的先后顺序将多个配置元件中的参数覆盖合并后提交给取样器。

用户自定义变量这个配置元件比较特殊，当有多个用户自定义变量作用于取样器时，取样器获取的是最后一个出现的用户自定义变量的值。

我们在开发脚本时要尽量避免配置元件叠加的情况，以确保测试脚本的正确性。

1.6　JMeter 测试计划

对于初学者来说，使用 JMeter 的第一步是构建一个简单的测试计划并执行。因此，我们需要学会配置测试计划，还要能够根据测试需求，以 GUI 或 CLI 模式执行测试计划。

1.6.1　构建测试计划

1. 配置测试计划

当以 GUI 模式启动 JMeter 后，默认会新建一个 Test Plan（测试计划）。若启动了 GUI，则可以从菜单栏中选择 File→New 以创建新的测试计划。

测试计划配置面板如图 1-13 所示。

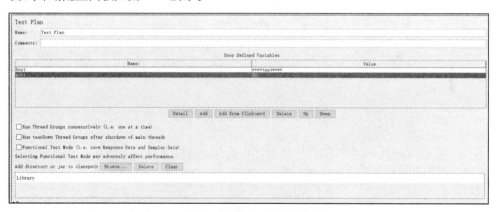

图 1-13　测试计划配置面板

其中部分常用的选项如下。

- Name：测试计划的名称。在 JMeter 中，每个测试元素都有一个名称以区别于其他元素。名称可以重复或为空，但这不是好的做法。名称可以固定，也可以通过变量或函数动态设置。后续讲解其他元素时该选项不再重复说明。
- Comments：测试计划的注释。在 JMeter 中，每个测试元素都有注释，用于对元素的作用、配置等进行描述，以帮助测试脚本的作者和其他读者理解测试计划的内容。它

类似于代码中的注释，注释对测试计划的执行没有影响。后续讲解其他元素时该选项
也不再重复说明。

- ■ User Defined Variables：设置用户自定义变量。可以在此处定义整个测试计划中重复使用的全局变量。例如，变量 host 可以定义为****test****，测试计划中其他需要主机名的地方可以通过${host}来引用 host，以方便脚本的修改与维护。

- ■ Run Thread Groups consecutively(i.e. one at a time)：用于指定是否独立运行每个线程组。若没有勾选此复选框，JMeter 默认同时运行测试计划下的线程组（并行运行）；若勾选此复选框，JMeter 会按照线程组的先后顺序依次运行测试计划下的每个线程组（串行运行）。

- ■ Run tearDown Thread Groups after shutdown of main threads：用于指定主线程结束后是否运行 tearDown 线程组。若勾选此复选框，表示主线程正常关闭后会运行 tearDown 线程组；否则，测试被强制关闭，不会运行 tearDown 线程组。

- ■ Functional Test Mode(i.e. save Response Data and Sampler Data)：用于指定是否开启函数测试模式。若勾选此复选框，则开启函数测试模式，执行测试计划时，JMeter 将保存响应数据和取样器数据，以便进行测试分析和验证。需要注意的是，开启函数测试模式并保存响应数据和取样器数据可能会占用大量的系统资源和磁盘空间。

- ■ Add directory or jar to classpath：添加目录或 JAR 文件到类路径中。添加以后，执行测试计划时，JMeter 可以加载和使用这些目录或 JAR 文件中的类和资源。它一般用于引入自定义的类、库或依赖项，以满足特定的测试需求。这仅对当前测试计划有效。单击 Browse 按钮，在弹出的窗口中选择目录或 JAR 文件后，单击 Open 按钮，即可将其加入类路径。选择要删除的记录，单击 Delete 按钮，即可将其删除。单击 Clear 按钮，可以删除所有的记录。

2．测试计划案例

先来了解一下 MDClub 系统登录接口。若通过账号、密码登录成功，则返回令牌（token）信息。若登录失败，且返回的信息包含参数 captcha_token 和 captcha_image，则表示下次调用该接口时，需要用户输入图形验证码，并且需要将 captcha_token 和 captcha_code 参数传递到服务器。登录失败多少次才需要提供图形验证码，可以在系统配置文件中设置，具体参见附录中的相关内容。

MDClub 系统登录接口文档如表 1-6 所示。

表 1-6   MDClub 系统登录接口文档

项	描述
请求 URL	POST /api/tokens
请求体类型	application/json

续表

项	描述

请求体	```json
	{
	    "name": "zdhxiong",
	    "password": "7c4a8d09ca3762af61e59520943dc26494f8941b",
	    "device": "Xiaomi6",
	    "captcha_token": "73687e77c8314821a8a301d96c776f01",
	    "captcha_code": "f8h4d"
	}```

响应体	```json
	{
	    "code": 0,
	    "data": {
	        "token": "13180944453b7d052125486eefabedf9",
	        "user_id": 1,
	        "device": "Xiaomi6",
	        "create_time": 1563512214,
	        "update_time": 1563512214,
	        "expire_time": 2063512214
	    }
	}```

注意，密码发送前经过了前端加密，若调用该接口登录，则密码需要自行进行 SHA1 加密处理。
这里的测试需求是使用账号、密码登录后，提取登录成功后的令牌信息。

测试计划如图 1-14 所示。

图 1-14 测试计划

测试计划创建步骤如下。

（1）添加线程组（快捷键为 Ctrl+0）。在 JMeter 中，右击 Test Plan，选择 Add→Threads(Users)→
Thread Group，即可添加线程组。线程组的设置保持默认即可。

（2）在线程组下添加登录 HTTP 请求（快捷键为 Ctrl+1）。在 JMeter 中，右击 Thread Group，
选择 Add→Sampler→HTTP Request，即可添加登录 HTTP 请求。添加后，完成如下设置。

- Protocol：http。
- Server Name or IP：****bbs****。
- Method：POST。
- Path：/api/tokens。
- Body Data：添加以下代码，因为密码在前端做了加密，所以这里调用内置函数 digest()
  来对密码进行 SHA1 加密。

```
{
  "name": "foreknew",
  "password": "${__digest(sha1,123456,,,)}",
  "device": "Mozilla/5.0 (Windows NT 10.0; Win64; x64) AppleWebKit/537.36
  (KHTML, like Gecko) Chrome/116.0.0.0 Safari/537.36"
}
```

（3）在登录 HTTP 请求下添加 HTTP 信息头管理器。在 JMeter 中，右击登录 HTTP 请求，选择 Add→Config Element→HTTP Header Manager，即可添加 HTTP 信息头管理器。因为请求体在 Body Data 中配置，默认的 Content-Type 值为 text/plain，而请求体类型为 application/json，所以需要在 HTTP 信息头管理器中添加 Content-Type 请求头，并设置其值为 application/json。

（4）在登录 HTTP 请求下添加 JSON 提取器。在 JMeter 中，右击登录 HTTP 请求，选择 Add→Post Processors→JSON Extractor，即可添加 JSON 提取器，用于提取登录成功后服务器返回的令牌信息进行身份验证。添加后，完成如下设置。

- Names of created variables：token。
- JSON Path expressions：$.data.token。
- Match No.(0 for Random)：1。
- Default Values：notFound。

（5）在登录 HTTP 请求下添加 JSON 断言。在 JMeter 中，右击登录 HTTP 请求，选择 Add→Assertions→JSON Assertion，即可添加 JSON 断言，用于验证登录是否成功。在 JSON 断言中设置 Assert JSON Path exists 为$.data.token。

（6）在线程组下添加 Debug Sampler。在 JMeter 中，右击 Thread Group，选择 Add→Sampler→Debug Sampler，即可添加 Debug Sampler，用于通过调试脚本验证提取的 token 值是否保存到了 token 变量中。执行完测试计划后，可以在查看结果树中查看取样器中变量的取值情况。

（7）在线程组下添加查看结果树（快捷键为 Ctrl+9）。在 JMeter 中，右击 Thread Group，选择 Add→ Listener→ View Results Tree，即可添加查看结果树，用于查看 HTTP 请求与 Debug Sampler 两个取样器的执行结果。

（8）保存测试计划。在 JMeter 中，单击工具栏中的保存按钮，在弹出的窗口中设置文件名为"测试计划登录案例.jmx"，再单击 Save 按钮即可。

至此，一个稍显复杂的测试计划就开发完成了，可能其中很多步骤对于初学者来说暂时无法理解，不过不用担心，这里仅仅是让读者体验一下 JMeter 测试计划的开发过程。随着学习的深入，你会逐渐理解和掌握这些步骤，当回顾这个例子时，你会感觉它非常简单。

1.6.2　执行测试计划

1. GUI 模式与 CLI 模式

根据操作方式，JMeter 运行模式分为 GUI 模式与 CLI 模式两种。

1) GUI 模式

JMeter 提供了一个交互式的 GUI,通过它可以创建、配置和运行测试计划,并实时查看和分析测试结果。GUI 模式适用于测试计划的开发、调试和修改,可以通过添加和拖曳测试元素来构建测试场景,并即时查看各种图表和报告。

GUI 模式在某些情况下存在一些不足之处,具体如下。

- 性能受限:在 GUI 模式下,JMeter 对计算资源的需求较高,特别是当测试计划涉及大量线程和请求时。大型测试计划可能会导致 GUI 响应变慢或卡顿,从而影响测试的执行效率。
- 内存消耗:在 GUI 模式下,JMeter 需要加载和绘制图形界面的各种组件,这会占用较多的内存。对于大规模测试或长时间运行的测试,这可能会导致内存不足。
- 非自动化执行:在 GUI 模式下,需要手动启动和停止测试,这无法直接集成到自动化流程中。对于需要定期执行测试或与持续集成工具集成的场景来说,这并不是很方便。
- 远程测试限制:在 GUI 模式下,如果需要在远程服务器上执行测试,则需要在服务器上安装并配置 X11 环境。这个过程相对复杂,并且可能存在网络延迟或其他问题。

为了弥补这些不足,可以考虑使用 JMeter 的 CLI 模式。在 CLI 模式下,可以通过命令行方式执行测试,提高性能和资源利用率,支持批量执行和自动化集成。CLI 模式将 JMeter 运行为服务,提供无须图形界面的测试执行。

2) CLI 模式

CLI 模式旧称 NON GUI 模式。在 CLI 模式下,JMeter 以命令行的方式运行,没有图形用户界面。CLI 模式适用于无人值守的自动化测试、持续集成和性能测试的执行。通过命令行,可以使用预先配置好的测试计划文件直接运行测试,生成测试报告和结果数据,并将结果导出为不同格式的文件。

选择 GUI 模式还是 CLI 模式取决于具体需求。如果需要进行测试计划的开发和调试,以及交互式地查看和分析测试结果,可以使用 GUI 模式;但如果需要批量执行测试、把测试集成到自动化流程中或在大规模并发测试中进行性能测试,可以使用 CLI 模式。

2. 以 GUI 模式执行

1) 单机部署执行

- 正常执行。执行方式有如下 3 种。
  - 在 JMeter 中,从菜单栏中选择 Run→Start。
  - 按快捷键 Ctrl+R。
  - 单击工具栏上的 ▶。
- 不停顿开始执行。这会忽略测试计划中设置的所有定时器,执行方式有如下 3 种。
  - 在 JMeter 中,从菜单栏中选择 Run→Start no pauses。
  - 按快捷键 Ctrl+Shift+N。
  - 单击工具栏上的 ▶。

2）分布式部署执行。执行方式有以下两种。

■　执行单个被控制节点。在 JMeter 中，选择 Run→Remote Start→远程主机 IP 地址，即可单独执行某个被控制节点，如图 1-15 所示。

■　执行所有被控制节点。在 JMeter 中，选择 Run→Remote Start All，或使用快捷键 Ctrl+ Shift+R，即可执行所有被控制节点，如图 1-16 所示。

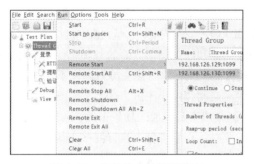

图 1-15　执行单个被控制节点　　　　　　图 1-16　执行所有被控制节点

3. 以 CLI 模式执行

1）jmeter 命令语法

在 Windows 系统中，可以设置系统环境变量 JMETER_HOME 为 JMeter 的安装路径，再将 ";%JMETER_HOME%\bin" 追加到 Path 环境变量的值之后。

设置环境变量后，在命令行窗口中，可以使用 jmeter 或 jmeter.bat 来执行命令。若不设置环境变量，则只能先切换到 JMeter 的 bin 目录，再使用 jmeter 或 jmeter.bat 来执行命令。

在 Linux 系统/macOS 中，使用文本编辑器（如 Vim）编辑 $HOME/.bash_profile 或 /etc/profile，在文件末尾添加如下两行。

```
export JMETER_HOME=/path_to_your_jmeter
export PATH=$JMETER_HOME/bin:$PATH
```

设置环境变量后，在 Shell 中可以使用 jmeter 或 jmeter.sh 来执行命令。若不设置环境变量，则只能先切换到 JMeter 的 bin 目录，再使用 ./jmeter 或 ./jmeter.sh 来执行命令。

想要熟悉 CLI 模式的用法，需要先了解一下命令的帮助信息。

在 Windows 系统中，获取帮助信息的命令如下。

■　jmeter/jmeter.bat --?：获取命令的选项信息。

■　jmeter/jmeter.bat -h/--help：获取命令的用法信息。

在 Linux 系统/macOS 中，获取帮助信息的命令如下。

■　jmeter/jmeter.sh --?：获取命令的选项信息。

■　jmeter/jmeter.sh -h/--help：获取命令的用法信息。

jmeter 命令常见的选项如表 1-7 所示。

表 1-7　jmeter 命令常见的选项

选项	功能
-v	查看 JMeter 版本信息
-n	设置以 CLI 模式执行测试
-t <测试文件路径>	指定要运行的测试文件（.jmx 文件）的路径
-l <测试结果文件路径>	指定测试结果文件（.jtl 或 .csv 文件）的路径。若文件不存在，则创建
-j <日志文件路径>	指定日志文件（jmeter.log）的路径。若路径不存在，则不会自动创建
-g <源数据文件路径>	指定要生成图表报告的源数据文件的路径，源数据文件可以是以 CSV 或 XML 格式存储的测试结果文件
-R <远程主机列表>	指定远程服务器的 IP 地址或主机名列表，用于分布式测试。例如，-R 10.0.0.1,10.0.0.2 指定两个远程服务器进行分布式测试
-J <属性名称=属性值>	定义额外的 JMeter 属性
-o <报告目录路径>	指定生成测试报告的目录路径。它必须为空或不存在
-e	生成测试报告。测试完成后，JMeter 将自动生成 HTML 格式的测试报告

2）jmeter 命令用法

jmeter 命令的语法如下。

```
jmeter -选项 参数
jmeter.bat -选项 参数
jmeter.sh -选项 参数
```

下面以"jmeter -选项 参数"语法为例介绍 jmeter 命令常见的几种用法。

用法 1 如下。

- 语法：jmeter -n -t test-file -l results-file -j log-file。
- 例子：jmeter -n -t test.jmx -l result/report.jtl -j log/jmeter.log。
- 作用：该命令用于执行 test.jmx 脚本，在 result 目录下生成 report.jtl 报告，在 log 目录下生成执行日志。

注意，report.jtl 文件可以自动覆盖。

用法 2 如下。

- 语法：jmeter -n -t test-file -l results-file -j log-file -e -o path-to-output-folder。
- 例子：jmeter -n -t test.jmx -l result/report.jtl -j log/jmeter.log -e -o report。
- 作用：该命令用于执行 test.jmx 脚本，在 result 目录下生成 report.jtl 报告，在 log 目录下生成执行日志，在 report 目录下生成测试报告。

注意，report.jtl 文件必须不存在，report 目录必须也不存在或者为空。

用法 3 如下。

- 语法：jmeter -g csv-results-file -o path- to-output-folder。
- 例子：jmeter -g result/report.jtl -o report。
- 作用：该命令用于将 .jtl 文件转换为 .html 文件，并保存到 report 文件夹中。

注意，report 目录必须不存在或者为空。

用法 4 如下。

- 语法：jmeter -n -t test-file -r -l results-file。
- 例子：jmeter -n -t test.jmx -r -l result/report.jtl。
- 作用：该命令用于启动所有远程被控制节点，执行 test.jmx，并在 result 目录下生成 report.jtl 报告。

用法 5 如下。

- 语法：jmeter -n -t test-file -l results-file -R remote-server-list。
- 例子：jmeter -n -t test.jmx -l result/report.jtl -R 192.168.126.110:1099,192.168.126.111:1099。
- 作用：该命令用于启动指定的远程被控制节点，执行 test.jmx，并在 result 目录下生成 report.jtl 报告。

用法 6 如下。

- 语法：jmeter -n -t test-file -l results-file -R remote-server-list -X。
- 例子：jmeter -n -t test.jmx -l result/report.jtl -R 192.168.126.110:1099,192.168.126.111:1099 -X。
- 作用：该命令用于在远程被控制节点执行完脚本后自动关闭退出（jmeter-server 进程关闭）。

1.7　JMeter 线程组

在 JMeter 中，线程组是用于模拟并发用户的测试元素，可以定义虚拟用户的数量、循环次数等参数。除了普通线程组，JMeter 还提供了 setUp 线程组和 tearDown 线程组，可以在测试执行前后执行一些必要的操作，例如准备测试环境和清理测试数据，从而更好地控制测试的流程和环境。

1.7.1　普通线程组

线程组是 JMeter 测试计划中的重要元素，用于定义并发用户的行为和执行方式。

在 JMeter 中，右击测试计划，选择 Add→Threads(Users)→Thread Group，即可添加普通线程组。普通线程组的配置面板如图 1-17 所示。

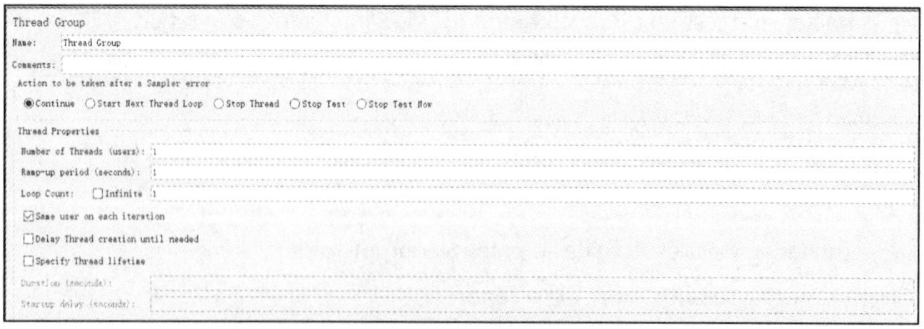

图 1-17　普通线程组的配置面板

以下是对普通线程组配置选项的详细介绍。

Action to be taken after a Sampler error 选项组用于设置发生取样器错误（由于取样器本身失败或断言失败）后执行的操作，有如下 5 个单选按钮。

- Continue：忽略错误并继续测试。
- Start Next Thread Loop：忽略错误，启动下一次循环并继续测试。
- Stop Thread：退出当前线程。
- Stop Test：在当前取样器运行结束后停止测试。
- Stop Test Now：立即停止整个测试。当前运行的取样器会立即中断。

Thread Properties 选项组用于设置线程属性。其中的选项如下。

- Number of Threads (users)：指定并发用户的数量，即同时执行的线程数。每个线程代表一个虚拟用户，可以模拟多个用户同时访问目标系统。线程数可以手动设置，也可以通过函数或变量来动态设置。例如，若将 Number of Threads (users)设置为 100，则表示在测试中同时模拟 100 个并发用户发送请求。

- Ramp-up period (seconds)：表示从测试开始至达到最大并发用户数所需的时间（单位为 s）。它决定了测试中用户负载的增加速度。可以通过逐渐增加用户负载，更好地模拟实际生产环境下的用户行为。例如，如果将 Ramp-up period (seconds)设置为 10 s，并且最大并发用户数为 100，则在开始测试后的 10 s 内，用户数量将从 0 逐渐增加到 100。这样可以模拟出用户逐渐访问系统的情况，而不是突然出现大量用户同时访问系统。Ramp-up period (seconds)的设置对测试结果和负载模拟非常重要。如果设置得太短，可能会导致系统无法承受突然的高并发压力；如果设置得太长，可能无法准确模拟实际用户行为。在实际使用中，可以根据具体的测试需求和系统特点来调整 Ramp-up period (seconds)的值。通常建议根据预估的用户行为和系统响应能力来设置 Ramp-up period (seconds)，以便更准确地模拟实际负载情况。

- Loop Count：指定每个线程的循环次数。例如，如果设置 Loop Count 为 5，则每个线程将执行 5 次请求。它可以设置为具体的次数，也可以设置为无限循环，只需要勾选 Infinite 复选框即可。

- Same user on each iteration：指定在同一线程多次迭代时是否使用相同的 Cookie 和缓存。若勾选此复选框，来自第一个取样器响应的 Cookie 和缓存数据将在后续请求中使用（分别需要一个全局 Cookie 和一个缓存管理器）。如果未勾选此复选框，则不会在后续请求中使用来自第一个取样器响应的 Cookie 和缓存数据。

- Delay Thread creation until needed：指定是否延迟创建线程。若勾选此复选框，则只在适当比例的 Ramp-up 时间过去后才创建线程。若不勾选此复选框，则所有线程都在测试开始时创建。

- Specify Thread lifetime：线程组调度器。勾选此复选框会激活如下两个选项。
  - Duration (seconds)：指定线程组的执行时间（单位为 s）。当执行时间到达后，线程组将停止执行。它一般与无限循环配合使用。例如，若需要压测 10min，则只需要在 Loop Count 中勾选 Infinite 复选框，再勾选 Specify Thread lifetime 复选框，然后将 Duration (seconds)设置为 600。

- Startup delay (seconds)：延迟启动线程组的时间（单位为 s），用于定时启动线程组或变相设置某线程组相对于其他线程组的启动顺序。

通过合理设置线程组的属性，我们可以实现并发用户的模拟和测试场景的设计。在设计测试计划时，我们需要根据目标系统的负载要求和性能需求来进行合适的线程组配置。同时，我们还需要注意线程组的资源消耗，避免过多的线程数和循环次数导致性能问题。

1.7.2　setUp 线程组

JMeter 中的 setUp 线程组是一种特殊的线程组，它在所有普通线程组开始执行之前执行，用于在执行正式测试前进行初始化和准备工作。以下是 setUp 线程组的一些常见的应用场景。

- 设置测试环境：setUp 线程组可以用于设置测试环境，例如创建数据库连接、初始化缓存、启动其他相关服务等。在 setUp 线程组中执行必要的操作可以确保测试环境处于正确的状态，以便进行后续的性能测试。
- 准备测试数据：在进行性能测试之前，通常需要准备一些测试数据。setUp 线程组可以用于生成测试数据、把数据导入数据库或其他系统中，以便进行后续的并发负载测试。
- 模拟登录用户或获取授权：如果需要在测试期间模拟已登录的用户或需要进行授权的操作，setUp 线程组可以用于执行登录请求、获取令牌或会话 ID，并设置全局变量，以便在后续的请求中使用。
- 创建必要的资源：对于某些场景，可能需要在测试开始之前创建必要的资源，例如用户、购买的商品等。setUp 线程组可以用于执行这些预处理任务，以确保在性能测试期间所有必需的资源都是可用的。
- 初始化配置参数：setUp 线程组可以用于初始化测试中使用的配置参数，例如从配置文件中读取环境变量、服务器地址等信息，并将其设置为 JMeter 的全局属性或变量，以供后续的请求使用。

setUp 线程组的选项与普通线程组的选项几乎相同，可以参看 1.7.1 节。

1.7.3　tearDown 线程组

JMeter 中的 tearDown 线程组也是一种特殊的线程组，它在所有普通线程组执行完毕后执行，用于执行测试后的一些资源清理和收尾操作。以下是 tearDown 线程组的一些常见的应用场景。

- 资源释放：tearDown 线程组可以用于释放测试期间占用的资源，如关闭数据库连接、停止服务或释放文件句柄等。这样可以确保在测试结束后，系统能够正确地释放和清理资源，以便下次测试时使用。

■ 数据清理：在某些情况下，测试期间可能会产生一些临时数据或测试数据，这些数据也需要清理。tearDown 线程组可以用于删除文件、清空数据库表或执行其他清理操作，以确保下次测试开始前系统处于干净的状态。

■ 断言验证：tearDown 线程组可以用于执行一些断言验证操作，以确保在测试结束后系统的状态符合预期。例如，可以在 tearDown 线程组中添加一些断言来验证最终的结果数据、日志输出或其他关键指标，以确保测试期间没有出现异常情况。

■ 性能监控与生成报告：tearDown 线程组可以用于收集性能监控数据并生成报告。在 tearDown 线程组中，可以添加一些特定的取样器，通过这些取样器获取系统的性能指标（如 CPU 使用率、内存占用情况等）并保存到文件或数据库中，以便进行后续分析和报告生成。

tearDown 线程组的选项与普通线程组的选项几乎相同，可以参看 1.7.1 节。

1.8 JMeter 常用配置元件

在 JMeter 中，配置元件用于对测试计划中的请求或其他元素进行配置和预处理。JMeter 提供各种配置元件，用于满足不同的测试需求。通过合理使用配置元件，可以对测试进行更详细的设置和控制。

1.8.1 HTTP 信息头管理器

HTTP 信息头管理器用于添加自定义的 HTTP 请求头信息。在发送 HTTP 请求时，它允许用户自定义请求头，以模拟不同的浏览器、用户代理或传递特定的请求头参数。

通过 HTTP 信息头管理器，我们可以添加多个 HTTP 请求头，每个请求头由名称（Name）和值（Value）组成。这些请求头会影响服务器对请求的处理方式，例如确定返回内容的语言、进行身份验证等。

在 JMeter 中，右击需要添加 HTTP 信息头管理器的测试元素，选择 Add→Config Element→HTTP Header Manager，即可添加 HTTP 信息头管理器。HTTP 信息头管理器配置面板如图 1-18 所示。

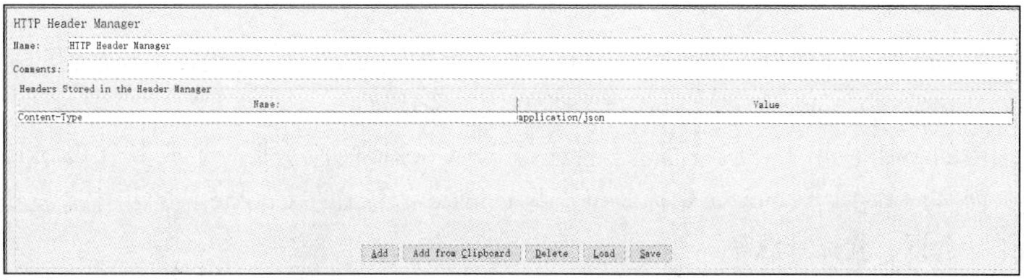

图 1-18 HTTP 信息头管理器配置面板

Headers Stored in the Header Manager 选项组用于添加请求头到 HTTP 信息头管理器中，其中包含如下选项。

■　Name：请求头字段名。

■　Value：请求头字段值。

其中还包括如下按钮。

■　Add：添加一个请求头，单击该按钮后填写 Name 与 Value 字段值即可。

■　Add from Clipboard：从剪贴板中添加请求头。可以按照 Name:Value 的格式复制请求头，单击该按钮，JMeter 会自动拆分新增一个请求头。

■　Delete：选中要删除的请求头，单击该按钮即可删除。

■　Load：从外部文件中加载请求头。

■　Save：将请求头导出到外部文件中。

常见的 HTTP 请求头包括以下几种。

■　User-Agent：用于标识客户端请求中使用的浏览器、操作系统和设备等信息，其应用场景包括模拟不同的浏览器/设备、测试网站的兼容性等。

■　Referer：用于记录当前请求是从哪个页面/网址跳转而来的，其应用场景包括统计流量来源、防盗链等。

■　Accept-Language：用于指定客户端希望接收的语言类型，其应用场景包括根据语言设置返回不同的语言版本的内容。

■　Authorization：用于向服务器提供身份验证信息，其应用场景包括请求需要身份验证的接口或资源。

■　Content-Type：用于指定请求或响应体的 MIME（Multipurpose Internet Mail Extensions，多用途互联网邮件扩展）类型，其应用场景包括上传文件、请求 API、发送邮件等。

除了上述常见的 HTTP 请求头，还有一些其他的 HTTP 请求头也经常使用，例如 Cookie、Cache-Control、Accept-Encoding 等。可以根据具体的测试场景，选择适当的请求头进行配置，以确保请求的正确性和可靠性。注意，配置不当的请求头可能会导致一些问题，例如无法访问某些资源、请求失败等。

1.8.2　HTTP Cookie 管理器

HTTP Cookie 管理器用于管理和发送 HTTP 请求中的 Cookie。在模拟用户会话过程中，它会自动处理和发送 Cookie 信息，以保持会话的状态和认证。

在实际的 Web 应用中，服务器通常会通过 Set-Cookie 响应头将一个或多个 Cookie 发送给客户端。而客户端在后续的请求中需要将这些 Cookie 信息放在 Cookie 请求头中并发送回服务器，以维持会话、验证身份等。

HTTP Cookie 管理器的主要功能是自动提取并保存服务器返回的 Cookie，在后续的请求中自动添加这些 Cookie 到请求头中，以便管理会话状态。这使测试过程更加符合实际用户操作的场景。

此外，还可以手动添加用户自定义 Cookie，以满足特定的测试需求。

在 JMeter 中，右击需要添加 HTTP Cookie 管理器的测试元素，选择 Add→Config Element→HTTP Cookie Manager，即可添加 HTTP Cookie 管理器。HTTP Cookie 管理器配置面板如图 1-19 所示。

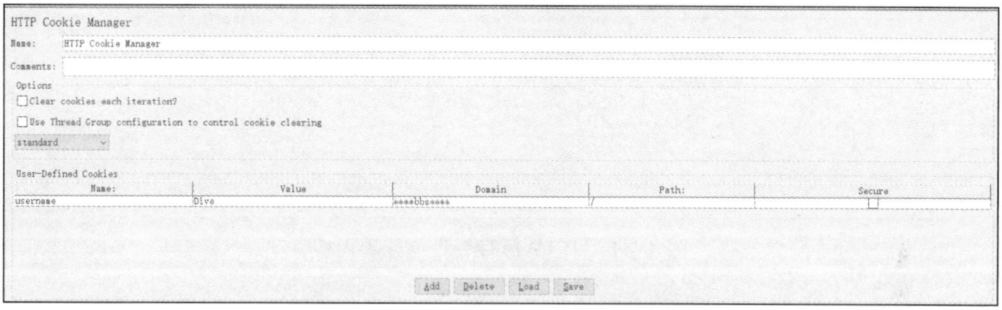

图 1-19 HTTP Cookie 管理器配置面板

Options 选项组包括如下选项。

- Clear cookies each iteration：如果勾选此复选框，则每次执行主线程组循环时都会清除所有服务器定义的 Cookie。但在 HTTP Cookie 管理器中，用户自定义的 Cookie 都不会被清除。
- Use Thread Group configuration to control cookie clearing：使用线程组的配置控制 Cookie 清除。线程组下有一个配置项 Same user on each iteration，用来设置同一线程多次迭代时是否使用相同的 Cookie 和缓存数据。
- Cookie 版本：Cookie 具有不同的版本，根据实际情况选择即可。一般选择 standard。

使用 User-Defined Cookies 选项组可以手动将 Cookie 添加到 HTTP Cookie 管理器中，添加的 Cookie 将被所有 JMeter 线程共享并被自动添加到其作用域内的所有 HTTP 取样器的 Cookie 请求头中，甚至可以跨线程组。其中包括如下按钮。

- Add：添加 Cookie。添加后可以设置 Cookie 的属性，包括 Name、Value、Domain、Path 与 Secure。注意，Domain 与 Path 的设置要正确，否则 Cookie 无法自动添加到 Cookie 请求头中。
- Delete：选择要删除的 Cookie，单击该按钮即可删除。
- Load：从外部文件中加载 Cookie。
- Save：将 Cookie 导出到外部文件中。

1.8.3 HTTP 缓存管理器

HTTP 缓存管理器用于模拟缓存机制在 Web 应用程序中的行为。它可以管理与控制 HTTP

请求和响应之间的缓存行为。

在实际的 Web 应用程序中，浏览器和服务器之间会使用缓存来提高性能和减少网络流量。常见的缓存机制包括浏览器缓存和代理服务器缓存。HTTP 缓存管理器可以模拟这些缓存机制，以便更准确地进行性能和功能测试。

在 JMeter 中，右击需要添加 HTTP 缓存管理器的测试元素，选择 Add→Config Element→HTTP Cache Manager，即可添加 HTTP 缓存管理器。HTTP 缓存管理器配置面板如图 1-20 所示。

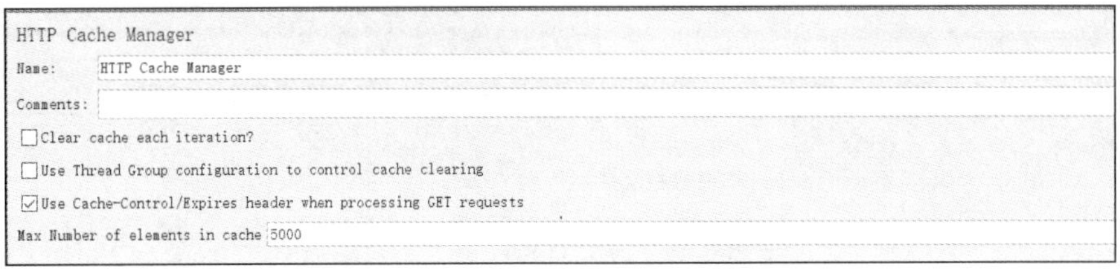

图 1-20　HTTP 缓存管理器配置面板

其中的选项如下。

■ Clear cache each iteration：如果勾选此复选框，则在线程开始时清除缓存。

■ Use Thread Group configuration to control cache clearing：使用线程组的配置控制缓存清除。线程组下有一个配置项 Same user on each iteration，用来设置同一线程多次迭代时是否使用相同的 Cookie 和缓存数据。

■ Use Cache-Control/Expires header when processing GET requests：若勾选此复选框，当发送的是 GET 请求时，就会检查请求头中 Cache-Control 与 Expires 的值，若发现缓存没有过期，则直接从缓存中获取数据并返回，而不会向服务器发送请求。

■ Max Number of elements in cache：每个虚拟用户线程都有自己的缓存，默认情况下，HTTP 缓存管理器将使用 LRU（Least Recently Used，最近最少使用）算法在每个虚拟用户线程的缓存中存储多达 5000 个条目。可以修改此选项的值。请注意，这个值越大，HTTP 缓存管理器消耗的内存就越多，因此需要相应地调整 JVM 的-Xmx 参数值。

1.8.4　HTTP 请求默认值

HTTP 请求默认值用于设置默认的 HTTP 请求参数。在测试计划中，它能使其作用域内的所有 HTTP 请求共享一组默认值，简化配置过程并提高效率。

在 JMeter 中，右击需要添加 HTTP 请求默认值的测试元素，选择 Add→Config Element→HTTP Request Defaults，即可添加 HTTP 请求默认值。HTTP 请求默认值配置面板如图 1-21 所示。

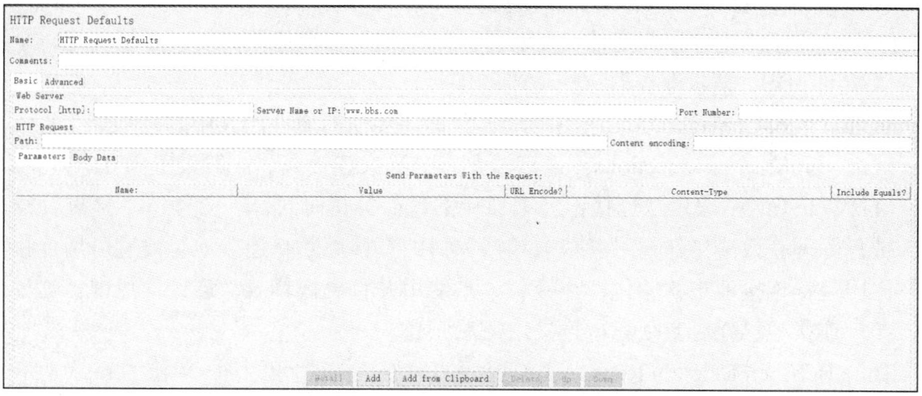

图 1-21　HTTP 请求默认值配置面板

HTTP 请求默认值的配置与 HTTP 请求的配置类似，请参看 2.2 节。

1.8.5　JDBC 连接配置

JDBC 连接配置用于设置数据库连接的参数。它允许你在测试计划中集中管理数据库连接的配置信息，以便需要时轻松地进行数据库测试。

在 JMeter 中，右击需要设置 JDBC 连接配置的测试元素，选择 Add→Config Element→JDBC Connection Configuration 即可。JDBC Connection Configuration 配置面板如图 1-22 所示。

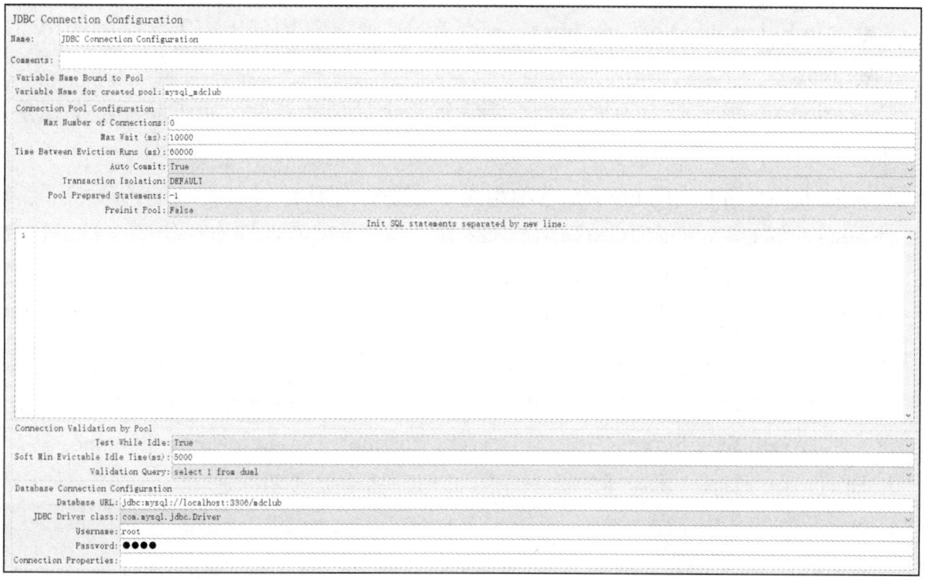

图 1-22　JDBC Connection Configuration 配置面板

Variable Name Bound to Pool 选项组用于设置线程池绑定变量的名称。其中，Variable Name for created pool 用于指定连接绑定的变量名称。可以使用多个连接，每个连接绑定一个不同的变量，从而允许 JDBC 请求取样器选择适当的连接。

Connection Pool Configuration 选项组用于配置连接池的属性。其中的选项如下。

- Max Number of Connections：连接池允许的最大连接数，一般设置为 0。
- Max Wait (ms)：表示从连接池获取连接的超时等待时间，单位为 ms，需要注意这个参数只管理获取连接的超时。获取连接等待的直接原因是连接池里没有可用连接，具体原因包括连接池未初始化，连接长久未使用并且已被释放，连接使用中、需要新建连接，连接池已耗尽、须等待连接用完后归还。
- Time Between Eviction Runs (ms)：定期清理连接的时间间隔，单位为 ms。
- Auto Commit：打开或关闭连接的自动提交。
- Transaction Isolation：选择事务隔离级别。
- Pool Prepared Statements：每个连接池中可保存的预编译语句的最大数量。−1 表示禁用，0 表示不限数量。
- Preinit Pool：用于指定连接池是否可以立即初始化。
- Init SQL statements separated by new line：SQL 语句的集合，这些语句将用于在首次创建物理连接时对其进行初始化，并且这些语句仅执行一次。SQL 语句之间使用换行符分隔。

Connection Validation by Pool 选项组用于配置连接池的连接验证。其中的选项如下。

- Test While Idle：在检查闲置连接时检查连接的可用性。
- Soft Min Evictable Idle Time (ms)：一个连接在连接池中处于空闲状态的最短时间，单位为 ms。
- Validation Query：针对不同的数据库设置一个简单的查询，用于验证数据库是否能够响应。

Database Connection Configuration 选项组用于配置数据库连接。其中的选项如下。

- Database URL：数据库 JDBC 连接字符串。不同类型的数据库连接的字符串格式不同。下面列出几种常见的 Database URL。
  - MySQL：jdbc:mysql://host[:port]/dbname。
  - Oracle：jdbc:oracle:thin:@//host:port/service 或 jdbc:oracle:thin:@(description=(address=(host={mc-name})(protocol=tcp)(port={port-no}))(connect_data=(sid={sid})))。
  - Microsoft SQL Server：jdbc:sqlserver://host:port;DatabaseName=dbname。
- JDBC Driver class：要连接的数据库的 JDBC 驱动类的名称。
- Username：连接用户名。
- Password：连接密码。
- Connection Properties：建立连接时需要设置的连接属性。

1.9 小结

本章介绍了 JMeter 的基本原理和使用方法，包括 JMeter 的工作机制、安装部署，以及 JMeter 测试元素、JMeter GUI、元素执行顺序与组件作用域等；还详细介绍了如何在 JMeter GUI 中添加和管理测试元素，以及如何创建和配置测试计划、线程组和常用配置元件的使用等。通过学习本章内容，读者应该对 JMeter 有了基本的认识，并且能够使用 JMeter 进行简单的性能测试。后续我们将深入探讨 JMeter 的高级功能和实际应用场景。

第 2 章　测试 HTTP

在现代 Web 应用开发中，HTTP 是一种常用的通信协议。通过使用 JMeter，我们可以轻松地对 HTTP 接口进行性能测试和负载测试，以验证系统在不同压力下的稳定性和性能表现。

本章将详细介绍如何使用 JMeter 进行 HTTP 接口测试，包括测试 HTTP GET 请求、HTTP POST 请求、RESTful 风格的请求以及 HTTP 文件上传与下载等内容。通过学习本章，读者将全面了解如何利用 JMeter 进行接口性能测试，并为实际项目提供有力的支持。

2.1　HTTP 基础

性能测试和接口测试都是基于协议的测试。掌握协议对完成性能测试和接口测试至关重要。协议可以帮助我们更好地理解通信机制、设置适当的配置项、监控和分析性能，同时协议也是我们排查问题、进行调试和实施兼容性测试的重要基础。

2.1.1　HTTP 简介

1. 什么是 HTTP

HTTP 是一种用于传输超文本和其他资源的应用层协议，它定义了客户端和服务器之间的通信方式与规范。HTTP 基于客户端—服务器模型，客户端发送 HTTP 请求到服务器，服务器接收请求并返回 HTTP 响应。

HTTP 是无状态的，这意味着服务器不会在两个请求之间保留任何数据（状态），每个请求都是独立的。为了处理会话状态，服务器会使用一些机制，如使用 Cookie 或会话 ID 来跟踪客户端和维护会话状态。

HTTP 的定义基于 RFC（Request for Comments，征求意见稿），最新的 RFC 包括 RFC 7230～

RFC 7239。这些 RFC 定义了 HTTP 的语法、语义、请求方法、状态码以及其他相关规范。

2．HTTP 的版本

HTTP 自 1991 年诞生以来，到目前为止经历了多个版本的更迭，以下是 HTTP 的重要版本。
- HTTP/0.9：仅支持 GET 方法，请求中没有头部信息，响应也是纯文本格式的。
- HTTP/1.0：引入了多种新特性，如请求头、状态码等。此版本的 HTTP 是非持久连接（短连接）的。
- HTTP/1.1：于 1997 年发布，目前仍然是使用非常广泛的版本。HTTP/1.1 引入了如下新特性。
  - 增加了更多的请求方法（如 PUT、DELETE、OPTIONS 等）和响应状态码。
  - 支持持久连接（persistent connection）：允许多个请求和响应通过单个 TCP 连接进行传输，降低了连接的建立和关闭开销，提高了性能。
  - 支持管道（pipeline）：允许客户端在发送请求时不等待服务器的响应，可以同时发送多个请求，提高了传输效率。
  - 支持范围请求（range request）：允许客户端在请求资源时指定范围，服务器只返回指定范围的内容，支持断点续传和部分下载。
  - 支持虚拟主机（virtual host）：通过在请求头中添加 Host 字段，服务器可以根据不同的域名提供不同的网站内容，实现在一台物理服务器上托管多个虚拟主机。
  - 支持分块传输编码（chunked transfer encoding）：允许服务器将响应分成多个块（chunk）进行传输，适用于动态生成内容或者不确定内容长度的情况。
  - 支持增强的缓存控制（enhanced caching control）：引入了更多的缓存控制头，如 Cache-Control、Expires 等，可以更精确地控制缓存策略。
  - 支持内容协商（content negotiation）：客户端与服务器可以根据自身的能力和偏好选择最适合的内容格式和语言。
- HTTP/2：于 2015 年发布，是对 HTTP/1.1 的重大改进。HTTP/2 引入了以下主要特性。
  - 多路复用（multiplexing）：通过一个 TCP 连接并发处理多个请求/响应，解决了 HTTP/1.1 中的队头阻塞问题。
  - 二进制分帧（binary framing）：在传输过程中，将 HTTP 报文分割成多个二进制帧，提高了传输效率和灵活性。
  - 头部压缩（header compression）：使用专门的算法对请求/响应的头部进行压缩，减少数据传输量。
  - 服务器推送（server push）：服务器可以主动向客户端推送数据，减少客户端的请求次数。
- HTTP/3：于 2022 年 6 月发布，基于 QUIC（Quick UDP Internet Connections，快速 UDP 网络连接），与 TCP 相比，具有更低的延迟和更好的网络性能。HTTP/3 的目标是提高 Web 应用的加载速度和改善用户体验。

HTTP 版本的演化是为了解决之前版本中存在的问题并提升性能，并且新的 HTTP 版本通常具备向下兼容性，以确保现有的应用和服务器可以平稳过渡。

3．HTTP 的特点

HTTP 是一种应用层协议，已被广泛应用于互联网通信。HTTP 的特点如下。

- 简单易读。虽然 HTTP/2 将 HTTP 消息封装到了帧中，但 HTTP 大体上简单易读。HTTP 使用简单的请求—响应模型，易于理解和编写。它使用明文文本格式，可以通过常见的文本编辑器查看和编辑。
- 具有良好的可扩展性。HTTP 具有良好的可扩展性，可以通过定义新的方法、头部字段和状态码来满足不同的需求。只要服务器和客户端就扩展内容达成语义一致，新功能就可以轻松添加。
- 无状态，有会话。HTTP 是无状态协议，服务器不保存请求间的状态信息。为了处理复杂应用场景，HTTP 引入会话来维护用户操作状态。通过会话标识符在请求和响应中建立上下文，实现客户端与服务器之间的交互。会话标识符由服务器创建，并在响应中发送给客户端，由客户端存储并发送回服务器。服务器根据会话标识符获取会话信息，处理请求并返回响应。对于会话存储方式和数据安全，须采取适当措施。这样 HTTP 便能满足复杂应用的需求。
- 具有多种连接机制。HTTP 并不要求底层传输层协议必须是面向连接的，而只要求底层传输层协议可靠或不会丢失消息。TCP 是常用的可靠协议，因此 HTTP 通常使用基于 TCP 的面向连接方式。在建立客户端和服务器之间的交互前，需要建立 TCP 连接，可以是短连接（使用 HTTP/1.0）或持久连接（使用 HTTP/1.1）。HTTP/2 引入了多路复用技术，同一域名下的通信可以在单个连接上完成。HTTP/3 采用了 QUIC 协议，基于 UDP（User Datagram Protocol，用户数据报协议），具有低延迟和高性能的特点。

2.1.2 HTTP 会话与连接

1．典型的 HTTP 会话

在像 HTTP 这样的客户—服务器协议中，会话分为 4 个阶段。

（1）客户端建立一个 TCP 连接（如果传输层不使用 TCP 连接，那么也可以建立其他合适的连接）。

（2）客户端发送请求并等待响应。

（3）服务器处理请求并返回响应，响应包括一个状态码和对应的数据。

（4）关闭 TCP 连接。

HTTP 会话过程如图 2-1 所示。

图 2-1 HTTP 会话过程

2．串行连接与并行连接

串行连接表示同一时间只存在一个 TCP 连接，HTTP 事务（HTTP 请求—响应对）通过该连接进行传输。

并行连接表示通过多个 TCP 连接发送并发的 HTTP 请求。HTTP 允许客户端打开多个连接，并行地执行多个 HTTP 事务。

HTTP 与浏览器会限制同一时间客户端与服务器建立的 TCP 连接数。

HTTP/1.1（RFC 2616）规定，一个单用户客户端对于任何一台服务器或者代理服务器都只可以维护不多于两个连接，但是这个问题在 RFC 723X 中已经解决。

Chrome 浏览器只允许单台主机与同域名服务器建立的 TCP 连接数不超过 6，与不同域名的服务器建立的 TCP 连接数则可以放宽到 10。

3．短连接与持久连接

短连接表示客户端与服务器建立 TCP 连接后，只能处理一个 HTTP 事务，随后 TCP 连接自动关闭。

持久连接（长连接）表示客户端与服务器建立 TCP 连接后，可以通过复用连接的方式来处理多个 HTTP 事务。

短连接与持久连接的比较如图 2-2 所示。

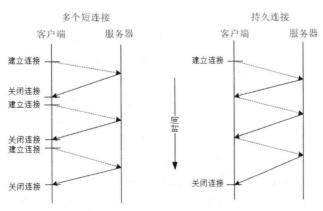

图 2-2 短连接与持久连接的比较

4．HTTP/1.x 连接控制

HTTP/1.0 默认使用短连接通信，而 HTTP/1.1 默认使用持久连接通信。

可以通过两种方法来更改使用连接的方式。

第一种方法是在 HTTP/1.0 中复用连接。

在 HTTP/1.0 中，默认不启用 Keep-Alive 功能。要启用该功能，客户端需要在请求头中添加 Connection: Keep-Alive。然而，并不是所有服务器都会接收并启用 Keep-Alive 会话。同意使用 Keep-Alive 连接的服务器，通常会在响应头中包含以下两个字段。

```
Connection: Keep-Alive
Keep-Alive: timeout=3600, max=8
```

其中，max 表示最多可以保持持久连接的 HTTP 事务数量，timeout 表示连接的超时时间。为了使用持久连接，客户端的每个希望保持连接的请求头中都必须包含 Connection: Keep-Alive。如果某个请求未携带 Keep-Alive 字段，则服务器将在该请求后关闭连接。另外，如果客户端希望关闭持久连接，只需要在请求头中添加 Connection: Close 即可。

第二种方法是在 HTTP/1.1 中关闭持久连接。

HTTP/1.1 默认使用持久连接，当通信完成并且不需要维持连接时，可以在请求头或响应头中使用 Connection: Close 来关闭持久连接。

2.1.3　HTTP 消息

1．HTTP 请求报文

HTTP 请求报文是客户端向服务器发送的数据包，用于请求特定的资源或执行特定的操作。一个完整的 HTTP 请求报文通常由以下 4 个部分组成。

- 请求行（request-line）。请求行用于描述客户端对服务器的请求信息，包括请求方法（method）、请求目标（request-target）、HTTP 版本号（HTTP-version）3 个部分，它们之间用空白（SP）分隔，最后需要以回车换行（Carriage-Return Line-Feed，CRLF）结束。注意，请求方法与版本号需要大写。
- 请求头部字段（header-field）。请求头部字段包含一些附加的信息和参数，用于描述请求的详细信息和要求服务器执行的操作。一个请求可以有零个或多个请求头部字段。
  - 每个请求头部字段可以细分为字段名（field-name）和首尾带可选空白（Optional WhiteSpace, OWS）的字段值（field-value），它们之间必须用英文冒号（:）分隔。
  - 一般一个请求头部字段占据一行，故每个字段都是以回车换行（CRLF）结束的。
  - 字段值可以有多个，多个字段值之间以英文逗号（,）分隔。

- 空行。请求头部与请求消息体之间需要用一个空行进行分隔。
- 请求消息体（message-body）。对于某些请求（如 POST 请求），请求消息体可以包含附加的数据，用于传递给服务器进行处理。请求消息体可以是文本或二进制数据。请求消息体的格式和内容根据具体的请求需求而定。

HTTP 请求报文的格式可以进一步简化，其中请求行与请求头部字段统称请求头（request header），请求消息体称为请求体（request body）。

HTTP 请求报文的格式如图 2-3 所示。

图 2-3 HTTP 请求报文的格式

使用 Fiddler 抓取的 MDClub 登录的请求原始报文如代码清单 2-1 所示。

代码清单 2-1 使用 Fiddler 抓取的 MDClub 登录的请求原始报文

```
1   POST *****//****bbs****/api/tokens HTTP/1.1
2   Host: ****bbs****
3   Connection: keep-alive
4   Content-Length: 196
5   Accept: application/json, text/javascript, application/json, image/webp
6   X-Requested-With: XMLHttpRequest
7   User-Agent: Mozilla/5.0 (Windows NT 10.0; Win64; x64) AppleWebKit/537.36
    (KHTML, like Gecko) Chrome/116.0.0.0 Safari/537.36
8   Content-Type: application/json
9   Origin: *****//****bbs****
10  Referer: *****//****bbs****/
11  Accept-Encoding: gzip, deflate
12  Accept-Language: zh-CN,zh;q=0.9
13
14  {"name":"foreknew","password":"7c4a8d09ca3762af61e59520943dc26494f8941b",
    "device":"Mozilla/5.0 (Windows NT 10.0; Win64; x64) AppleWebKit/537.36
    (KHTML, like Gecko) Chrome/116.0.0.0 Safari/537.36"}
```

2．HTTP 响应报文

HTTP 响应报文是服务器发送给客户端的数据包，用于回应客户端的请求。一个完整的
HTTP 响应报文由以下 4 个部分组成。

- 状态行（status-line）。状态行用于描述服务器对客户端请求的处理结果，包括 HTTP
版本号、状态码（status-code）、原因短语（reason-phrase）3 个部分，它们之间用空白
分隔，最后需要以回车换行结束。
- 响应头部字段。响应头部字段包含一些附加的信息和参数，用于描述响应的详细信息
和服务器提供的资源。一个响应可以包含零个或多个响应头部字段。
  - 每个响应头部字段可以细分为字段名和首尾带可选空白的字段值，它们之间必须
  用英文冒号（:）分隔。
  - 一般一个响应头部字段占据一行，故每个字段都是以回车换行结束的。
  - 字段值可以有多个，多个字段值之间以英文逗号（,）分隔。
- 空行。响应头部字段与响应消息体之间需要用一个空行进行分隔。
- 响应消息体。响应消息体包含服务器返回给客户端的实际数据或资源。响应消息体可
以是文本或二进制数据。响应消息体的格式和内容根据具体的响应需求而定。

HTTP 响应报文的格式可以进一步简化，其中状态行与响应头部字段统称响应头（response
header），响应消息体称为响应体（response body）。

HTTP 响应报文的格式如图 2-4 所示。

图 2-4　HTTP 响应报文的格式

使用 Fiddler 抓取的 MDClub 登录的响应原始报文如代码清单 2-2 所示。

代码清单 2-2　使用 Fiddler 抓取的 MDClub 登录的响应原始报文

```
1   HTTP/1.1 200 OK
2   Server: nginx/1.15.11
3   Date: Mon, 04 Sep 2023 06:55:30 GMT
```

```
 4  Content-Type: application/json;charset=utf-8
 5  Content-Length: 15255
 6  Connection: keep-alive
 7  X-Powered-By: PHP/7.3.4
 8  Access-Control-Allow-Origin: *
 9  Access-Control-Allow-Methods: OPTIONS, GET, POST, PATCH, PUT, DELETE
10  Access-Control-Allow-Headers: Token, Origin, X-Requested-With, X-Http-
    Method-Override, Accept, Content-Type, Connection, User-Agent
11
12  {"code":0,"data":{"token":"2e8da2522fb473d37e0bdde5bcc7432f","user_
    id":10000,"device":"Mozilla\/5.0 (Windows NT 10.0; Win64; x64)
    AppleWebKit\/537.36 (KHTML, like Gecko) Chrome\/116.0.0.0 Safari\/
    537.36","create_time":1693810530,"update_time":1693810530,"expire_
    time":1695106530}}
```

3. HTTP 请求方法

HTTP 定义了多种请求方法，用于指定客户端对服务器执行的操作类型。HTTP/1.0 定义了 3 种方法——GET、HEAD 和 POST 方法。随后的 HTTP/1.1 在此基础上扩展出了 PUT、DELETE、CONNECT、OPTIONS 和 TRACE 这 5 种方法。而后，RFC 5789 又新增了 PATCH 方法，它可以看作对 PUT 方法的补充。客户端可以根据需要选择合适的请求方法来与服务器进行交互，以实现不同的操作和功能。

HTTP 请求方法如表 2-1 所示。

表 2-1　HTTP 请求方法

序号	方法	描述	是否有请求体/响应体	是否幂等	是否可缓存
1	GET	传输当前请求中描述的目标资源	可选/是	是	是
2	HEAD	与 GET 方法类似，仅传输状态行与头部字段	可选/否	是	是
3	POST	对请求负载中的指定资源进行处理	是/是	否	满足条件可缓存
4	PUT	用请求负载替换当前请求中描述的目标资源	是/是	是	否
5	DELETE	删除当前请求中描述的目标资源	可选/是	是	否
6	CONNECT	建立到目标资源标识的服务器的通道	可选/是	否	否
7	OPTIONS	描述与目标资源进行通信的选项	可选/是	是	否
8	TRACE	沿着到达目标资源的路径进行环回测试	否/是	是	否
9	PATCH	用请求负载替换当前请求中描述的部分资源	是/是	否	否

4. HTTP 状态码

HTTP 状态码是一个包含 3 位数字的编码，用于表示服务器对客户端请求的处理结果和状态。它们提供了关于请求是否成功以及是否需要采取其他操作的信息。

根据首位数字，HTTP 状态码分为 5 种类型，如表 2-2 所示。

表 2-2　HTTP 状态码

范围	类型	描述	常用状态码
100～199	信息型	请求被服务器接收，需要继续处理	100、101
200～299	成功	请求被服务器成功接收、理解并处理	200、201、204、206
300～399	重定向	需要采取进一步动作才能完成请求	300、301、302、303、304、307、308
400～499	客户端错误	请求包含语法错误或无法完成请求	400、401、403、404、405、408、414、415
500～599	服务器错误	服务器无法处理有效的请求	500、502、503、504、505

2.2　HTTP 请求的配置

掌握 HTTP 请求配置的细节可以帮助我们正确地构建和发送 HTTP 请求，每个细节都可能会影响到 HTTP 请求的执行结果。了解这些细节可以确保我们能够构建和发送准确、有效的 HTTP 请求，并且能够快速定位和解决 HTTP 请求发生的问题。

2.2.1　基本配置

选择需要添加的元素，使用快捷键 Ctrl+1 可以快速地在该元素下添加 HTTP 请求。HTTP 请求基本配置面板如图 2-5 所示。

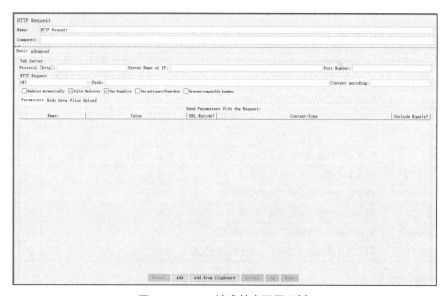

图 2-5　HTTP 请求基本配置面板

Web Server 选项组用于设置 Web 服务器信息。其中的选项如下。

■　Protocol [http]：协议名，支持 HTTP、HTTPS 与 FILE 这 3 种协议类型，默认为 HTTP。

- Server Name or IP：Web 服务器主机名，支持域名与 IP 地址。
- Port Number：Web 服务器监听端口。HTTP 默认端口号为 80，HTTPS 默认端口号为 443。默认端口号可以省略，非默认端口号必填。

HTTP Request 选项组用于设置 HTTP 请求信息。其中的选项如下。

- Method：请求方法，可以填写或选择，填写是为了方便请求方法参数化与支持自定义请求方法。
- Path：请求目标，一般填写 URL，可以为相对地址（一般称为 path）或绝对地址（一般称为 href）。注意，若填写绝对地址，则它会覆盖 Web Server 选项组中相应的配置信息。
- Content encoding：对 POST、PUT 与 PATCH 等方法的请求体进行字符编码设置。
- Redirect Automatically：用于指定是否开启自动重定向。若开启，查看结果树中会显示重定向的过程，重定向的历史都会显示出来。勾选此复选框可开启自动重定向。
- Follow Redirects：用于指定是否开启跟随重定向。若开启，查看结果树中不会显示重定向历史，只会显示最后一次重定向请求。勾选此复选框可开启跟随重定向。若 Redirect Automatically 与 Follow Redirects 复选框都不勾选，则表示禁止重定向。
- Use KeepAlive：用于指定是否使用 Connection: Keep-Alive 头部。
- Use multipart/form-data：用于指定是否为 POST 请求设置 Content-Type: multipart/form-data 头部。一般来说，在上传文件且 Files Upload 选项卡中的 Parameter Name 列值不为空的情况下，默认的 Content-Type 值就是 multipart/form-data，但是考虑到提交表单时可能没有选择文件进行上传，且表单数据也要以 multipart/form-data 格式发送，因此必须勾选此复选框。
- Browser-compatible headers：用于指定是否开启与浏览器兼容的头部。若勾选此复选框，当使用 multipart/form-data 格式时，将取消 Content-Type 和 Content-Transfer-Encoding 头部，仅发送 Content-Disposition 头部。

Parameters 选项卡用于设置请求参数。其中的选项如下。

- Name：参数名称。每个参数都有一个名称，它可以为空（JMeter 内部记录为一个空字符串）。
- Value：参数值。每个参数都有对应的值，它可以为空。
- URL Encode：用于指定是否对参数名称与参数值进行 URL 编码。若勾选此复选框，则表示启用 URL 编码。
- Content-Type：为没有名称的参数指定 Content-Type，默认为 text/plain；仅对有请求体的请求方法有效。
- Include Equals：用于指定对值为空的参数是否显示符号"="。例如，给值为空的 Name 设置 gender，若勾选此复选框，请求中将显示"gender="，否则显示"gender"。

Body Data 选项卡用于设置请求参数。对于 POST、PUT、PATCH 等带有请求体的请求，更常见的做法是将请求参数直接放置在 Body Data 选项卡的参数编辑框中。

Files Upload 选项卡用于设置请求参数。其中的选项如下。

- File Path：存放参数值的文件路径或要上传的文件路径。
- Parameter Name：指定 Name 参数的值。
- MIME Type：参数值的 Content-Type 或文件 MIME 类型。

2.2.2 高级配置

在 HTTP 请求的配置面板中，单击 Advanced 标签，可切换到 HTTP 请求高级配置面板，如图 2-6 所示。

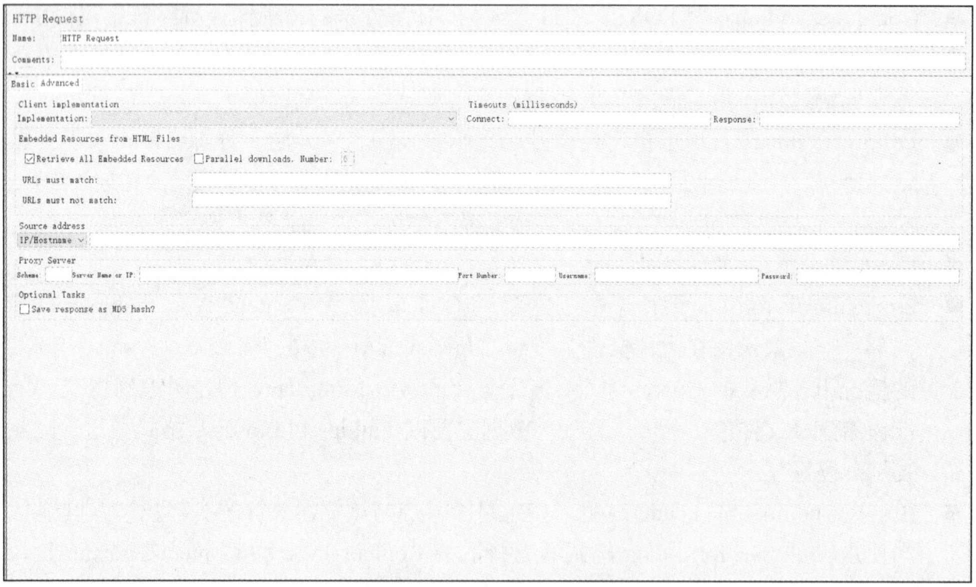

图 2-6 HTTP 请求高级配置面板

Client implementation 选项组用于设置 JMeter 客户端的实现方式，具体有如下 3 种。

- Java：使用 JVM 实现相较于使用 HTTPClient 实现有明显的局限性。例如，仅支持 GET、POST、HEAD、OPTIONS、PUT、DELETE 与 TRACE 请求。
- HTTPClient4：使用 Apache HTTP 组件的 HTTPClient 4.x 实现。
- 不填写：不设置实现方式，此时实现方式依赖 HTTP 请求默认值中的设置。若 HTTP 请求默认值中未设置实现方式，则使用 jmeter.properties 中 jmeter.httpsampler 属性设置的实现方式。当前 JMeter 版本默认的是 HTTPClient4。

Timeouts(milliseconds)选项组用于设置超时时间，单位为 ms。可以设置如下两类超时时间。

- Connect：客户端与服务器建立连接的超时时间。
- Response：服务器处理的超时时间。

Embedded Resources from HTML Files 选项组用于设置从 HTML 文件中获取内嵌的资源。

其中的主要选项是 Retrieve All Embedded Resources 复选框。若勾选此复选框，当请求的是一个 HTML 文件时，则该文件中引用的所有图像、Java 小应用程序、JavaScript 文件与 CSS 文件都会单独发送 HTTP 请求。这会导致一个主取样器产生多个子取样器。

Source address 选项组仅对 HTTPClient 实现方式有效，一般用于设置 IP 欺骗功能。

- 源地址类型：一般选择 IP/Hostname。
- 源地址字段：一般从参数化的变量中读取 IP 地址。

Proxy Server 选项组用于设置代理服务器，设置的内容包括协议（Scheme）、主机名/IP 地址（Server Name or IP）、端口号（Port Number）、用户名（Username）与密码（Password）。

2.2.3　HTTP 请求参数的设置

HTTP 请求参数的设置比较复杂，这里单独进行介绍。我们先要弄清楚 JMeter 是如何管理请求参数的。

1. JMeter 请求参数管理

JMeter 请求参数可以分为两类——普通请求参数与文件上传参数。每类请求参数都由对应的类来配置与管理。

JMeter 内部使用 Argument 和 Arguments 类来配置与管理普通请求参数。Argument 类表示一个单独的请求参数，包含参数名称和参数值。Arguments 类是 Argument 对象的集合，表示一组请求参数。可以使用 Arguments 类来管理多个请求参数，将它们作为整体添加到 JMeter 的 HTTP 请求中。每个请求在 JMeter 中都有一个关联的 Arguments 实例，用于存储请求参数。

Arguments 实例可以看成一个一元映射列表。一个参数就是一个一元映射。每个参数由参数名称与参数值组成，对应映射的 key 与 value。每个参数都使用一个单独的映射保存，每个映射只有一个唯一的元素，所以是一元映射。对于表单数据类型的请求参数来说，一个表单项对应一个参数，有多少个表单项就有多少个请求参数。对于 JSON 与 XML 格式的请求参数，JMeter 将其参数名称视为空字符串（""），其参数值为对应 JSON 或 XML 格式的数据的一个特殊参数。常见格式的请求参数如下。

- 表单数据（Form Data）请求参数：以键值对的形式出现，参数包含在请求体中，并且会使用特定的 Content-Type 来指定数据格式，例如 Content-Type:application/x-www-form-urlencoded。假设要提交用户名与密码两个表单项，对应参数分别为 username、password，参数值分别为 John、123456，则请求参数可以（使用 Groovy 语言）表示为[["username": "John"], ["password": "123456"]]。
- JSON 格式（JSON Format）请求参数：将参数以 JSON 对象的形式包含在请求体中，并且会使用特定的 Content-Type 来指定数据格式，例如 Content-Type: application/json。如果请求参数为{"username": "John", "username": "123456"}形式的 JSON 数据，则请求

参数可以表示为[["": '{"username": "John", "username": "123456"}']]。

■ XML 格式（XML Format）请求参数：将参数以 XML 的形式包含在请求体中，并且会使用特定的 Content-Type 来指定数据格式，例如 Content-Type:application/xml。XML 格式请求参数的表示形式与 JSON 格式请求参数的类似。

在 JMeter 中，HTTPFileArg 和 HTTPFileArgs 类用于管理文件上传参数。可以使用这两个类来设置 HTTP 请求中的文件参数。例如，当上传文件时，需要设置文件路径、MIME 类型等参数信息。

HTTPFileArg 类表示一个单独的文件参数，包含文件路径、文件名、MIME 类型等属性。可以使用 HTTPFileArg 对象来设置单个文件上传参数。HTTPFileArgs 类是 HTTPFileArg 对象的集合，表示一组文件上传参数。可以使用 HTTPFileArgs 类来管理多个文件上传参数，将它们作为整体添加到 JMeter 的 HTTP 请求中。

每个 JMeter 文件上传参数都可以看成一个数组，其中的每一个元素都对应一个文件上传项。假设上传了两个文件（包括文件路径、名称、MIME 类型），则文件上传参数可以表示为[path:"d:/JMeter.png"| param:"logo"|mimetype:"image/png", path:"d:/Appium.png"|param:"book"|mimetype:"image/png"]。

下面详细介绍在 Parameters、Body Data 与 Files Upload 这 3 个选项卡中如何设置请求参数。

2．在 Parameters 选项卡中设置请求参数

当仅设置普通请求参数时，JMeter 会根据配置的参数列表生成查询字符串（默认格式为 name1=value1&name2=value2...）。对于没有请求体的请求，如 GET、DELETE 请求，查询字符串会追加到请求 URL 之后；对于有请求体的请求，如 POST、PUT 与 PATCH 请求，查询字符串会在请求体中单独发送。举个例子，假设参数 username、password 对应的值分别为 John、123456，则生成的查询字符串为 username=John&password=123456。对于 GET 或 DELETE 请求，该查询字符串会追加到请求 URL 之后；对于 POST、PUT 与 PATCH 请求，该查询字符串作为请求体单独发送。

对于 GET 或 DELETE 请求，JMeter 会忽略 Name 为空的参数。

对于 POST、PUT 与 PATCH 请求，当请求体为 Form Data 时，在参数列表中逐一添加 Name 与 Value 即可，以每个 Name-Value 对作为一个参数。此时默认的 Content-Type 值为 application/x-www-form-urlencoded。当请求体为 JSON 或 XML 格式时，一般只需要在参数列表中添加一条记录，将 Name 设置为空，并将 Value 设置为 JSON 或 XML 格式的数据。例如，设置请求参数为{"username": "John", "username": "123456"}的 JSON 数据时，Name 可以不设置，Value 则设置为{"username": "John", "username": "123456"}。此时默认 Content-Type 值为 text/plain。如果要修改默认的 Content-Type 值，可以在取样器下添加 HTTP 信息头管理器，并在其中添加 Content-Type 头部，设置其值为所需的 MIME 类型。

3．在 Body Data 选项卡中设置请求参数

一般情况下，Body Data 选项卡中只可以设置像 POST、PUT、PATCH 这种带有请求体的请求参数。当请求体为 Form Data 时，可以将参数按照 "name1=value1&name2=value2…" 格式设置，但 JMeter 只会将其当作一个参数，参数名称为空字符串，参数值为 "name1=value1&name2=value2…"。当请求体为 JSON 或 XML 格式时，请求参数的设置方式与请求体为 Form Data 时的类似。此时默认的 Content-Type 值都为 text/plain。

注意，普通请求参数只能在 Parameters 或 Body Data 选项卡中进行设置。也就是说，请求参数一部分在 Parameters 选项卡设置中，另一部分在 Body Data 选项卡中设置是不允许的。

4．在 Files Upload 选项卡中设置请求参数

Files Upload 选项卡有如下两个作用。

- 配置文件上传参数。当 POST 请求有文件要上传时，非文件上传参数可以在 Parameters 选项卡中配置，文件上传参数在 Files Upload 选项卡中配置，此时 Parameter Name 列的值为文件上传项中的 name 属性值且不能为空。发送请求的 Content-Type 值默认为 multipart/form-data。
- 从外部文件中读取数据作为请求体发送。对于像 POST、PUT、PATCH 这种带有请求体的请求，可以将请求体数据保存在外部文件中，在 Files Upload 选项卡中设置读取外部文件中的数据作为请求体发送。此时要求 Parameter Name 列的值必须为空。发送请求的 Content-Type 值为 MIME Type 列中设置的值。

2.3　测试 HTTP GET 请求

2.3.1　GET 请求参数的设置

GET 请求参数有如下两种设置方式。

- 在 Path 选项中设置。假设有一个带参数的 GET 请求，请求 URL 为*****//****bbs****/api/questions/8/answers?per_page=20&order=-vote_count&include=user,voting，那么只需要将 Path 设置为/api/questions/8/answers?per_page=20&order=-vote_count&include=user,voting 即可。当以这种方式设置 GET 请求参数时，JMeter 不会将其看作参数，并且对于非 URL 字符集，不会自动进行 URL 编码。
- 在 Parameters 选项卡中设置。将参数名称与参数值分别填入 Name 和 Value 列中。JMeter 会将每个 Name-Value 对看成一个参数。另外，可以根据需要勾选 URL Encode 复选框，对参数进行 URL 编码。在有多个参数的情况下，手动输入比较烦琐且容易出错。这里介绍一个技巧，可以大大提高输入的效率。先按照 "name1=value1&name2=value2&…" 格式复制参数字符串，再单击 Add from Clipboard 按钮，JMeter 会自动拆分填充的参

数名称与参数值。如果使用了协议分析工具（如 Fiddler），可以选中工具中参数列表的 Name 与 Value 列值并复制，然后在 Parameters 选项卡中单击 Add from Clipboard 按钮，快速自动添加参数名称与参数值。

2.3.2　测试 GET 请求案例

以获取当前登录用户发表的文章的接口为例，此接口需要登录。获取当前登录用户发表的文章的接口文档如表 2-3 所示。

表 2-3　获取当前登录用户发表的文章的接口文档

项	描述
请求 URL	GET /api/user/articles
请求参数	page：当前页数，默认为 1。 per_page：每页的条目数（最大为 100），默认为 15。 order：排序方式。在字段前加 "-" 表示倒序排列。可排序字段包括 vote_count、create_time、update_time、delete_time。默认为-create_time。 include：响应中需要包含的关联数据，用 "," 分隔，可以为 "user, topics, is_following, voting"

响应参数	<pre>{
	  "code": 0,
	  "data": [
	    {
	      "article_id": 1,
	      "user_id": 1,
	      "title": "欢迎使用 MDClub 开源社区系统",
	      "content_markdown": "MDClub 是一个开源社区系统，使用[mdui](*****//mdui****) 作为前端框架。系统的所有功能都通过 RESTful API 开放，共提供了 200 多个接口。",
	      "content_rendered": "<p>MDClub 是一个开源社区系统，使用 <a href="https://mdui.org" target="_blank">mdui</a> 作为前端框架。</p><p>系统的所有功能都通过 RESTful API 开放，共提供了 200 多个接口。</p>",
	      "comment_count": 22,
	      "follower_count": 12,
	      "vote_count": 44,
	      "vote_up_count": 96,
	      "vote_down_count": 52,
	      "create_time": 1563512214,
	      "update_time": 1563512214,
	      "delete_time": 0,
	      "relationships": {
	        "user": {
	          "user_id": 1,
	          "username": "zdhxiong",
	          "headline": "mdui 作者",
	          "avatar": {
	            "original": "*****://mdclub****/user-avatar/c4/ca/bc03445db47540
	            eea79148252e7a91fe.jpg",</pre>

项	描述

响应参数	<pre> "small": "*****://mdclub****/user-avatar/c4/ca/bc03445db47540eea
	      79148252e7a91fe_small.jpg",
	      "middle": "*****://mdclub****/user-avatar/c4/ca/bc03445db47540ee
	      a79148252e7a91fe_middle.jpg",
	      "large": "*****://mdclub****/user-avatar/c4/ca/bc03445db47540eea
	      79148252e7a91fe_large.jpg"
	    }
	  },
	  "topics": [
	    {
	      "topic_id": 1,
	      "name": "MDClub",
	      "cover": {
	      "original": "*****://mdclub****/topic-cover/c4/ca/bc03445db475
	      40eea79148252e7a91fe.jpg",
	      "small": "*****://mdclub****/topic-cover/c4/ca/bc03445db47540e
	      ea79148252e7a91fe_small.jpg",
	      "middle": "*****://mdclub****/topic-cover/c4/ca/bc03445db47540
	      eea79148252e7a91fe_middle.jpg",
	      "large": "*****://mdclub****/topic-cover/c4/ca/bc03445db47540e
	      ea79148252e7a91fe_large.jpg"
	      }
	    }
	  ],
	  "is_following": true,
	  "voting": "up"
	    }
	  }
	],
	"pagination": {
	  "page": 1,
	  "per_page": 15,
	  "previous": null,
	  "next": 2,
	  "total": 124,
	  "pages": 9
	  }
	}</pre>

测试计划如图 2-7 所示。

图 2-7　测试计划（1）

测试步骤如下。

（1）添加线程组。

（2）在线程组下添加 HTTP 请求默认值并设置 Server Name or IP 为****bbs****。

（3）在线程组下添加登录 HTTP 请求并设置，可以参见 1.6.1 节。

（4）在登录 HTTP 请求下添加如下元素。

- HTTP 信息头管理器：添加 Content-Type 头部，设置其值为 application/json。
- JSON 提取器：提取登录成功后的 token，保存到 token 变量中。
- JSON 断言：验证登录成功后是否返回 token。

（5）在线程组下添加获取当前用户发表的文章的 HTTP 请求并完成如下设置。

- Method：GET。
- Path：/api/user/articles。
- 在 Parameters 选项卡中添加如下请求参数。
  - page：1。
  - per_page：20。
  - order：-update_time。
  - include：user,topics,is_following,voting。

（6）在获取当前用户发表的文章这一 HTTP 请求下添加 HTTP 信息头管理器，在其中添加 token 头部，设置其值为$\{token\}。

（7）在线程组下添加查看结果树。

（8）保存并执行测试计划。单击工具栏上的绿色运行按钮，开始执行测试。JMeter 将发送 GET 请求到指定的 URL，并记录响应结果。

（9）在查看结果树中，查看获取当前用户发表的文章这一 HTTP 请求所返回的结果。

2.4　测试 HTTP POST 请求

2.4.1　POST 请求参数的设置

POST 请求参数有如下 3 种设置方式。

- 在 Parameters 选项卡中设置。
- 在 Body Data 选项卡中设置。
- 在 Files Upload 选项卡中设置。

具体设置方式可参考 2.2.3 节。

2.4.2　测试 POST 请求案例

以在 MDClub 系统中新增问题接口为例，此接口需要登录。新增问题的接口文档如表 2-4 所示。

表 2-4 新增问题的接口文档

项	描述
请求 URL	POST /api/questions
请求参数	include：响应中需要包含的关联数据，用"，"分隔，可以为"user, topics, is_following, voting"
请求体类型	application/json

请求体	```json
	{
	    "title": "请问作者开发了哪些软件？",
	    "topic_ids": [1, 2, 3],
	    "content_markdown": "如题",
	    "content_rendered": "<p>如题</p>"
	}
	``

响应体	```json
	{
	  "code": 0,
	  "data": {
	    "question_id": 1,
	    "user_id": 1,
	    "title": "请问作者开发了哪些软件？",
	    "content_markdown": "如题",
	    "content_rendered": "<p>如题</p>",
	    "comment_count": 6,
	    "answer_count": 18,
	    "follower_count": 12,
	    "vote_count": 44,
	    "vote_up_count": 96,
	    "vote_down_count": 52,
	    "last_answer_time": 1563512214,
	    "create_time": 1563512214,
	    "update_time": 1563512214,
	    "delete_time": 0,
	    "relationships": {
	      "user": {
	        "user_id": 1,
	        "username": "zdhxiong",
	        "headline": "mdui 作者",
	        "avatar": {
	          "original": "*****://mdclub****/user-avatar/c4/ca/bc03445db47540eea79148252e7a91fe.jpg",
	          "small": "*****://mdclub****/user-avatar/c4/ca/bc03445db47540eea79148252e7a91fe_small.jpg",
	          "middle": "*****://mdclub****/user-avatar/c4/ca/bc03445db47540eea79148252e7a91fe_middle.jpg",
	          "large": "*****://mdclub****/user-avatar/c4/ca/bc03445db47540eea79148252e7a91fe_large.jpg"
	        }
	      },
	      "topics": [
	``

续表

项	描述
响应体	```{ "topic_id": 1, "name": "MDClub", "cover": { "original": "*****://mdclub****/topic-cover/c4/ca/bc03445db47540eea79148252e7a91fe.jpg", "small": "*****://mdclub****/topic-cover/c4/ca/bc03445db47540eea79148252e7a91fe_small.jpg", "middle": "*****://mdclub****/topic-cover/c4/ca/bc03445db47540eea79148252e7a91fe_middle.jpg", "large": "*****://mdclub****/topic-cover/c4/ca/bc03445db47540eea79148252e7a91fe_large.jpg" } }], "is_following": true, "voting": "up" } } }```

测试计划如图 2-8 所示。

图 2-8　测试计划（2）

测试步骤如下。

（1）添加线程组。

（2）在线程组下添加 HTTP 请求默认值并设置 Server Name or IP 为****bbs****。

（3）在线程组下添加 HTTP 信息头管理器，在其中添加 Content-Type 头部，并设置其值为 application/json。

（4）添加登录 HTTP 请求并设置，可以参见 1.6.1 节。

（5）在登录 HTTP 请求下添加如下元素。

■ JSON 提取器：提取登录成功后的 token，保存到 token 变量中。

■ JSON 断言：验证登录成功后是否返回 token。

（6）在线程组下添加新增问题的 HTTP 请求并完成如下设置。

■ Method：POST。

- Path：/api/questions?include=user,topics,is_following。
- Body Data：

```
{
    "title": "JMeter 关联有哪些方法？",
    "topic_ids": [1],
    "content_rendered": "<p>具体有哪些？各适合什么场景？</p>"
}
```

（7）在新增问题的 HTTP 请求下添加 HTTP 信息头管理器，在其中添加 token 头部，并设置其值为${token}。

（8）在线程组下添加查看结果树。

（9）保存并执行测试计划。单击工具栏上的绿色运行按钮。JMeter 将发送 POST 请求到指定的 URL，并记录响应结果。

（10）在查看结果树中，查看新增问题的 HTTP 请求所返回的结果。

2.5　测试 RESTful 风格的请求

RESTful 是一种基于 HTTP 的软件架构风格，主要用于构建分布式系统。使用 RESTful 风格的请求可通过 HTTP 方法（如 GET、POST、PUT、DELETE 方法等）对资源进行操作。在 RESTful 风格的请求中，每个资源都有唯一的 URL，可通过 HTTP 方法对该 URL 进行操作来实现对资源的增删改查操作。

2.5.1　RESTful 风格的 HTTP 请求方法

RESTful 风格的请求方法如表 2-5 所示。

表 2-5　RESTful 风格的请求方法

方法	操作集合资源	操作成员资源
GET	获取集合资源的所有成员资源的 URI（Uniform Resource Identifier，统一资源标识符）信息	获取成员资源的表示形式
POST	使用请求正文中的说明在集合资源中创建成员资源。在响应 Location 头部字段中自动分配并返回已创建成员资源的 URI	使用请求正文中的说明在成员资源中创建成员资源。在响应 Location 头部字段中自动分配并返回已创建成员资源的 URI
PUT	将集合资源的成员资源的所有表示形式替换为请求正文中的表示形式，如果集合资源不存在，则创建集合资源	使用请求正文中的表示形式替换成员资源的所有表示形式，若成员资源不存在，则创建成员资源
PATCH	使用请求正文中的说明更新集合资源的成员资源的所有表示形式，如果集合资源不存在，则可能会创建集合资源	更新成员资源的所有表示形式，或者使用请求正文中的说明创建成员资源（如果成员资源不存在）
DELETE	删除集合资源的每个成员资源的所有表示形式	删除成员资源的所有表示形式

表 2-6 列出了一些具体的例子。

表 2-6　RESTful 风格的请求方法的例子

URI	请求方法	说明
/api/v3/users	GET	获取所有用户信息
/api/v3/users/1	GET	获取 1 号用户信息
/api/v3/users	POST	新增用户，用户信息在请求体中
/api/v3/users/1	POST	为 1 号用户新增信息，1 号用户新增的信息在请求体中
/api/v3/users	PUT	替换所有用户的信息，替换的内容在请求体中（全部替换）
/api/v3/users/1	PUT	替换 1 号用户的信息，替换的内容在请求体中（全部替换）
/api/v3/users	PATCH	替换所有用户的信息，替换的内容在请求体中（部分替换）
/api/v3/users/1	PATCH	替换 1 号用户的信息，替换的内容在请求体中（部分替换）
/api/v3/users	DELETE	删除所有用户的信息
/api/v3/users/1	DELETE	删除 1 号用户的信息

2.5.2　测试 RESTful 风格的 HTTP 请求案例

以 MDClub 系统中删除问题接口为例，该接口需要登录。管理员可删除问题，问题作者是否可删除问题由管理员在后台的设置决定。删除问题的接口文档如表 2-7 所示。

表 2-7　删除问题的接口文档

项	描述
请求 URL	DELETE /api/questions/{question_id}
请求参数	question_id：问题 ID

响应体	{
	　"code": 0,
	　"data": null
	}

测试计划如图 2-9 所示。

图 2-9　测试计划（3）

测试步骤如下。

（1）添加线程组。

（2）在线程组下添加 HTTP 请求默认值并设置 Server Name or IP 为****bbs****。

（3）在线程组下添加登录 HTTP 请求并设置，这里以管理员身份登录。

（4）在登录 HTTP 请求下添加如下元素。

- HTTP 信息头管理器：添加 Content-Type 头部，设置其值为 application/json。
- JSON 提取器：提取登录成功后的 token，保存到 token 变量中。
- JSON 断言：验证登录成功后是否返回 token。

（5）在线程组下添加删除问题的 HTTP 请求并完成如下设置。

- Method：DELETE。
- Path：/api/questions/2。

（6）在删除问题的 HTTP 请求下添加 HTTP 信息头管理器，在其中添加 token 头部，并设置其值为\${token}。

（7）在线程组下添加查看结果树。

（8）保存并执行测试计划。保存后，单击工具栏上的绿色运行按钮。JMeter 将发送 DELETE 请求到指定的 URL，并记录响应结果。

（9）在查看结果树中，查看删除问题的 HTTP 请求所返回的结果。

2.6　HTTP 文件上传与下载

在 HTTP 请求中可以通过设置实现 HTTP 文件上传功能，但 HTTP 请求不能实现文件下载功能。不过，HTTP 文件下载可以通过其他多种方式实现。

2.6.1　文件上传

HTTP 文件上传的参数分为两部分。

- 文件上传参数：在 HTTP 请求的 Files Upload 选项卡中设置。
- 非文件上传参数：在 HTTP 请求的 Parameters 选项卡中设置。

这里以 MDClub 系统中发布话题接口为例，此接口需要管理员权限且需要登录，发布话题的接口文档如表 2-8 所示。

表 2-8　发布话题的接口文档

项	描述
请求 URL	POST /api/topics
请求参数	include：响应中需要包含的关联数据，用"，"分隔，可以为 is_following
请求体类型	multipart/form-data
请求体参数	name：话题名称 description：话题描述 cover：封面图片

续表

项	描述

响应体	```
	{
	  "code": 0,
	  "data": {
	    "topic_id": 1,
	    "name": "MDClub",
	    "cover": {
	      "original": "*****://mdclub****/topic-cover/c4/ca/bc03445db47540eea791
	        48252e7a91fe.jpg",
	      "small": "*****://mdclub****/topic-cover/c4/ca/bc03445db47540eea791482
	        52e7a91fe_small.jpg",
	      "middle": "*****://mdclub****/topic-cover/c4/ca/bc03445db47540eea79148
	        252e7a91fe_middle.jpg",
	      "large": "*****://mdclub****/topic-cover/c4/ca/bc03445db47540eea791482
	        52e7a91fe_large.jpg"
	    },
	    "description": "一个漂亮强大的开源社区系统",
	    "article_count": 12,
	    "question_count": 16,
	    "follower_count": 42,
	    "delete_time": 0,
	    "relationships": {
	      "is_following": true
	    }
	  }
	}
	``

测试计划如图 2-10 所示。

图 2-10　测试计划（4）

测试步骤如下。

（1）添加线程组。

（2）在线程组下添加 HTTP 请求默认值并设置 Server Name or IP 为****bbs****。

（3）在线程组下添加登录 HTTP 请求并设置，此处以管理员身份登录。

（4）在登录 HTTP 请求下添加如下元素。

■ HTTP 信息头管理器：添加 Content-Type 头部，设置其值为 application/json。

■ JSON 提取器：提取登录成功后的 token，保存到 token 变量中。

- JSON 断言：验证登录成功后是否返回 token。

（5）在线程组下添加发布话题的 HTTP 请求并完成如下设置。

- Method：POST。
- Path：/api/topics。
- 在 Parameters 选项卡中添加非文件上传参数，具体设置如下。
  - name："怎样学好 JMeter？"。
  - description："JMeter 作为目前非常流行的性能接口测试工具，怎样快速掌握它来实现性能与接口测试呢？"。
- 在 Files Upload 选项卡中添加文件上传参数，具体设置如下。
  - File Path：d:/upload/images/topic.png。
  - Parameter Name：cover。
  - MIME Type：image/png。

可以使用 Fiddler 工具抓取文件上传请求报文，以帮助我们正确设置文件上传参数。其中 cover 为文件上传项的 name 属性值。

（6）在发布话题的 HTTP 请求下添加 HTTP 信息头管理器，在其中添加 token 头部，设置其值为${token}。

（7）在线程组下添加查看结果树。

（8）保存并执行测试计划。

（9）在查看结果树中，查看发布话题的 HTTP 请求所返回的结果。

2.6.2 文件下载

JMeter 的 HTTP 请求没有提供文件下载功能，需要使用其他方法实现该功能，一般有如下 3 种方法。

- 使用 Save Responses to a file 监听器将响应数据保存到文件中。
- 首先使用 HTTP 请求发送文件下载请求，然后使用 JSR223 Sampler 将请求返回的响应数据保存到文件中或对 HTTP 请求使用 JSR223 PostProcessor 提取响应数据并保存到文件中。
- 直接使用 JSR223 Sampler 实现文件下载。

1. 方法 1

步骤如下。

（1）在测试计划中添加 HTTP 请求，配置文件下载的 URL。

（2）在 HTTP 请求下添加 Save Responses to a file 监听器，并完成如下配置。

- Variable Name containing saved file name：设置保存文件路径的变量。可以在后续元素

中通过该变量引用保存的文件路径。

■ Filename prefix(can include folders)：设置生成的文件名的前缀（包含目录名称）。假设要下载百度 Logo 的 PNG 图片，如果设置文件名前缀为 d:/download/baidu_logo，则会自动添加编号与文件扩展名，在 d:/download 目录下创建一个名为 baidu_logo1.png 的图片文件。

2. 方法 2

步骤如下。

（1）在测试计划中添加 HTTP 请求，配置文件下载的 URL。

（2）在 HTTP 请求后添加 JSR223 Sampler，或在 HTTP 请求下添加 JSR223 PostProcessor，设置 Language 为 Groovy，在 Script 输入框中写入一些内容，如代码清单 2-3 所示。

代码清单 2-3　HTTP 文件下载 1

```
1   // 从前一次请求的响应数据中获取字节数组
2   byte[] result = prev.getResponseData()
3
4   // 指定要保存的文件的路径和文件名
5   String filename = "/path/to/save/file"
6
7   // 使用 withOutputStream()方法打开文件并自动关闭流
8   new File( filename ).withOutputStream { out ->
9       // 将字节数组写入输出流，实现文件保存
10      out << result
11  }
```

这段代码用于在 JMeter 中保存 HTTP 请求的响应数据到本地文件系统中。首先通过 prev.getResponseData()方法从 JMeter 的上一个取样器中获取 HTTP 请求的响应数据，返回类型是 byte[]。然后使用 withOutputStream()方法创建一个输出流，并将 HTTP 请求的响应数据写入指定的文件中。

3. 方法 3

在测试计划中添加 JSR223 Sampler，设置 Language 为 Groovy，在 Script 输入框中写入一些内容，如代码清单 2-4 所示。

代码清单 2-4　HTTP 文件下载 2

```
1   // 创建一个表示要保存的文件的本地目录和文件名的 File 对象
2   def f = new File("dir", "filename")
3
```

```
4   // 创建一个表示要下载的文件的 URL 对象
5   def url = new URL("file-to-download-URL")
6
7   // 使用 withOutputStream() 方法打开文件并自动关闭流
8   f.withOutputStream { OutputStream stream ->
9       // 将 URL 的输入流写入输出流,实现文件下载
10      stream << url.openStream()
11  }
```

这段代码用于从指定的 URL 下载文件并将文件保存到本地文件系统中。首先使用 new File("dir", "filename")语句创建一个新的 File 对象,其中 dir 表示文件保存的路径,filename 表示要保存的文件名。然后使用 new URL("file-to-download-URL")语句创建一个新的 URL 对象,其中 file-to-download-URL 是要下载的文件的 URL。最后使用 f.withOutputStream{...}语句创建一个输出流,并将 URL 对象的内容写入该输出流。url.openStream()方法返回一个 InputStream 对象,表示要下载的文件的内容,可以通过输出流将其保存到本地文件系统中。

也可以使用 Apache 的 Commons IO 库实现文件下载,如代码清单 2-5 所示。

代码清单 2-5　HTTP 文件下载 3

```
1   // 导入 org.apache.commons.io.FileUtils 类,用于执行文件操作
2   import org.apache.commons.io.FileUtils
3
4   // 指定要下载的文件的 URL
5   def url = "file-to-download-URL"
6
7   // 指定要保存的文件的路径和名称
8   def savePath = "/path/to/save/filename"
9
10  // 使用 FileUtils 类的 copyURLToFile() 方法将 URL 对应的文件下载到本地
11  FileUtils.copyURLToFile(new URL(url), new File(savePath))
```

这段代码使用了 Apache Commons IO 库中的 FileUtils 类来下载文件。首先导入 org.apache.commons.io.FileUtils 类,这是 Apache Commons IO 库提供的一个实用类,它可以简化文件和目录操作。然后定义一个字符串变量 url,指定要下载的文件的 URL。接着定义一个字符串变量 savePath,指定要保存的文件的路径和名称。最后使用 FileUtils.copyURLToFile()方法发送 HTTP 请求并将文件下载到本地。该方法接收两个参数:第一个参数是要下载的文件的 URL 对象(通过 new URL(url)创建),第二个参数是要保存到本地的文件对象(通过 new File(savePath)创建)。它会自动进行文件的下载,并将文件保存到指定位置。

注意,上述方法仅适用于下载普通的文件,如果需要下载大文件或实现更高级的功能(如异步下载、断点续传),则可能需要使用其他库或更复杂的实现方式。

2.7　小结

　　本章主要介绍了 HTTP 的基础知识和 JMeter 在 HTTP 请求测试方面的应用。首先介绍了 HTTP 的请求、响应、请求方法和状态码等基础知识；然后通过具体实例演示了如何在 JMeter 中进行 HTTP GET 和 POST 请求测试，包括创建测试计划、配置请求参数和断言等操作；最后介绍了如何测试 RESTful 风格的 HTTP 请求，并探讨了如何进行文件上传与下载测试。通过学习本章内容，读者可以掌握使用 JMeter 进行 HTTP 请求测试的基本技能，并能够根据实际需求进行定制的 HTTP 请求测试。

第二部分

进阶

JMeter 学习的知识内容繁多，学习曲线陡峭。因此，在建立一定基础之后，我们应该采取系统学习的方法，抓住 JMeter 脚本开发中必须掌握的关键知识点（如 JMeter 参数化、断言和关联技术等）进行针对性学习。同时，我们还需要掌握多种调试和测试脚本的技巧与方法。通过集中精力于关键知识，我们能够提高学习效率并取得更好的学习成果。

第 3 章　JMeter 参数化技术

在进行性能测试时，参数化是一项非常关键的技术。通过参数化，我们可以模拟真实场景中的不同用户、数据和环境，从而提高测试的真实性和可靠性。

本章将详细介绍 JMeter 中的参数化技术，并探讨不同的参数化方式。通过学习这些内容，读者将全面了解如何利用参数化技术灵活地配置测试场景，模拟真实用户和数据，提高测试的准确性和可信度。

3.1　参数化概述

在进行参数化测试前，了解数据驱动测试（Data-Driven Testing，DDT）的概念是必要的。除此之外，我们还需要了解参数化的类型与实现步骤，怎样使用工具辅助生成数据，以及 JMeter 中都有哪些参数化方式。

3.1.1　数据驱动测试

数据驱动测试是一种测试方法，它通过使用不同的测试数据集合来执行相同的测试流程，以验证应用程序在不同输入数据情况下的行为和性能。

在数据驱动测试中，测试数据被视为输入，并与测试逻辑分离。测试脚本或测试用例会定义一些固定的测试步骤和操作，而测试数据包含不同的输入值、预期结果等信息。可通过将测试数据集合与测试逻辑结合起来，自动地执行多组测试，并检查应用程序在不同输入数据情况下的正确性和可靠性。

数据驱动测试的优点如下。

- 可扩展性：通过添加新的测试数据集合，可以轻松地扩大测试范围和提高测试覆盖率，以验证应用程序在各种情况下的稳定性和准确性。

- 可维护性：将测试数据与测试逻辑分离，使得在更改测试数据时无须修改测试脚本，降低维护成本。
- 可重复性：通过使用不同的测试数据重复执行相同的测试流程，确保测试结果的一致性和可靠性。
- 更高的覆盖率：数据驱动测试可以使用多组测试数据来覆盖各种可能的情况，从而发现和解决更多的潜在问题。
- 高效性：通过自动执行多组测试数据，提高测试执行的效率。

数据驱动测试常用于功能测试、回归测试和性能测试等领域，尤其适用于需要进行大规模测试和覆盖多个测试场景的情况。它可以帮助测试人员更全面地验证应用程序的功能和性能，并提供可靠的结果和反馈。

3.1.2   参数化及其类型

在软件测试中，参数化是指将测试过程中的固定值或数据提取为参数，以便能够在不同场景和条件下进行动态配置和使用。参数化可以使测试用例更加灵活、可维护和可重复使用。

通过参数化，测试用例可以跨不同的环境、场景和条件来执行，还可以减少代码冗余，提高测试用例的可维护性和可重用性。通过动态配置参数值，测试人员可以快速满足不同的测试需求，从而提高测试效率和扩大测试覆盖范围。

数据驱动测试是一种测试方法。而参数化是一门技术，它通过在测试脚本中使用变量或参数来接收不同的输入值，从而使测试数据和测试逻辑分离，并支持在脚本运行过程中灵活地传递参数。

简而言之，数据驱动测试关注的是多组不同的测试数据，而参数化关注的是在测试执行过程中传递参数值，使测试脚本更加灵活和可重用。数据驱动测试可以通过参数化来实现，但参数化却不一定是数据驱动测试的唯一方式。

参数化在自动化测试中有多种类型，常见类型如下。

- 数据参数化（data parameterization）：将测试数据从测试逻辑中分离出来，通过使用不同的输入数据来执行相同的测试脚本。可以使用不同的数据源（如 CSV 文件、Excel 表格、数据库等）来提供测试数据。
- 环境参数化（environment parameterization）：根据测试环境，动态地设置测试配置和参数。例如，可以使用不同的 URL、数据库连接字符串、服务器地址等参数来适应不同的测试环境。
- 用户界面参数化（user interface parameterization）：通过从用户界面中提取变量或参数，将参数化应用于用户界面的元素和组件。这样可以实现对不同的用户界面操作（如输入不同的值、单击不同的按钮等）进行测试。
- 配置参数化（configuration parameterization）：将配置信息作为参数进行传递，以满足不同的测试需求。例如，可以通过修改配置文件或使用命令行参数来指定不同的测试配置，如日志级别、测试模式等。

■ 流程控制参数化（flow control parameterization）：在测试流程中引入参数，控制测试的执行顺序、循环次数、条件分支等。例如，可以使用不同的参数来执行不同的测试路径，或者在循环中使用参数控制测试重复执行的次数。

以上是一些常见的参数化类型，具体使用哪种参数化类型取决于测试场景、自动化测试框架和工具的特性。参数化可以提高测试的灵活性和可维护性，使测试脚本更具通用性和可重用性。

3.1.3 参数化实现步骤

在软件测试中，参数化是一种常用的测试技术，用于对测试数据、配置信息等进行管理和组织。它通过将这些值抽象为变量，并从参数文件或数据源中读取和替换这些变量，实现测试用例的灵活性、可维护性和可重用性。参数化实现步骤如下。

（1）确定哪些地方（如测试数据、配置信息、环境变量等）需要进行参数化。根据测试目的和需求，确定参数化的位置和范围。

（2）创建参数文件或者使用数据源来存储和管理参数值。参数文件可以是文本文件、Excel表格、XML 文件等，也可以使用数据库或接口来存储和获取参数值。

（3）在测试脚本或者测试工具中，定义参数化变量来引用参数化的值。参数化变量可以使用特殊的标记符号（如$、{}等）来标识，以便在测试执行过程中替换为具体的参数值。

（4）在测试执行过程中，读取参数文件或者从数据源中获取参数值，并将其赋给相应的参数化变量。可以根据需要选择自动或手动读取参数值。

（5）在测试脚本中使用参数化变量来代替原始的固定值。这样每次执行测试时，参数化变量就会被替换为当前的参数值。

（6）运行测试用例或测试套件，并观察测试结果。根据需要，可以对参数进行修改，进行多次迭代和反复测试。可以通过循环、条件判断等方式，遍历不同的参数组合。

（7）定期检查和更新参数文件或数据源，确保参数值的准确性和有效性。可以根据需要添加、修改或删除参数，并及时更新相应的测试脚本。

以上是一般的参数化实现步骤，具体的步骤可能会因测试框架、工具和项目需求的不同而有所差异。根据实际情况调整步骤，以确保参数化能够提高测试效率、具备可维护性和灵活性。

通过参数化实现，我们可以使测试用例更加灵活、可维护和可重复使用。它可以提高测试覆盖率，减少测试工作量，并满足不同的测试需求。在实际测试中，需要根据具体的测试任务进行合理的参数化设计和实现。

3.1.4 数据生成工具

在进行参数化时，可以适当使用一些数据生成工具，如 Java Faker、JFairy 等，这些工具可以帮助测试人员轻松地生成测试数据，提高测试效率。

下面以 Java Faker 为例介绍数据生成工具在 JMeter 中的用法。

1．Java Faker 简介

Java Faker 是一种用于生成伪数据的 Java 库。它可以生成各种类型的随机数据，如姓名、地址、日期、电话号码、电子邮箱、公司名称、IP 地址、银行账户、信用卡号等。这些数据可以用于测试、演示、开发和教学等场合。

Faker 库支持许多语言和国家的数据生成规则，可以生成全球范围内的随机数据。同时，Faker 库还支持自定义数据生成规则，可以根据需要定制数据生成逻辑，生成特定格式的数据。

2．Java Faker 安装

从网络上下载相关的 JAR 文件（javafaker-1.0.2.jar 以及 snakeyaml-1.33.jar）并放至 JMeter 安装目录下的 lib 目录中，重启 JMeter 即可完成 Java Faker 的安装。

3．Java Faker 使用

在 JMeter 中，可以在 JSR223 元素中使用 Java Faker 来生成数据，步骤如下。

（1）导入 Faker 类。

（2）创建 Faker 实例。

（3）调用方法生成数据。

可以通过 Faker 类中的方法来调用随机数据生成器。以下是 Java Faker 支持的一些常用方法。

- name()：生成随机姓名。
  - firstName()：生成姓氏。
  - lastName()：生成名字。
  - fullName()：生成姓名。
- address()：生成随机地址。
  - city()/cityName()：生成城市。
  - fullAddress()：生成详细地址。
- phoneNumber()：生成随机电话号码。
  - cellPhone()：生成手机号码。
  - phoneNumber()：生成座机电话号码。
- company()：生成公司信息。
  - name()：生成公司名称。
  - url()：生成公司网址。

以下是随机生成 11 位手机号码的示例代码。

```
// 导入 Faker 类
import com.github.javafaker.Faker
// 创建 Faker 实例，在构造方法中可以指定语言环境（默认为英文环境）
```

```
def faker = new Faker(new Locale("zh", "CN"))
// 调用方法生成数据
def phoneNumber = faker.phoneNumber().cellPhone()
log.info("随机生成的手机号码: " + phoneNumber)
```

上述代码首先导入 Faker 类，然后创建一个 Faker 实例，并指定语言环境为中文，new Locale ("zh", "CN")也可以简写为 new Locale("zh-CN")。最后通过调用 Faker 实例的 phoneNumber(). cellPhone()方法，生成随机的 11 位手机号码。

3.1.5　JMeter 中常用的参数化方式

JMeter 提供了多种不同的参数化方式，这些方式可以根据不同的场景选择和组合使用。以下是 JMeter 中常用的参数化方式。

- 用户参数参数化。
- 用户自定义变量参数化。
- CSV Data Set Config 参数化。
- 内置函数参数化。
- 数据库参数化。

3.2　用户参数参数化与用户自定义变量参数化

在 JMeter 中，有两种常见的参数化方式——用户参数参数化和用户自定义变量参数化。这两种方式都可以用来在测试过程中满足简单的参数化需求，但是它们之间也存在一些差异。

3.2.1　用户参数参数化

JMeter 的用户参数提供了一种有效的方式来配置和使用参数值，从而实现以下功能。

- 数据驱动测试：用户参数允许在测试中使用不同的数据。通过将参数值设置为用户参数，你可以在每个请求中使用不同的数据，以模拟真实的用户行为。
- 灵活调整测试行为：用户参数提供了一种灵活的方式来更改测试计划中的参数值。可以通过更改用户参数的值来调整测试行为，而无须修改所有的请求。
- 轻松维护测试计划：通过将参数值集中存储在用户参数中，你可以更方便地管理和维护测试计划。当需要修改参数值时，只需要修改用户参数的值，而不必逐个查找和修改每个请求。
- 支持多线程：用户参数可以与 JMeter 的线程组结合使用，以使每个线程使用不同的参数值。这对于模拟多个并发用户非常有用，每个用户都可以具有不同的参数。
- 动态生成值：通过将参数值设置为 JMeter 函数或变量的引用，你可以动态生成参数值。

例如，可以使用计数器函数生成连续的数字，或者使用随机函数生成随机值。

1. 添加用户参数

用户参数属于前置处理器组件。在 JMeter 中，右击需要添加用户参数的测试元素，选择 Add→Pre Processors→User Parameters，即可添加用户参数，如图 3-1 所示。

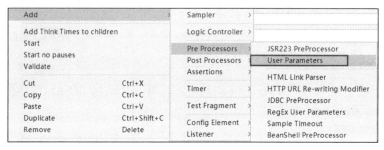

图 3-1　添加用户参数

2. 配置用户参数

用户参数配置面板如图 3-2 所示。

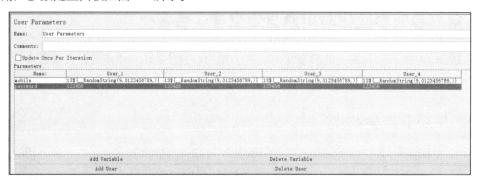

图 3-2　用户参数配置面板

其中常用的配置项如下。

- Update Once Per Iteration：用于指示用户参数是否仅在迭代序号改变时才更新值。例如，假设添加了用户参数 mobile，如图 3-2 所示。在线程组中设置线程数为 4，在线程组下添加一个循环控制器，设置循环次数为 2，并在循环控制器下添加一个 HTTP 请求，使用${mobile} 引用参数值。若没有勾选该复选框，则 4 次取值都是随机的。若勾选了该复选框，因为只迭代了两次，所以随机取值两次，第 1 次和第 2 次的取值相同，第 3 次和第 4 次的取值相同。
- Add Variable：在 Parameters 表格中添加变量。Name 列用于设置变量名，User_1、User_2 等列用于为每个用户设置变量的值。后续可以通过${variableName}引用参数值。

- Delete Variable：删除变量。选中 Parameters 表格中的一行或多行，单击该按钮可删除选中的变量。
- Add User：添加用户。单击该按钮可在 Parameters 表格中添加一列，用于为用户设置变量值。
- Delete User：删除用户。单击 Parameters 表格中某列的任意单元格，再单击该按钮可删除对应的用户。

3. 用户参数的参数化案例

以测试 MDClub 登录接口为例，接口信息参见 1.6.1 节。下面将测试正常登录、密码错误、密码为空、用户不存在与用户名为空 5 种情况下的登录。考虑启动 5 个线程来测试 5 种登录场景，并使用用户参数进行参数化。

具体实现步骤如下。

（1）确定需要参数化的位置。这里需要对请求体中 name 与 password 字段的值进行参数化。

（2）创建数据源并定义参数化变量。在线程组下添加用户参数，用户参数配置如图 3-3 所示。这里定义了 username 与 password 两个变量，分别用于存储用户名与密码。

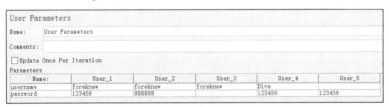

图 3-3　用户参数配置

（3）读取参数值。在本例中，参数值会自动被读取到定义的参数化变量中。

（4）使用参数化变量。在线程组下添加登录 HTTP 请求，在 Body Data 选项卡中设置请求体，使用 \${username} 与 \${password} 来引用参数化变量的值，如图 3-4 所示。

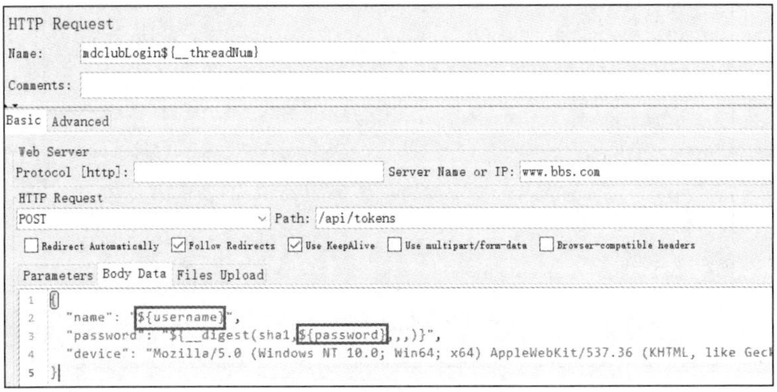

图 3-4　引用参数化变量的值

（5）遍历参数值。这里使用多线程方式，在线程组下设置线程数为 5 即可。

（6）执行测试。在查看结果树中可以看到执行次数与参数的取值情况，测试计划与执行结果如图 3-5 所示。

图 3-5　测试计划与执行结果

3.2.2　用户自定义变量参数化

1. 添加用户自定义变量

用户自定义变量属于配置元件。在 JMeter 中，右击需要添加用户自定义变量的测试元素，选择 Add→ Config Element→User Defined Variables，即可添加用户自定义变量，如图 3-6 所示。

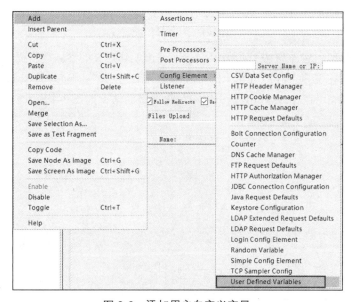

图 3-6　添加用户自定义变量

2. 配置用户自定义变量

用户自定义变量配置面板如图 3-7 所示。

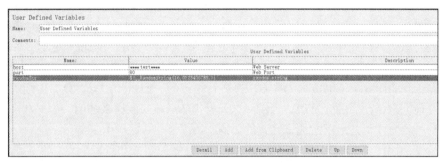

图 3-7 用户自定义变量配置面板

其中常用的配置项如下。

- Add：在自定义变量表格（后文简称表格）中添加变量。Name 列用于设置变量名，Value 列用于设置变量值，Description 列用于对变量进行说明。后续可以通过${variableName} 引用变量值。
- Delete：删除变量。选中表格中的一行或多行，单击该按钮即可。
- Up/Down：用于调整表格中行的顺序，单击 Up 按钮，向上移动选中行；单击 Down 按钮，向下移动选中行。
- Add from Clipboard：从剪贴板中粘贴满足格式的内容以填充表格。

除此之外，在测试计划中也可以配置用户自定义变量，如图 3-8 所示。

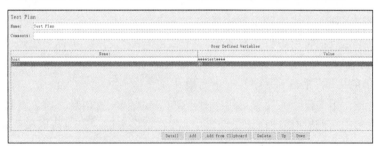

图 3-8 在测试计划中配置用户自定义变量

3. 使用用户自定义变量的注意事项

在使用用户自定义变量时，需要注意以下几点。

- 变量最终值：用户自定义变量是按照它们在测试计划中出现的顺序从上到下进行处理的，因此，如果不同的用户自定义变量中都定义了相同的变量，则最后一个出现的用户自定义变量的值将成为最终的变量值。

- 变量作用域：用户自定义变量是在测试计划初始化时定义的，具有全局性，可以在定义变量的前后测试元素中引用，并且可以跨线程组使用。
- 变量值在定义时绑定：用户自定义变量的值是在定义时绑定的，定义后无论引用多少次都使用第一次绑定的值（因为只有第一次函数调用的结果才会保存在变量中），不会动态取值，因此它不应与每次调用时生成不同结果的函数（如随机函数）一起使用。
- 用户自定义变量的值可以修改：用户自定义变量的值是可以在脚本运行的过程中通过 vars.put() 或 vars.putObject() 等方法来进行修改的。但需要注意，只有后续的测试元素才能获取修改后的变量值，上游测试元素仍然只能获取原来的值。因此在修改变量值时，要考虑清楚对下游测试元素的影响。

总之，使用用户自定义变量可以方便地在测试计划中定义和管理变量，并在测试元素中使用这些变量。但需要注意变量的作用域、绑定方式和修改规则等，以确保测试的正确性和可靠性。

4．用户自定义变量的使用场景

JMeter 中的用户自定义变量可应用于多种场景，具体取决于测试需求和目标。以下是一些常见的用户自定义变量使用场景。

- 数据参数化：用户自定义变量可用于将请求中的硬编码值替换为可变的参数。例如，在模拟用户登录场景中，可以将用户名和密码设置为用户自定义变量，以便在每次迭代或循环中动态更改这些值。
- 循环控制：用户自定义变量可与循环控制器（如 While 控制器）结合使用，以模拟多个用户执行相同操作的场景。通过在循环控制器中使用用户自定义变量来迭代请求参数，可以轻松实现并发和重复性测试。
- 动态数据生成：将用户自定义变量与内置函数结合使用，可以生成随机数、当前时间戳、随机字符串等动态数据。这对于模拟真实用户行为的随机性（例如，随机单击页面上的链接或填充表单字段）非常有用。
- 环境管理：用户自定义变量可用于管理测试环境和配置信息。例如，可以将服务端点或基本 URL 存储在用户自定义变量中，并在整个测试计划中共享和重用这些值，以便在不同的环境中轻松地进行切换和管理。

使用用户自定义变量可以增强测试脚本的灵活性、可维护性和重用性，它们在模拟真实用户行为、参数化请求、管理测试数据和环境等方面非常有用。

5．用户自定义变量参数化案例

将 Web 服务器与 MySQL 数据库服务器的主机名与监听端口保存到用户自定义变量中，再在测试计划的其他元素中引用。

具体操作步骤如下。

（1）在测试计划下添加用户自定义变量并设置，如图 3-9 所示。这里定义了 HOST、PORT、DBHOST 与 DBPORT 共 4 个变量。

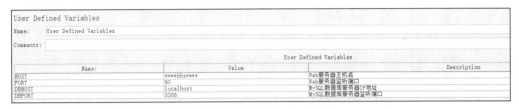

图 3-9　设置用户自定义变量

（2）在测试计划下添加 JDBC 配置，在 Database URL 中引用 DBHOST（${DBHOST}）与 DBPORT 变量（${DBPORT}），如图 3-10 所示。

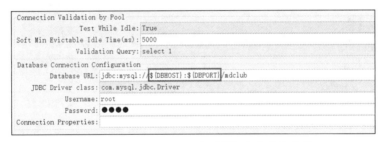

图 3-10　在 JDBC 配置中引用用户自定义变量

（3）在测试计划下添加线程组，并在线程组下添加一个 HTTP 请求，在 Server Name or IP 中引用 HOST 变量（${HOST}），在 Port Number 中引用 PORT 变量（${PORT}），如图 3-11 所示。

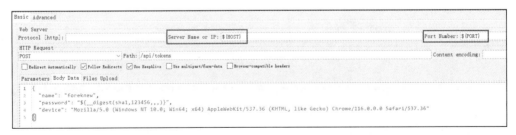

图 3-11　在 HTTP 请求中引用用户自定义变量

3.3　CSV Data Set Config 参数化

CSV Data Set Config 是 JMeter 中非常重要且常用的参数化测试元素，用于从 CSV 文件中读取数据并将其应用到测试请求参数中。通过使用 CSV Data Set Config，你可以实现复杂的参数化，并根据 CSV 文件中的数据对测试请求进行迭代。

3.3.1　添加 CSV Data Set Config

CSV Data Set Config 属于配置元件。在 JMeter 中，右击需要添加 CSV Data Set Config 的测试元素，选择 Add→Config Element→CSV Data Set Config，即可添加 CSV Data Set Config，如图 3-12 所示。

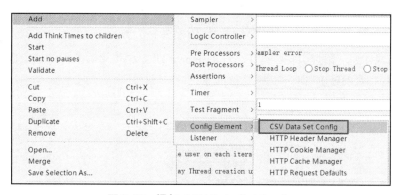

图 3-12　添加 CSV Data Set Config

3.3.2　配置 CSV Data Set Config

CSV Data Set Config 配置面板如图 3-13 所示。

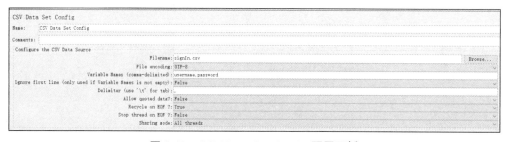

图 3-13　CSV Data Set Config 配置面板

其中常用的配置项如下。

- Filename：要读取的 CSV 文件的名称。可以使用相对文件名或绝对文件名。相对文件名相对于测试计划路径进行解析。对于分布式测试，CSV 文件必须存储在服务器主机上与 JMeter 服务器启动位置相对应的正确目录中。需要注意不同平台对文件名大小写的敏感性。例如，user.txt 与 user.TXT 在 Linux 系统中是两个不同的文件，但它们在

Windows 系统中指的是同一个文件。

- File encoding：要读取的 CSV 文件的编码。若没有设置，则使用平台默认编码，如 Windows 中文系统默认使用 GBK。设置的编码要与 CSV 文件的编码保持一致，否则可能出现乱码。

- Variable Names(comma-delimited)：变量名列表，用于保存从 CSV 文件中读取的列值。变量名之间使用英文逗号分隔，如"username,password"。若没有设置，则读取 CSV 文件第一行并将其解析为变量名列表。后续可以使用${variableName}引用参数值，如使用${username}来获取用户名。

- Ignore first line(only used if Variable Names is not empty)：忽略 CSV 文件的第一行，仅当变量名称不为空时才使用它。如果变量名称为空，则第一行必须是标题行。

- Delimiter(use '\t' for tab)：用于拆分 CSV 文件中的记录的分隔符，默认为英文逗号。

- Allow quoted data：用于指定是否允许引用数据。若允许，则可以将值使用双引号括起来，以屏蔽一些特殊字符，比如分隔符。若值包含双引号，则可以使用两个引号来表示一个双引号。

- Recycle on EOF：用于指定到达文件结尾时是否从头开始重新读取文件，默认为 False（否）。

- Stop thread on EOF：用于指定到达文件结尾时是否停止线程，默认为 True（是）。

- Sharing mode：设置 CSV 文件的共享模式。共享模式有 3 种。

  - All threads：这是默认值，当 JMeter 执行测试时，CSV 文件仅打开一次，并且每个线程按照执行的先后顺序依次使用文件中不同的行。

  - Current thread group：CSV Data Set Config 作用域内的所有线程组，当 JMeter 执行测试时，其中的每个线程组都单独打开一次 CSV 文件（可以是相同或不同的 CSV 文件）。每个线程组下的各个线程都从 CSV 文件的起始行读取参数值。若要线程组读取不同的 CSV 文件，可以对 CSV 文件的路径进行参数化。这里需要使用${__threadGroupName}函数来获取线程组的名称。假设有 n 个线程组，即 tg1，tg2,$\cdots$,tg$n$，每个线程组都对应一个 CSV 文件，对应的文件名分别为 tg1.csv，tg2.csv,$\cdots$,tg$n$.csv，在配置时将 Filename 设置为${__threadGroupName}.csv 即可。

  - Current thread：CSV Data Set Config 作用域内的所有线程，当 JMeter 执行测试时，其中的每个线程都单独打开一次 CSV 文件（可以是相同或不同的 CSV 文件）。每个线程都从 CSV 文件的起始行读取参数值。若要线程读取不同的 CSV 文件，可以对 CSV 文件的路径进行参数化。这里需要使用${__threadNum}来获取线程编号。假设有 n 个线程，线程编号分别为 1,2,$\cdots$,n，每个线程对应一个 CSV 文件，对应的文件名分别为 testdata1.csv,testdata2.csv,$\cdots$,testdata$n$.csv，在配置时将 Filename 设置为 testdata${__threadNum}.csv 即可。

3.3.3　遍历参数值

假设 CSV 文件 user.csv 的内容如下。

```
username,password
Mike,123456
David,888888
Edward,vvvvvv
Alexander,oooooo
```

首先，在 CSV Data Set Config 中，将 Filename 设置为 CSV 文件的路径，并指定变量名称为 username 和 password。然后，在 HTTP 请求中，使用${username}和${password}来引用对应的值。

怎样遍历这些参数值呢？一般有如下 4 种方法。

1．配置多个线程

在线程组中，设置 Number of Threads(users)为 CSV 文件行数（标题行不计入）。此例中，CSV 文件除标题行外有 4 行，设置 Number of Threads(users)为 4 即可，如图 3-14 所示。

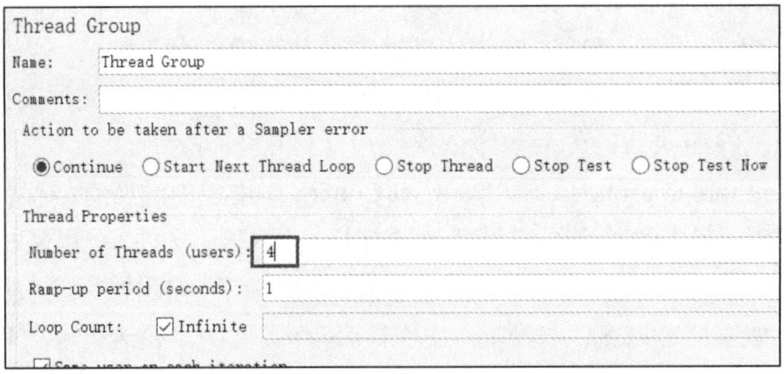

图 3-14　设置 Number of Threads(users)为 CSV 文件行数

执行测试时，JMeter 会产生 4 个线程，每个线程按照执行的先后顺序依次分配一行数据。

使用多个线程可以同时模拟多个并发用户或并发请求的情况。例如，在并发登录测试中，可以使用多个线程来模拟多个用户同时执行登录操作，每个线程读取 CSV 文件中的一行数据作为其参数值。

2．使用单线程多次循环

在线程组中，设置 Loop Count 为 CSV 文件行数（标题行不计入）。此例中，CSV 文件除标题行外有 4 行，设置 Loop Count 为 4 即可，如图 3-15 所示。

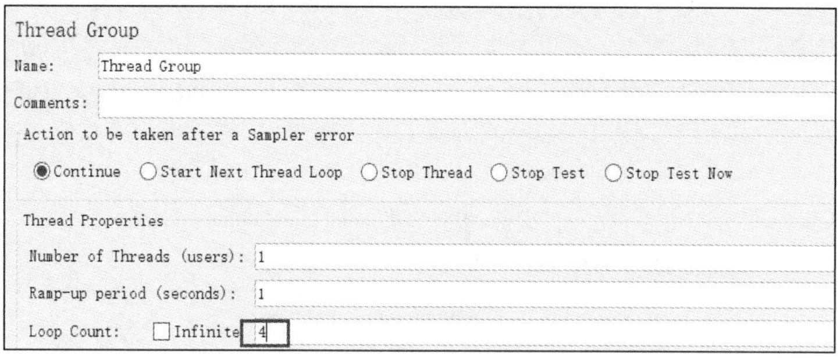

图 3-15　设置 Loop Count 为 CSV 文件行数（1）

执行测试时，JMeter 产生一个线程，该线程循环执行 4 次，从文件第一行开始依次获取每行数据。

使用单线程多次循环可以在同一个线程中重复执行请求，并遍历参数值。可根据设置的循环次数，反复执行请求。

3. 使用单线程与循环控制器

第 2 种方法会循环执行整个线程组下所有的测试元素。若只需要循环执行指定的测试元素，可以使用循环控制器。

在线程组下添加一个循环控制器，并将 CSV Data Set Config 与 HTTP 请求都移至其下，并且设置 Loop Count 为 CSV 文件行数（标题行不计入）。此例中，CSV 文件除标题行外有 4 行，设置 Loop Count 为 4 即可，如图 3-16 所示。

图 3-16　设置 Loop Count 为 CSV 文件行数（2）

执行测试时，JMeter 产生一个线程，循环控制器内的元素循环执行 4 次，从文件第一行开始依次获取每行数据。

使用单线程与循环控制器可以对请求的参数值连续地进行遍历，如按照一定顺序遍历指定范围的日期、数字序列等。这种方法适用于在一个线程中模拟对同一组参数进行迭代测试的情况。例如，在单个用户登录时，使用不同的用户名和密码组合进行多次登录。

4. 使用单线程无限循环与 break

第 2 和第 3 种方法都通过单线程多次循环实现循环取值。它们有一个缺点，就是需要获取

CSV 文件行数作为循环次数，硬编码不利于脚本维护。另外，循环取值还可以使用单线程无限循环与 break 来实现。

首先，在线程组或循环控制器中将 Loop Count 设置为 Infinite（无限循环），如图 3-17 所示。

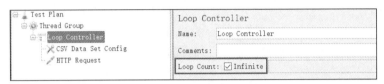

图 3-17　设置无限循环

然后，在 CSV Data Set Config 中，将 Recycle on EOF 设置为 True，将 Stop thread on EOF 设置为 False，表示读取到 CSV 文件结束时停止脚本执行，相当于在循环内部中断循环，如图 3-18 所示。

```
CSV Data Set Config
Name:     CSV Data Set Config
Comments:
Configure the CSV Data Source
                                            Filename: user.csv
                                       File encoding: UTF-8
              Variable Names (comma-delimited): username,password
Ignore first line (only used if Variable Names is not empty): False
                              Delimiter (use '\t' for tab): ,
                                 Allow quoted data?: False
                                   Recycle on EOF ?: True
                                Stop thread on EOF ?: False
                                        Sharing mode: All threads
```

图 3-18　在 CSV Data Set Config 中设置读取到 CSV 文件结束时停止脚本执行

3.3.4　CSV Data Set Config 参数化案例

仍然以 MDClub 登录接口作为例子，现在使用 CSV Data Set Config 来实现参数化，并要求只执行优先级为 H（高）的测试用例。

具体步骤如下。

（1）确定对用例编号、用例优先级、接口编号、接口名称、请求方法、接口地址、内容类型、请求参数等进行参数化。

（2）新建 login.csv 参数文件，使用 Excel 打开并编辑它，文件内容如图 3-19 所示。文件中的列分别对应用例编号、用例优先级、接口编号、接口名称、请求方法、接口地址、内容类型、请求参数。注意，因为请求参数是 JSON 字符串，包含逗号，所以在读取时需要使用双引号将 JSON 字符串括起来，但是 JSON 字符串中有双引号，因此需要使用双引号转义这些双引号，也就是使用两个双引号来表示一个双引号（注意，使用 Excel 打开这个文件时，则只显示一个双引号）。

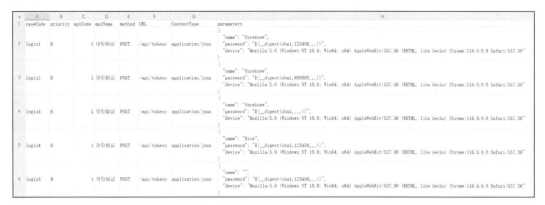

图 3-19　login.csv 文件的内容

（3）添加线程组。

（4）如图 3-20 所示，在线程组下添加 CSV Data Set Config 并完成如下设置。

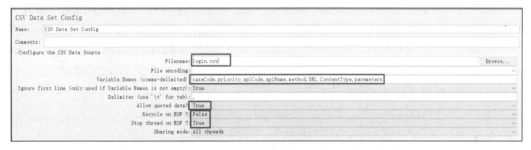

图 3-20　为 CSV Data Set Config 设置参数化变量

- Filename：login.csv。
- Variable Names(Comma-delimited)：caseCode,priority,apiCode,apiName,method,URL,ContentType, parameters。
- Ignore first line(only used if Variable Names is not empty)：True。
- Allow quoted data：True。
- Recycle on EOF：False。
- Stop thread on EOF：True。

（5）在线程组下添加 HTTP 信息头管理器，在其中添加 Content-Type 头部，设置其值为 ${ContentType}。

（6）在线程组下添加 HTTP 请求并完成如下设置，如图 3-21 所示。取样器的名称按照命名规则动态设置为${caseCode}\_${apiCode}_${apiName}\_${URL}。在读取请求体的参数值时，因为参数值中使用了加密函数 digest()，所以需要使用 eval()函数来计算字符串表达式的值。

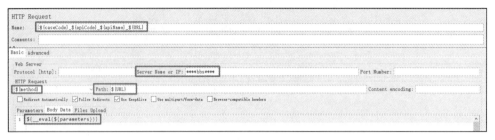

图 3-21　HTTP 请求的设置

- Name：${caseCode}_${apiCode}_${apiName}_${URL}。
- Server Name or IP：****bbs****。
- Method：${method}。
- Path：${URL}
- Body Data：${__eval(${parameters})}。

（7）在线程组下添加循环控制器，设置为无限循环。

（8）在循环控制器下添加 If 控制器，设置条件表达式为${__groovy(vars.get("priority")=="H",)}，表示只执行优先级高的用例。

（9）调整测试元素的位置，将 CSV Data Set Config 移动到循环控制器下，将 HTTP 请求移动到 If 控制器下。

（10）在线程组下添加查看结果树。

（11）保存并执行测试计划。测试计划与执行结果如图 3-22 所示。

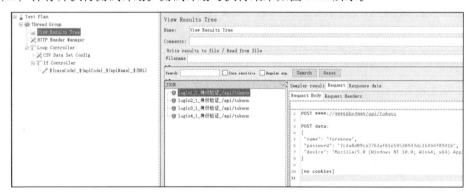

图 3-22　测试计划与执行结果

从执行结果可以看出，最后一个优先级为 M（中）的用例没有执行。

3.4　内置函数参数化

JMeter 提供了多个内置函数来扩展测试脚本的功能。下面将介绍与参数化相关的内置函数，在参数化时我们可以方便地使用这些函数来读取或生成参数值。

3.4.1 参数化相关的内置函数

1．Random()函数

Random()函数用于生成指定范围内的随机数，并可将随机数保存到变量中。Random()函数的语法如下。

```
${__Random(min,max,[variable])}
```

Random()函数的参数如下。
- min：指定随机数的最小值。
- max：指定随机数的最大值。
- variable：可选，指定一个变量名称，用于存储生成的随机数。

Random()函数的示例用法如下。
- ${__Random(1,100,)}会生成一个介于 1 和 100 之间的随机数。
- ${__Random(10,50,randInt)}会生成一个介于 10 和 50 之间的随机整数，并将该整数存储到名为 randInt 的变量中。

2．RandomString()函数

RandomString()函数用于生成指定长度的随机字符串。RandomString()函数的语法如下。

```
${__RandomString(length,[chars],[variable])}
```

RandomString()函数的参数如下。
- length：生成的随机字符串的长度。
- chars：可选，指定生成随机字符串的字符集。
- variable：可选，指定将生成的随机字符串保存到某个变量中。

RandomString()函数的示例用法如下。
- ${__RandomString(10,,)}会生成一个长度为 10 的随机字符串。
- ${__RandomString(8,abcdef,)}会生成一个长度为 8 的随机字符串，只包含小写字母 a~f。
- ${__RandomString(6,1234567890,num)}会生成一个长度为 6 的随机字符串，只包含整数 0~9，并将生成的随机字符串保存到变量 num 中。

3．UUID()函数

UUID（Universal Unique Identifier，通用唯一标识符）是一个由 32 个十六进制数字（共 128 位）组成的字符串,用于在计算机系统中唯一地标识实体。它是基于时间戳、计算机 MAC（Media

Access Control，介质访问控制）地址等信息生成的，具有非常低的重复概率，因此非常适合用作唯一标识符。

${__UUID()} 函数没有任何参数，用于生成一个随机的 UUID。

其示例用法如下。

${__UUID()}将生成一个类似于 550e8400-e29b-41d4-a716-446655440000 的随机 UUID。

4．RandomDate()函数

RandomDate()函数用于生成指定范围内的随机日期，并可指定日期的格式和保存结果到变量中。RandomDate()函数的语法如下。

```
${__RandomDate([format],[start],end,[locale],[variable])}
```

RandomDate()函数的参数如下。

- format：可选，指定生成的日期格式。例如，"dd/MM/yyyy"表示生成的日期格式为"日/月/年"，默认为"yyyy-MM-dd"格式。
- start：可选，指定日期范围的开始日期，如果未提供 start 参数，则默认使用当前日期作为开始日期。
- end：指定日期范围的结束日期。
- locale：可选，指定生成的日期所使用的地区和语言，默认为 JMeter 使用的地区和语言，如 en_EN、zh_CN 等。
- variable：可选，指定一个变量名称，用于存储生成的随机日期。

RandomDate()函数的示例用法如下。

- ${__RandomDate(,2020-01-01,2024-12-31,,)}用于生成从 2020 年 1 月 1 日开始到 2024 年 12 月 31 日的一个随机日期，使用默认的日期格式。
- ${__RandomDate(dd/MM/yyyy,,09/13/2025,,)}用于生成从当前日期开始到 2025 年 9 月 13 日的一个随机日期，并使用"dd/MM/yyyy"格式返回这个日期。

5．time()函数

time()函数用于生成日期和时间。time()函数的语法如下。

```
${__time([format],[variable])}
```

time()函数的参数如下。

- format：可选，指定生成的日期和时间格式。例如，"yyyy-MM-dd HH:mm:ss"表示生成的日期和时间格式为"年-月-日 时:分:秒"。如果不提供该参数，则返回从 epoch（1970 年 1 月 1 日 00:00:00，UTC 时间）到当前时间的毫秒数。
- variable：可选，指定一个变量名称，用于存储生成的日期和时间字符串。

time()函数的示例用法如下。

- ${__time(YYYYMMDHMS,)}返回的日期和时间格式为"年月日时分秒"。
- ${__time(yyyy-MM-dd,)}返回的日期和时间格式为"年月日"。
- ${__time(HHmmss,)}返回的日期和时间格式为"时分秒"。
- ${__time(YMDHMS,)}返回的日期和时间格式为"年月日-时分秒"。
- ${__time(,)}返回的日期和时间默认精确到毫秒，13 位数。
- ${__time(/1000,)}返回的日期和时间默认精确到秒，10 位数。

6. timeShift()函数

timeShift()函数用于在时间上进行偏移和调整。timeShift()函数的语法如下。

```
${__timeShift([format],[shiftDate],[shiftValue],[locale],[variable])}。
```

timeShift()函数的参数如下。

- format：可选，指定生成的日期和时间格式。例如，"yyyy-MM-dd HH:mm:ss"表示生成的日期和时间格式为"年-月-日 时:分:秒"。默认为 UNIX 时间戳格式。
- shiftDate：可选，指定要偏移的时间，应按照 format 设置的格式输入。若为空，则默认为当前时间。
- shiftValue：可选，指定时间偏移量，应按照"PnDTnHnMn.nS"格式指定，不区分大小写。正数表示增加，负数表示减少。
- locale：可选，指定本地化设置，用于控制日期和时间的显示语言及格式。
- variable：可选，指定一个变量名称，用于存储生成的日期和时间字符串。

timeShift()函数的示例用法如下。

- ${__timeShift(,,,,)}用于获取当前 UNIX 时间戳。
- ${__timeShift(,,P1d,,)}用于增加 1 天，以 UNIX 时间戳表示。
- ${__timeShift(,,P-2d,,)}用于减少 2 天，以 UNIX 时间戳表示。
- ${__timeShift(,,PT-2H30M,,)}用于减少 2 小时，增加 30 分钟，以 UNIX 时间戳表示。
- ${__timeShift(yyyy-MM-dd HH:mm:ss:SSS,,,,)}用于获取当前时间，显示为指定格式。
- ${__timeShift(yyyy-MM-dd HH:mm:ss:SSS,,P1d,,)}用于增加 1 天，显示为指定格式。
- ${__timeShift(yyyy-MM-dd HH:mm:ss:SSS,,P1dT1H,,)}用于增加 1 天 1 小时，显示为指定格式。
- ${__timeShift(yyyy-MM-dd HH:mm:ss:SSS,,PT-5m,,)}用于减少 5 分钟，显示为指定格式。
- ${__timeShift(yyyy-MM-dd HH:mm:ss:SSS,,PT20s,,)}用于增加 20 秒，显示为指定格式。
- ${__timeShift(yyyy-MM-dd HH:mm:ss:SSS,,P1DT2H3M4s,,)}用于增加 1 天 2 小时 3 分 4 秒，显示为指定格式。

7. CSVRead()函数

CSVRead()函数用于从 CSV 文件中读取列值。但其功能比 CSV Data Set Config 弱很多，因此在实践中它并不常用。

CSVRead()函数的语法如下。

- ${__CSVRead(csvFilePath,*aliasName)}：设置 CSV 文件别名。别名必须以*来标识。
- ${__CSVRead(csvFilePath,columnNum)}：根据列序号读取 CSV 文件的列值。
- ${__CSVRead(aliasName,columnNum)}：根据列序号读取 CSV 文件的列值（使用文件别名）。
- ${__CSVRead(csvFilePath,next)}：用于 CSV 文件换行。

CSVRead()函数的参数如下。

- 第一个参数可以是 CSV 文件路径或已经设置好的 CSV 文件别名。
- 第二个参数可以是文件别名（当设置了文件别名时）、列序号（0,1,2,3,…）或 next（表示换行）。

CSVRead()函数的示例用法如下。

- ${__CSVRead(/data/login.csv,*loginData)}用于设置文件别名为 loginData，别名前必须有符号“*”。
- ${__CSVRead(/data/login.csv,2)}用于获取文件第 3 列的值。注意列序号从 0 开始。
- ${__CSVRead(loginData,2)}用于获取文件第 3 列的值（使用别名）。注意别名必须先设置好。
- ${__CSVRead(/data/login.csv,next)}用于对 CSV 文件进行换行。

3.4.2   内置函数参数化案例

1. 生成唯一字符串

JMeter 中用于生成唯一字符串的常见方式有如下 3 种。

- 使用 UUID 字符串。在 JMeter 中生成 UUID 有如下两种常见的方法。
  - 使用 UUID 函数。直接调用内置函数${__UUID()}。
  - 使用 Java 自带的 UUID。代码如下所示。

```
import java.util.UUID
def uuid = UUID.randomUUID().toString()
log.info("uuid==" + uuid)
```

- 使用 RandomString()和 time()函数。获取唯一字符串的常见方式是使用时间戳函数${__time(,)}，为了最大程度地防止重复，可以加上一个随机字符串（可使用${__RandomString(length,charSet,)}来生成）。例如：

```
${__RandomString(10,"abcdefghijklmnopqrstuvwxyz",)}${__time(,)}。
```

■ 使用多个函数组合生成唯一字符串。一般使用线程组名、线程编号和迭代计数器就可以保证生成唯一字符串。如果觉得不够，可以再加上时间戳，即使用线程组名、线程编号、迭代计数器和时间戳，其中的每一项都可以使用内置函数来获取。相关函数如下所示。

- ${__threadGroupName}：用于获取线程组名。
- ${__threadNum}：用于获取线程编号。
- ${__counter(,)}：用于获取迭代计数器。
- ${__time(,)}：用于获取时间戳。

2. 生成指定范围内的随机整数

在 JMeter 中，生成指定范围内的随机整数最简单的方式是使用 Random()函数。例如，def randomInt = ${__Random(1, 10,)}会生成一个介于 1 和 10 之间的随机整数。使用 Random()函数生成指定范围内的随机整数很简单，但不能将变量作为参数传入，有一定的局限性。这时可以考虑使用下面的方法。

■ 使用 Random 类。利用 java.util.Random 类的 nextInt(int n)方法可以生成一个指定范围内的随机整数。示例如下。

```
import java.util.Random
def random = new Random()
def min = 1
def max = 10
def randomInt = random.nextInt(max - min + 1) + min
```

■ 使用 Math.random()方法。通过结合 Math.random()方法和一些数学计算，也可以生成指定范围内的随机整数。示例如下。

```
def min = 1
def max = 10
def randomInt = (Math.random() * (max - min + 1) + min).toInteger()
```

■ 使用 SecureRandom 类。可以使用 java.security.SecureRandom 类生成指定范围内的随机整数。示例如下。

```
import java.security.SecureRandom
def secureRandom = new SecureRandom()
def min = 1
def max = 10
def randomInt = secureRandom.nextInt(max - min + 1) + min
```

■ 使用范围，在随机排序后取首元素。示例如下。

```
def min = 1
def max = 10
def randomInt = (min..max).shuffled().first()
```

3.5　数据库参数化

　　数据库参数化是一种在测试过程中从数据库中获取测试数据并将其作为参数传递给测试脚本的方式。这种方式适用于测试数据存储在数据库中的情况，可以实现动态的数据获取和更新。在 JMeter 中，可以使用 JDBC Connection Configuration 和 JDBC Request 来实现数据库参数化。以下是在 JMeter 中进行数据库参数化的步骤。

　　（1）安装 JDBC 驱动。将下载的 JDBC 驱动（通常是一个 JAR 文件）放入 JMeter 的 lib 目录下，重启 JMeter。

　　（2）添加 JDBC Connection Configuration 并设置 JDBC 连接。

　　（3）添加 JDBC Request 并完成如下配置。

- 选择 JDBC 连接。
- 编写 SQL 语句，从数据库中检索测试数据。
- 设置变量保存查询结果。

　　（4）在测试脚本中使用数据库参数。可以使用变量名来引用数据库参数。

　　（5）遍历参数值。

3.5.1　JDBC Request

　　在 JMeter 中，右击线程组，选择 Add→Sampler→JDBC Request，即可添加 JDBC Request。JDBC Request 配置面板如图 3-23 所示。

图 3-23　JDBC Request 配置面板

下面详细介绍 JDBC Request 配置。

Variable Name Bound to Pool 选项组用于设置连接池的名称。Variable Name of Pool declared in JDBC Connection Configuration 用于指定连接池绑定的 JMeter 变量的名称，这里必须与 JDBC Connection Configuration 中连接绑定的变量的名称一致。

SQL Query 选项组用于设置 SQL 语句。Query Type 下拉列表用于设置 SQL 语句的类型。在发送 SQL 语句到数据库服务器时，需要设置 SQL 语句的类型，以便服务器能够正确地处理 SQL 语句。Query Type 下拉列表中包括如下选项。

- Select Statement：select 语句。
- Update Statement：update、insert、delete 语句，即 DML（Data Manipulation Language，数据操纵语言）语句。
- Callable Statement：多条 select 语句、存储过程的调用语句。当执行多条 SQL 语句时，需要在 JDBC Connection Configuration 中设置支持多 SQL 查询的连接属性。
- Prepared Select Statement：预编译的 select 语句。若对 select 语句进行了参数化，则必须选择该选项。
- Prepared Update Statement：预编译的 update、insert、delete 语句。若对 DML 语句进行了参数化，则必须选择该选项。
- Commit：发送 commit（提交）命令。
- Rollback：发送 rollback（回滚）命令。
- Autocommit(false)：取消自动提交。
- Autocommit(true)：设置自动提交。
- Edit：通过${sqlType}来设置 SQL 语句的类型，变量值必须是上述选项之一，目的是方便对 SQL 语句的类型进行参数化。

Query 选项用于设置需要执行的 SQL 语句。若需要执行的是预编译的 SQL 语句，则可以在 SQL 语句中使用 "?"（问号）代替固定的部分。下面是一些例子。

- select 语句。

```
select username, email from mc_user where user_id = 10000
```

- 预编译的 select 语句。

```
select username, email from mc_user where user_id = ?
```

- DML 语句。

```
insert into mc_user(user_id, username, password) values(null, 'Mike', '123456')
```

- 预编译的 DML 语句。

```
delete from mc_user where user_id = ? or email = ?
insert into mc_user(user_id, username, password) values(null, ?, ?)
```

Parameter values 选项用于设置 SQL 语句的参数值。它是用逗号分隔的参数值列表。若对 SQL 语句进行了参数化，必须传入参数值，则可以通过该列表向 SQL 语句传递参数值。用该列表中的值从左至右逐一匹配 SQL 语句中的 "?"，将其替换成具体的值。图 3-24 展示了 SQL 语句参数化时的设置。

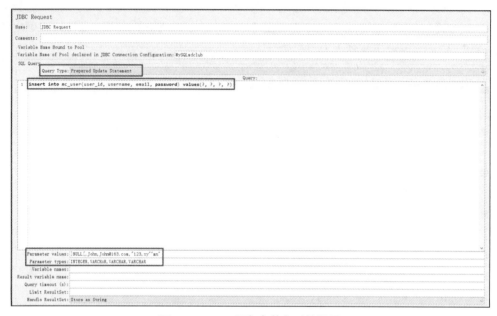

图 3-24　SQL 语句参数化时的设置

由图 3-24 可见，insert 语句中使用 4 个 "?" 定义了 4 个参数，在参数列表中设置 4 个值，将它们分别传递给这 4 个参数。在 Parameter types 输入框中设置每个 SQL 参数值的类型。

传递参数值时需要注意下面几点。

- 当传递的是 null 时，必须使用 "]NULL[" 来表示。上例中，第一个参数值就是 null。
- 如果有任何值包含逗号或双引号，则必须将值括在双引号中，并使用两个双引号表示一个双引号。上例中，password 参数的值为 "123,xy"mn"，其中包括了逗号与双引号，因此需要将这个值放在双引号中，并且用两个双引号表示一个双引号。
- 参数值必须指定对应的类型。

Parameter types 选项用于设置参数的类型。它是用逗号分隔的 SQL 参数类型列表。参数值和参数类型必须兼容与匹配。常见的参数类型包括 INTEGER、DATE、VARCHAR、DOUBLE 等。在调用存储过程时，必须在参数类型前添加出参或入参类型（IN、OUT 或 INOUT），如 IN INTEGER。

Variable names 选项用于设置保存查询结果的变量。它是用逗号分隔的变量名列表，用于保存 select 语句、prepared select 语句或 callable 语句返回的值。请注意，当它与 callable 语句一起使用时，变量名列表必须与返回的 OUT 参数的顺序相同。

变量保存的是查询结果集中某个字段的所有值，其类型为数组（即使仅返回一个值，也用数组存储）。图 3-25 展示了将查询结果保存到变量中的设置过程。

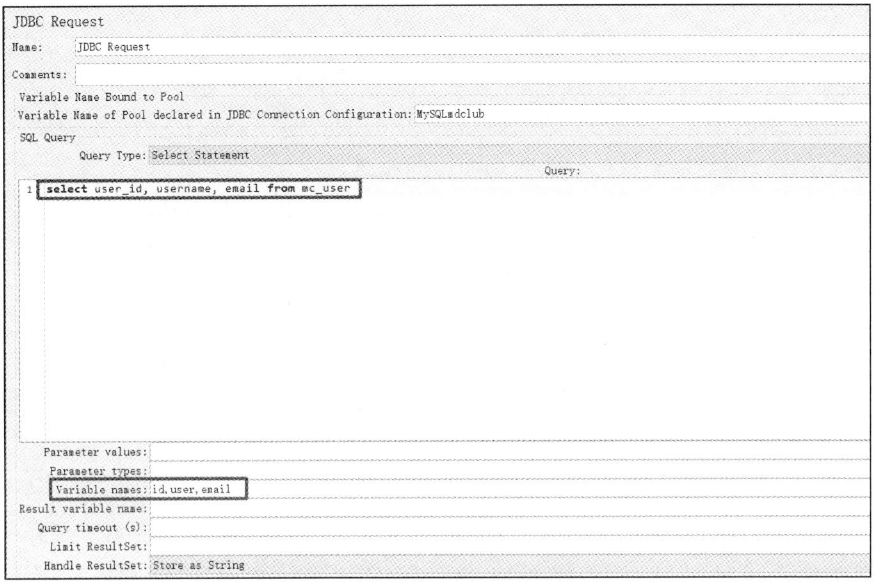

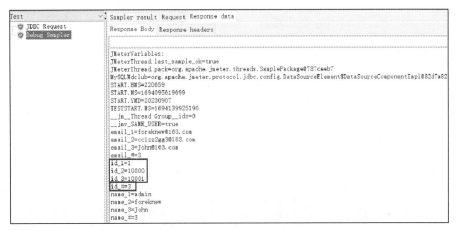

图 3-25　将查询结果保存到变量中

由图 3-25 可见，数据库服务器返回的 user_id、username 与 email 列值分别保存在变量 id、user 与 email 中，可在测试计划中添加一个 Debug Sampler（Debug 取样器）以查看变量值，如图 3-26 所示。

图 3-26　查询结果集的列值在数组中的保存情况

可以看出，user_id 列返回 3 个值，并保存在数组 id 中，对应元素分别为 id_1、id_2、id_3。JMeter 还定义了一个特殊的变量 id_#，用于保存 id 数组的大小。

若变量名为 varName，则对应元素分别为 varName_1、varName_2……。注意，数组索引从 1 开始，数组大小为 varName_#。

Result variable name 选项用于将查询结果集保存到映射列表（类似于 Python 中的字典列表）中。查询结果集的每一行保存在一个映射中，以列名作为映射的键，以列值作为映射的值，再将每一个映射保存到一个列表中。这样可以方便我们在 JSR223 测试元素中执行操作。图 3-27 展示了将查询结果集保存到映射列表中的设置过程。

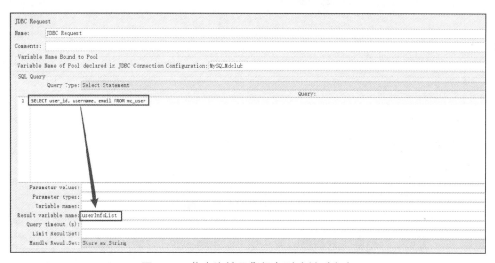

图 3-27　将查询结果集保存到映射列表中

由图 3-27 可见，把 select 语句对应的整个查询结果集保存到 userInfoList 变量中，便可以在 Debug Sampler 中查看 userInfoList 的值，具体如下。

```
userInfoList=[
    {user_id=1, email=foreknew@163.com, username=admin},
    {user_id=10000, email=cc1zz2gg3@163.com, username=foreknew},
    {user_id=10001, email=John@163.com, username=John}
]
```

在 JSR223 测试元素中可以获取映射列表的数据，示例代码如下。

```
// 遍历所有的行
def userInfoList = vars.getObject("userInfoList")
userInfoList.eachWithIndex{element, index ->
  log.info("user_${index+1}==${element}")
}
// 获取某个列值，第一个 get() 方法使用索引获取对应的行，第二个 get() 方法使用键获取对应的列值
```

```
def email = vars.getObject("userInfoList").get(1).get("email")
log.info("第 2 行 email 列值==${email}")
```

上述例子的输出结果如下。

```
user_1==[user_id:1, email:foreknew@163.com, username:admin]
user_2==[user_id:10000, email:cc1zz2gg3@163.com, username:foreknew]
user_3==[user_id:10001, email:John@163.com, username:John]
第 2 行 email 列值==cc1zz2gg3@163.com
```

Query timeout(s)选项用于设置查询超时时间（单位为 s）。若其值为 0 或为空，则表示超时时间无限。–1 表示不设置任何查询超时时间，适合程序不支持超时时间的情况。查询超时时间默认为 0。

Limit ResultSet 选项用于设置查询结果集返回的行数。若不填或填写–1，则表示没有限制，返回所有的行。例如，设置其值为 5，即可返回前 5 行数据。

Handle ResultSet 选项用于定义返回的查询结果集的处理方式。

- Store as String：变量名列表中的所有变量都存储为字符串，这是默认方式。
- Store as Object：变量名列表中类型为 ResultSet 的变量存储为一个对象。
- Count Records：变量名列表中类型为 ResultSet 的变量需要返回其行数。

3.5.2　使用单线程遍历参数值

本节介绍如何使用单线程遍历数据库服务器返回的参数值。

1. 遍历单参数

对于单参数，对参数值进行遍历最好的选择是使用 ForEach 控制器。其用法在 7.3 节会详细介绍。这里以从 MDClub 数据库的 mc_user 表中查询 username 列值，作为登录接口的 name 参数值为例。

测试计划如图 3-28 所示。

图 3-28　测试计划

测试步骤如下。

（1）添加线程组。

（2）在线程组下添加连接 MySQL 数据库的 JDBC Connection Configuration 并设置正确的

连接参数。

（3）在线程组下添加查询 mc_user 表中的 username 列值的 JDBC Request 并完成如下设置。

■ Query：select username from mc_user。

■ Variable names：username。将查询到的 username 列值保存到 username 变量中。

（4）在线程组下添加 ForEach 控制器并完成如下设置。

■ Input variable prefix：username。此处的用户名就是步骤（3）中的变量名 username。

■ Start index for loop(exclusive)：0。

■ End index for loop(inclusive)：${username_#}。username_#变量存储了用户名个数。

■ Output variable name：user。此处定义请求中要引用的变量。

（5）在 ForEach 控制器下添加登录 HTTP 请求并完成如下设置。

■ Server Name or IP：www.***.com。

■ Method：POST。

■ Path：/api/tokens。

■ Body Data：

```
{
    "name": "${user}",
    "password": "${__digest(sha1,123456,,,)}",
    "device": "Mate60Pro"
}
```

（6）在线程组下添加 HTTP 信息头管理器，在其中添加 Content-Type 头部，设置其值为 application/json。

（7）在线程组下添加查看结果树。

（8）保存并执行测试计划。

（9）在查询结果树中查看测试结果，如图 3-29 所示。

图 3-29 测试结果

可以看出，数据库返回了 3 个用户名，ForEach 控制器遍历获取了这 3 个用户名，并发送了 3 次登录请求。

2．遍历多参数

对于多参数，若要遍历每个参数的值，ForEach 控制器则"无能为力"。可以使用循环控制器和计数器结合内置函数 V()进行处理。这里以从 MDClub 数据库的 mc_user 表中查询 username 列值与 password 列值，作为登录接口请求数据的 name 与 password 字段的值为例（注意，数据库中存储的密码不是前端加密后的密码）。

测试计划如图 3-30 所示。

图 3-30 测试计划

测试步骤如下。

（1）添加线程组。

（2）在线程组下添加连接 MySQL 数据库的 JDBC Connection Configuration 并设置正确的连接参数。

（3）在线程组下添加查询 mc_user 表中的 username 与 password（将查询到的 username、password 列值分别保存到 username、password 变量中）的 JDBC Request 并完成如下设置。

■ Query：select username, password from mc_user。

■ Variable names：username,password。

（4）在线程组下添加循环控制器，设置 Loop Count 为${username_#}，username_#变量用于存储用户名个数。

（5）在循环控制器下添加对 username 与 password 数组索引进行计数的计数器并完成如下设置。

■ Starting value：1，计数器初始值。

■ Increment：1，计数器递增值。

■ Maximum value：${username_#}，计数器结束值。

■ Exported Variable Name：i。此处定义引用计数器的变量。

（6）在循环控制器下添加登录 HTTP 请求并完成如下设置。

■ Server Name or IP：****bbs****。

■ Method：POST。

- ■　Path：/api/tokens。
- ■　Body Data：

```
{
    "name": "${__V(username_${i},)}",
    "password": "${__V(password_${i},)}",
    "device": "Mate60Pro"
}
```

请求数据中 name 字段的值为 username_*i* 变量的值，其中 *i* 是计数器，表示第 *i* 个 username，username_*i* 是一个二阶变量，不能直接使用 ${username_*i*} 求值，而需要先使用 ${i} 求出计数器的值，再将其与 username_ 拼成一个完整的变量 username_${*i*}，并交给 V() 函数进行处理后才能获取最终的取值。password 字段的值也是如此。

（7）在线程组下添加 HTTP 信息头管理器，在其中添加 Content-Type 头部，设置其值为 application/json。

（8）在线程组下添加查看结果树。

（9）保存并执行测试计划。

（10）在查询结果树中查看测试结果，如图 3-31 所示。

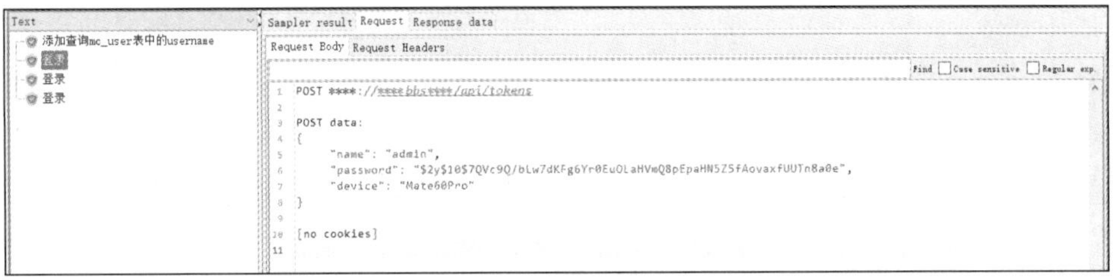

图 3-31　测试结果

3.5.3　使用多线程遍历参数值

如果要执行大量的用户并发测试，则需要将每个参数的值分配给不同的线程执行。常见的处理方式有如下两种。

1. 保存数据到 CSV 文件中并使用 CSV Data Set Config

将数据库表中的数据先保存到 CSV 文件中，再使用 CSV Data Set Config 进行参数化，并设置使用多线程遍历 CSV 文件中的参数值。

要将数据库表中的数据保存到 CSV 文件中，常见的方法有如下两种。

- ■　发送 JDBC Request，将查询结果集保存到结果集变量中，再添加 JSR223 PostProcessor 或 JSR223 Sampler，在其中编写自定义代码，读取结果集变量中的数据并保存到 CSV 文件中。

■ 直接发送 JSR223 Sampler 请求，编写自定义代码，连接数据库，读取数据库表中的数据并保存到 CSV 文件中。

这里仍以从 MDClub 数据库的 mc_user 表中查询 username 列值与 password 列值，作为登录接口请求数据的 name 与 password 字段的值为例（注意，数据库中存储的密码不是前端加密后的密码）。

测试计划如图 3-32 所示。

图 3-32　测试计划

测试步骤如下。

（1）在测试计划的 User Defined Variables 表中添加 path 变量，设置其值为脚本存放路径。

（2）添加 setUp 线程组。

（3）在 setUp 线程组下添加连接 MySQL 数据库的 JDBC Connection Configuration 并设置正确的连接参数。

（4）在 setUp 线程组下添加查询 mc_user 表中的 username 与 password 的 JDBC Request 并完成如下设置。

■ Query：select username, password from mc_user。

■ Result variable name：userInfo，设置结果集变量。

（5）在 setUp 线程组下，添加将结果集变量中的数据保存到 CSV 文件中的 JSR223 Sampler，在 Script 输入框中编写如下代码。

```
// 获取 userInfo 中的所有行
def rows = vars.getObject("userInfo")

// 指定列的顺序
def columnOrder = ["username", "password"]

// 创建 CSV 文件并将查询结果写入
new File("${path}/loginDB.csv").withWriter { writer ->
// 写入 CSV 表头
```

```
        def header = columnOrder.join(",")
        writer.writeLine(header)
        // 写入每一行数据
        rows.each { row ->
            def line = columnOrder.collect { colName -> "${row[colName]?.
            toString()?.replaceAll(/"/, '\\"')}" }.join(",")
            writer.writeLine(line)
        }
    }

    // 计算行数，作为线程数
    props.put("threadNum", rows.size())
```

其中 path 变量为测试计划中的自定义变量，用于保存脚本存放路径。将 CSV 文件与脚本保存在同一个目录中。

（6）添加线程组并设置线程数为${__groovy(props.get("threadNum"),)}。

（7）在线程组下添加 CSV Data Set Config 并完成如下设置。

■　Filename：loginDB.csv。

■　File encoding：UTF-8。

■　Variable Names(comma-delimited)：username,password。

■　Ignore first line(only used if Variable Names is not empty)：True。

（8）在线程组下添加登录 HTTP 请求并完成如下设置。

■　Server Name or IP：www.***.com。

■　Method：POST。

■　Path：/api/tokens。

■　Body Data：

```
{
  "name": "${username}",
  "password": "${password}",
  "device": "Mate60Pro"
}
```

（9）在线程组下添加 HTTP 信息头管理器，在其中添加 Content-Type 头部，设置其值为 application/json。

（10）在线程组下添加查看结果树。

（11）保存并执行测试计划。

（12）在查询结果树中查看测试结果。

2. 使用计数器和多线程

这里仍以从 MDClub 数据库的 mc_user 表中查询 username 列值与 password 列值，作为登录接口请求数据的 name 与 password 字段的值为例。

与上一个案例不同，这里不用保存数据到 CSV 文件中，而是使用两个列表来分别保存用户名与密码，在线程组中用计数器对列表索引进行计数，再根据索引访问对应的列表元素。

测试计划如图 3-33 所示。

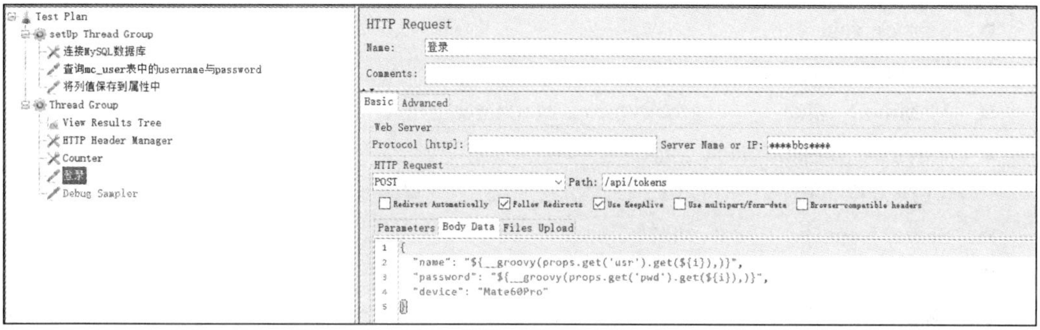

图 3-33　测试计划

测试步骤如下。

（1）添加 setUp 线程组。

（2）在 setUp 线程组下添加连接 MySQL 数据库的 JDBC Connection Configuration 并配置正确的连接参数。

（3）在 setUp 线程组下添加查询 mc_user 表中的 username 与 password 的 JDBC Request 并完成如下设置。

- Query：select username, password from mc_user。
- Result variable name：userInfo，结果集变量。

（4）在 setUp 线程组下添加将列值保存到属性中的 JSR223 Sampler，在 Script 输入框中编写如下代码。

```
// 获取结果集数据
def results = vars.getObject("userInfo")

// 获取记录数
props.put("threadNum", results.size())
log.info("threadNum is " + props.get("threadNum"))

// 将 name 列值保存到属性 usr 中
def usr = results.collect{ it.username }
props.put("usr", usr)
log.info("usr is " + props.get("usr"))

// 将 password 列值保存到属性 pwd 中
```

```
def pwd = results.collect{ it.password }
props.put("pwd", pwd)
log.info("pwd is " + props.get("pwd"))
```

（5）添加线程组，设置线程数为${__groovy(props.get("threadNum"),)}。

（6）在线程组下添加计数器并完成如下设置。

■　Starting value：0。

■　Increment：1。

■　Maximum value：${__groovy(props.get("threadNum")-1,)}。

■　Exported Variable Name：*i*。

（7）在线程组下添加登录 HTTP 请求并完成如下设置。

■　Server Name or IP：www.***.com。

■　Method：POST。

■　Path：/api/tokens。

■　Body Data：

```
{
    "name": "${__groovy(props.get('usr').get(${i}),)}",
    "password": "${__groovy(props.get('pwd').get(${i}),)}",
    "device": "Mate60Pro"
}
```

其中 props.get('usr').get(${*i*})用于获取 usr 列表中的第 *i* 个值，props.get('pwd').get(${*i*})用于获取 pwd 列表中的第 *i* 个值。

（8）在线程组下添加 HTTP 信息头管理器，在其中添加 Content-Type 头部，设置其值为 application/json。

（9）在线程组下添加查看结果树。

（10）保存并执行测试计划。

（11）在查询结果树中查看测试结果。

3.6　小结

本章主要介绍了 JMeter 的参数化技术，它可以帮助测试人员模拟真实场景中多样化的用户行为和数据输入。本章不仅介绍了参数化的概念和作用，以及两种常用的参数化方式——用户参数参数化和用户自定义变量参数化，还介绍了 CSV Data Set Config 参数化、内置函数参数化以及数据库参数化的应用。通过学习本章内容，读者可以掌握多种参数化方式在 JMeter 中的配置和应用，从而实现更加灵活和真实的测试场景。

第 4 章　JMeter 断言技术

在性能测试中，断言是一项重要的技术。通过使用断言，我们可以判断请求的返回结果是否正确、是否包含期望的数据，以及响应时间是否满足要求等。

本章将详细介绍 JMeter 中的断言技术，并帮助读者根据不同的测试需求选择合适的断言类型。通过学习本章内容，读者将能够更全面地评估系统的性能和可靠性，提高测试的准确性和可信度。

4.1　断言概述

在学习断言之前，我们需要了解断言的基本概念和作用。

4.1.1　断言的基本概念和作用

1．断言的基本概念

在自动化测试中，断言（assertion）是一种用于验证测试结果是否符合预期的技术或机制。它是一种断定或声明的方式，用于检查测试脚本执行过程中的条件是否满足。断言在自动化测试中被广泛应用，旨在帮助自动化测试脚本确认程序是否正确以及功能是否正确实现。

断言定义并检查某些条件是否满足，如果条件不满足，则会触发断言失败，并提供相关的错误信息。通过使用断言，自动化测试脚本可以快速识别测试中的问题，并提供有关问题的详细信息，从而帮助测试人员定位和修复问题。

断言主要包括以下几个方面。

- 条件定义：断言需要定义一个或多个条件，条件描述了测试结果应该符合的预期状态或行为。条件可以是各种形式的比较，例如等于、包含、大于、小于等。

- 断言方法：自动化测试工具提供了一组断言方法，用于执行条件的检查和验证。这些方法通常以实际结果和预期结果作为参数，并根据条件判断是否断言成功。
- 断言结果：当条件不满足时，就会触发断言失败，并产生相应的错误信息。通常，断言结果会显示预期结果与实际结果之间的差异，以帮助测试人员快速定位测试问题。

2．断言的作用

在自动化测试中，断言是一项关键的技术，它主要用于以下几个方面。

- 验证测试结果：断言是用来验证测试结果是否符合预期的常见方法之一。在自动化测试中，测试脚本会执行一系列操作和检查，通过添加断言语句，可以对实际结果与预期结果进行比较。如果两者不一致，就会触发断言失败，并产生相应的错误信息。使用这种方式可以方便地评估测试的准确性和可靠性。
- 确认页面元素：断言可以用来确认页面元素是否存在、可见或符合特定条件。在自动化测试中，经常需要对页面中的元素进行定位和操作，通过添加断言语句，可以检查页面中的特定元素是否出现、是否可见或是否符合预定义的属性。如果断言失败，则可能表示页面出现了意外的变化或错误。
- 防止错误扩散：断言可以帮助我们在自动化测试过程中及早捕获问题，避免错误在后续步骤中扩散。通过在关键步骤添加断言，可以在脚本执行过程中立即停止，并标记测试为失败状态。这样可以防止错误结果在测试用例中扩散，提高错误定位的效率。
- 生成测试报告：断言可以用于生成详细的测试报告。通过在断言语句中添加描述信息，可以在测试完成后生成报告，其中包含每个断言的结果和错误信息。这有助于跟踪测试进度、定位问题以及记录测试的可溯性。

总之，断言在自动化测试中发挥着至关重要的作用。它可以有效验证测试结果，确认页面元素，防止错误扩散，并生成测试报告。通过合理使用断言，开发人员和测试人员能够更加高效地进行自动化测试，并提高测试的质量和可靠性。

4.1.2　JMeter 中常用的断言

JMeter 提供了多种常用的断言用于验证测试结果或响应数据的准确性。以下是 JMeter 中几种常用的断言。

- Response Assertion（响应断言）：用于检查响应结果中是否包含指定的文本、正则表达式、响应代码等内容。可以根据需要选择不同的断言模式，如包含、匹配、不匹配等。
- JSON Assertion（JSON 断言）：用于对 JSON 格式的响应进行验证。它可以检查 JSON 结构、字段值等，确保响应结果符合预期。
- Size Assertion（大小断言）：用于验证响应大小是否在预期范围内。
- Duration Assertion（持续时间断言）：用于验证请求的响应时间是否在预期范围内。

4.2 响应断言

响应断言用于验证响应中的内容是否符合预期。它可以用于以下场景。

- 验证响应的状态码：通过响应断言，可以验证 HTTP 响应的状态码是否与预期相符。例如，可以检查响应的状态码是不是 200（表示成功处理请求），或者是不是 404（表示页面不存在）。
- 检查响应中是否包含特定的文本或符合特定的正则表达式：可以使用响应断言来检查响应中是否包含特定的文本或符合特定的正则表达式。这对于验证页面内容、API 返回结果或任何其他包含文本信息的响应非常有用。例如，可以检查响应中是否包含特定的错误消息。
- 验证特定字段的值：如果响应是基于 JSON 或 XML 格式的数据，则可以使用响应断言来验证特定字段的值是否正确。例如，在接口测试中，可以验证返回的 JSON 响应中某个字段的值是否正确。

4.2.1 添加响应断言

响应断言属于断言组件。在 JMeter 中，右击需要添加响应断言的测试元素，选择 Add→Assertions→Response Assertion，即可添加响应断言，如图 4-1 所示。

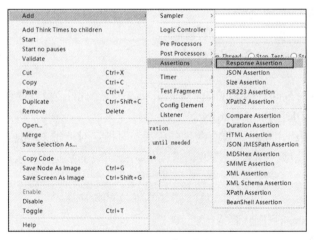

图 4-1 添加响应断言

4.2.2 配置响应断言

添加响应断言后，其配置面板如图 4-2 所示。

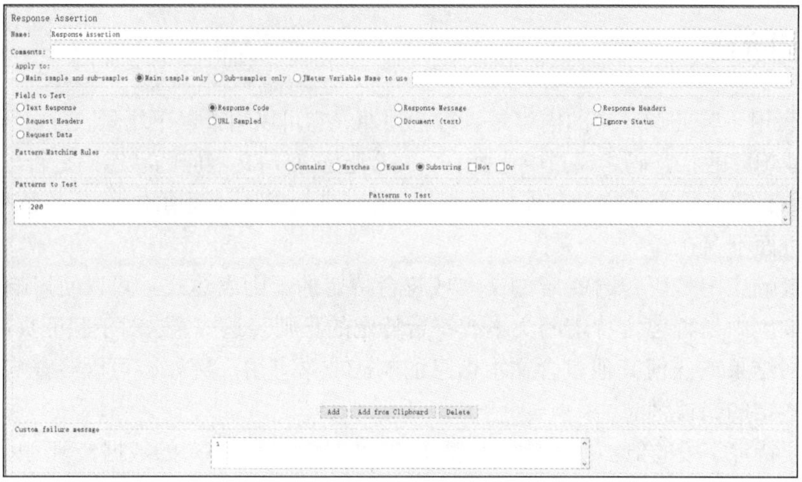

图 4-2　响应断言配置面板

　　Apply to 选项组用于指定断言的应用范围。一般情况下，一个取样器只会对应一个请求，返回一个结果。但是在某些情况下，如请求了页面内嵌资源、产生了自动重定向等，一个取样器会附带产生多个请求，返回多个结果。也就是说，一个取样器会对应一个主取样器和多个子取样器。要通过 Apply to 选项组来设置断言的应用范围，可以从如下 4 个单选按钮中选择其一。

- Main sample and sub-samples：断言主取样器与所有的子取样器。
- Main sample only：仅断言主取样器。
- Sub-samples only：仅断言子取样器。一般子取样器断言失败，主取样器也会跟着断言失败。
- JMeter Variable Name to use：断言指定的 JMeter 变量。此处需要设置变量名（variableName），而不是设置变量引用（${variableName}）。

　　Field to Test 选项组用于指定需要测试的字段，即指定对请求或响应的哪一部分内容进行逻辑判断。JMeter 会根据指定字段获取请求或响应中相关的数据作为实际结果。其中的选项如下。

- Text Response：响应正文，如 HTTP 响应报文的响应体。
- Response Code：响应状态码，如 200。
- Response Message：响应消息，如 OK。
- Response Headers：响应头部字段。例如，要判断响应数据格式，可以选择 Content-Type 头部。
- Request Headers：请求头部字段。
- URL Sampled：请求 URL。

- Document(text)：从返回的响应文档（如 PDF、Word 文档等）中提取文本内容进行判断。它会影响性能，建议少用。
- Request Data：请求数据，如 HTTP 请求报文的请求体。
- Ignore Status：忽略请求失败的状态。对于 JMeter 而言，默认情况下，若返回 100～399 的状态码，则表示测试成功；若返回 400～599 的状态码，则表示测试失败。若要断言测试失败的情况，则必须先假定测试是成功的，在此基础上再进行逻辑判断。

Pattern Matching Rules 选项组用于设置模式匹配规则，也就是设置响应断言提取的实际结果与设定的预期结果之间的匹配规则。其中包括以下选项。

- Contains：预期结果包含在实际结果中，预期结果可以使用正则表达式。
- Matches：预期结果与实际结果相等，预期结果可以使用正则表达式。
- Equals：预期结果与实际结果相等，完全匹配（expected == actual）。
- Substring：预期结果包含在实际结果中，模糊匹配（expected in actual）。
- Not：否定每个模式匹配的结果。
- Or：设置对多个模式匹配结果进行逻辑或运算。注意，多个模式匹配结果默认通过逻辑与（And）连接。

Patterns to Test 选项组用于设置测试模式，也就是设置预期结果。可以通过 Add 按钮添加输入框来设置预期结果，预期结果可以设置多个。Delete 按钮用于删除设置的预期结果。

Custom failure message 选项组用于设置断言失败时抛出的错误消息。当断言失败时，可以在查看结果树中查看对应信息。

4.2.3　响应断言案例

仍然使用 MDClub 登录接口作为例子。先使用 CSV Data Set Config 进行参数化，再对每一个用例的执行结果使用响应断言进行验证。这里假设仅检查接口返回的业务代码和错误消息是否符合预期结果。因为每个用例返回的结果不同，所以对预期结果也需要进行参数化。在 CSV 文件中需要新增 code 与 message 列，分别用于存放预期的业务代码和错误消息。

具体步骤如下。

（1）确定对用例编号、用例优先级、接口编号、接口名称、请求方法、接口地址、内容类型、请求参数、业务代码、错误消息进行参数化。

（2）新建一个 loginAssert.csv 文件，使用 Excel 打开并编辑，写入一些内容，如图 4-3 所示。该文件中的列对应用例编号、用例优先级、接口编号、接口名称、请求方法、接口地址、内容类型、请求参数、业务代码、错误消息。注意，因为请求参数是 JSON 字符串，包含逗号，所以在读取时需要使用双引号将 JSON 字符串括起来，又因为 JSON 字符串中有双引号，所以还需要使用双引号转义双引号，也就是使用两个双引号表示一个双引号。

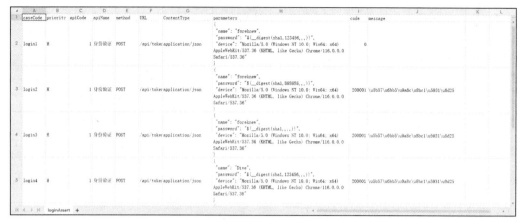

图 4-3　写入内容

（3）添加线程组。

（4）在线程组下添加 CSV Data Set Config 并完成设置，如图 4-4 所示。

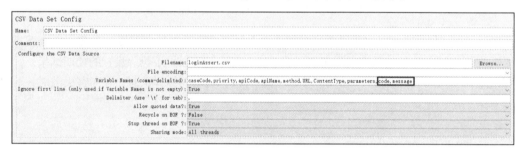

图 4-4　CSV Data Set Config 的设置

预期的 code 和 message 分别被保存到变量 code 与 message 中。具体设置如下。

- Filename：loginAssert.csv。
- Variable Names(comma-delimited)：caseCode,priority,apiCode,apiName,method,URL, Content-Type,parameters,code,message。
- Ignore first line(only used if Variable Names is not empty)：True。
- Allow quoted data：True。
- Recycle on EOF：False。
- Stop thread on EOF：True。
- Sharing mode：All threads。

（5）在线程组下添加 HTTP 信息头管理器，在其中添加 Content-Type 头部，将其值设置为 ${ContentType}。

（6）在线程组下添加 HTTP 请求并完成设置，如图 4-5 所示。具体设置如下。

- Name：${caseCode}_${apiCode}_${apiName}_${URL}。取样器的名称按照命名规则动

态设置为${caseCode}_${apiCode}_${apiName}_${URL}。

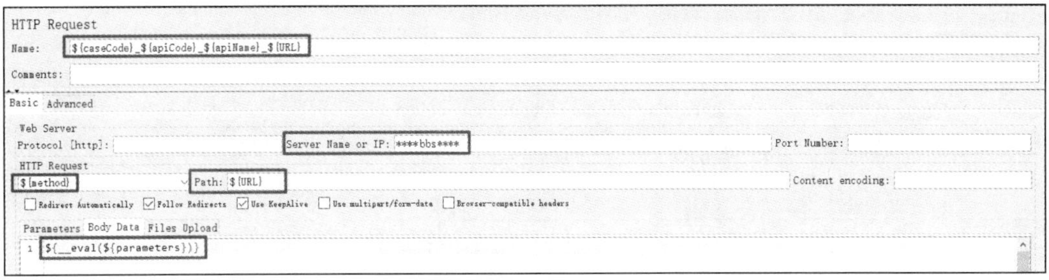

图 4-5　HTTP 请求的设置

- Server Name or IP：****bbs****。
- Method：${method}。
- Path：${URL}
- Body Data：${__eval(${parameters})}。在读取请求体参数值时，因为参数值中使用了加密函数 digest()，所以需要使用 eval()函数来计算字符串表达式的值。

（7）在 HTTP 请求下添加 JSR223 PostProcessor，对预期结果中的 message 字段进行处理。因为要添加断言的 message 字段值包含反斜线并使用正则表达式进行匹配，而在正则表达式中反斜线是元字符，所以需要对反斜线进行转义处理。在 Script 输入框中输入如下代码。

```
// 对 message 中的反斜线（\）进行转义
// 在 replaceAll()中，使用 4 条反斜线来表示一条反斜线，并将其作为替换目标
// 然后使用 4 条双反斜线来表示两条反斜线，作为替换后的字符串
def message = vars.get("message").replaceAll("\\\\", "\\\\\\\\")
vars.put("message", message)
log.info("message is " + vars.get("message"))
```

（8）在 HTTP 请求下添加响应断言，检查 code 字段，设置 Patterns to Test 为 ""code":${code},"。

（9）在 HTTP 请求下添加响应断言，检查 message 字段，完成如下设置。

- Pattern Matching Rules：Contains。
- Patterns to Test：("message":")?${message}(",)?。注意，因为正常登录时没有 message 字段，所以使用正则表达式中的元字符（? ）来表示该字符串可选。

（10）在线程组下添加一个循环控制器，将其设置为无限循环。

（11）在循环控制器下添加一个 If 控制器，将条件表达式设置为${__groovy(vars.get("priority")=="H",)}，表示只执行优先级为 H（高）的用例。

（12）调整一下测试元素的位置，将 CSV Data Set Config 移动到循环控制器下，将 HTTP 请求移动到 If 控制器下。

（13）在线程组下添加查看结果树。

（14）保存并执行测试计划。测试计划与执行结果如图 4-6 所示。

图 4-6　测试计划与执行结果

4.3　JSON 断言

　　JSON 断言是一种用于验证 HTTP 响应中 JSON 格式数据的工具。它可以在性能测试中验证接口返回的 JSON 数据是否符合预期，以确保接口的正确性和一致性。

　　JSON 断言的使用场景如下。

- 验证接口返回的 JSON 数据结构：可以使用 JSON 断言来验证接口返回的 JSON 数据是否具有正确的结构。例如，可以验证 JSON 数据中是否包含指定的键值对、数组是否包含特定元素等。
- 验证接口返回的 JSON 数据：可以使用 JSON 断言来验证接口返回的 JSON 数据中具体字段的值是否符合预期。例如，可以验证某个字段的值是否等于特定的字符串、数字是否在指定范围内等。
- 验证接口返回的数组元素：如果接口返回的是一个数组，则可以使用 JSON 断言来验证数组中的元素是否符合预期。例如，可以验证数组中是否包含特定的元素、元素的个数是否符合预期等。
- 验证接口返回的嵌套 JSON 数据：如果接口返回的 JSON 数据是嵌套的，则可以使用 JSON 断言来验证嵌套结构中的字段和值是否符合预期。例如，可以验证嵌套 JSON 数据中某个字段的值是否等于预期值。

4.3.1　JSON 与 JSON Path

1．JSON 与数据结构

　　JSON 是一种轻量级的数据交换格式，常用于将数据从一个程序传输到另一个程序。它以简洁、易读的文本格式来表示结构化数据，并且易于解析和生成。

　　JSON 数据结构是一种表示数据的格式，由对象和数组组成。

- 对象（object）：由一对花括号包围的一组键值对。每个键值对由一个键和一个对应的值组成，键和值之间使用冒号（:）分隔，不同的键值对使用逗号（,）分隔。键必须是字符串，且只能用双引号表示（不能使用单引号）；而值可以是字符串、数字、布尔值、数组、对象或 null。示例如下。

```
{
  "name": "John",
  "age": 30,
  "isStudent": true
}
```

■　数组（array）：由一对方括号包围的一组值。各个值之间使用逗号（,）分隔。值可以是字符串、数字、布尔值、数组、对象或 null。示例如下。

```
["apple", "banana", "cherry"]
```

JSON 数据结构支持对象和数组的嵌套。可以在对象中包含对象或数组，也可以在数组中包含对象或其他数组。示例如下。

```
{
  "name": "Alice",
  "hobbies": ["reading", "painting"],
  "address": {
    "street": "123 Main St",
    "city": "New York"
  }
}
```

JSON 中的 null 表示空值或缺少值的情况。示例如下。

```
{
  "name": null,
  "age": 25
}
```

2. JSON Path

JSON Path 是一种用于在 JSON 数据中定位和提取特定信息的查询语言。它类似于 XPath（用于 XML 的查询语言），可以使用简洁的语法来访问和操作 JSON 数据的不同部分。

JSON Path 有如下两种语法风格。

■　点表示法，即使用点号来获取对象的属性，如$.store.book[0].title。

■　方括号表示法，即使用方括号来获取对象的属性，如$["store"]["book"][0]["title"]。

点表示法更简洁，但是当键中包含空格时，必须使用方括号表示法，如$["data"]["order id"]，而不能使用$.data.order id。

JSON Path 的语法如表 4-1 所示。

表 4-1　JSON Path 的语法

JSON Path 的语法	描述	例子
$	对象或元素的根	$.status
. 或 []	子操作	$.data 或 $["data"]
..	递归下降，用于匹配任意层次的属性	$..token
*	通配符，用于表示所有对象或元素	$.store.book[*]
[]	索引操作，用于获取数组索引对应的元素，可以使用负数索引	$.store.book[1]
[,]	生成集合，用于根据对象的键或数组的索引生成新的集合	$store.book[1,3,5]
[start:end:step]	数组切片	store.book[1:10:2]
@	当前对象或元素	@price<10
?()	过滤表达式	$..book[?(@.price<10)]

4.3.2　添加 JSON 断言

JSON 断言属于断言组件。在 JMeter 中，右击需要添加 JSON 断言的测试元素，选择 Add→ Assertions→ JSON Assertion，即可添加 JSON 断言，如图 4-7 所示。

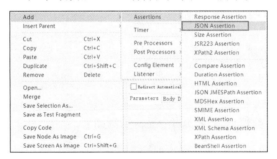

图 4-7　添加 JSON 断言

4.3.3　配置 JSON 断言

添加 JSON 断言后，其配置面板如图 4-8 所示。

图 4-8　JSON 断言配置面板

JSON 断言配置项如下。

- Assert JSON Path exists：用于断言 JSON Path 是否存在，在此填写 JSON Path 表达式。
- Additionally assert value：用于断言 JSON Path 提取的值是否符合预期。当需要断言提取的值是否正确时，勾选该复选框。
- Match as regular expression：使用正则表达式进行匹配。当预期值需要使用正则表达式匹配时，勾选该复选框。
- Expected Value：预期值。
- Expected null：当预期值为 null 时，Expected Value 配置项不用设置，勾选该复选框即可。
- Invert assertion(will fail if above conditions met)：反转断言结果。例如，当断言失败时，若勾选了该复选框，则断言结果变为断言成功。

JSON 断言对响应数据进行断言的前提是响应数据必须是 JSON 格式的。具体处理逻辑如下。

- JMeter 先判断响应数据是否为 JSON 格式，如果不是，则解析失败，从而导致断言失败。
- 如果响应数据是 JSON 格式，JMeter 会检查是否存在指定的 JSON 路径。如果 JSON 路径不存在，则断言失败。
- 若 JSON 路径存在，JMeter 会提取该路径对应的值，并将其与预期值做比较。
- 如果提取的值与预期值匹配，则断言成功；否则，断言失败。

4.3.4　JSON 断言案例

仍然使用 MDClub 登录接口作为例子。前面我们使用响应断言对 code 与 message 字段进行了验证。现在我们使用 JSON 断言完成这个例子。

具体步骤如下。

（1）确定对用例编号、用例优先级、接口编号、接口名称、请求方法、接口地址、内容类型、请求参数、业务代码、错误消息进行参数化。

（2）新建一个 loginAssertJSON.csv 文件，使用 Excel 打开并编辑，写入一些内容，如图 4-9 所示。该文件中的列对应用例编号、用例优先级、接口编号、接口名称、请求方法、接口地址、内容类型、请求参数、业务代码、错误消息。注意，因为请求参数是 JSON 字符串，包含逗号，所以在读取时需要使用双引号将 JSON 字符串括起来，又因为 JSON 字符串中有双引号，所以还需要使用双引号转义双引号，也就是使用两个双引号表示一个双引号。

（3）添加线程组。

（4）在线程组下添加 CSV Data Set Config 并完成设置，如图 4-10 所示。具体设置如下。

- Filename：loginAssertJSON.csv。

	A	B	C	D	E	F	G	H	I	J
1	caseCode	priority	apiCode	apiName	method	URL	ContentType	parameters	code	message

2	login1	H	1	身份验证	POST	/api/tokens	application/json	{
								"name": "foreknew",
								"password": "${__digest(sha1,123456,,,)}",
								"device": "Mozilla/5.0 (Windows NT 10.0; Win64; x64) AppleWebKit/537.36 (KHTML, like Gecko) Chrome/116.0.0.0 Safari/537.36"
								}
									0	

3	login2	H	1	身份验证	POST	/api/tokens	application/json	{
								"name": "foreknew",
								"password": "${__digest(sha1,888888,,,)}",
								"device": "Mozilla/5.0 (Windows NT 10.0; Win64; x64) AppleWebKit/537.36 (KHTML, like Gecko) Chrome/116.0.0.0 Safari/537.36"
								}
									200001	字段验证失败

4	login3	H	1	身份验证	POST	/api/tokens	application/json	{
								"name": "foreknew",
								"password": "${__digest(sha1,,,,)}",
								"device": "Mozilla/5.0 (Windows NT 10.0; Win64; x64) AppleWebKit/537.36 (KHTML, like Gecko) Chrome/116.0.0.0 Safari/537.36"
								}
									200001	字段验证失败

5	login4	H	1	身份验证	POST	/api/tokens	application/json	{
								"name": "Dive",
								"password": "${__digest(sha1,123456,,,)}",
								"device": "Mozilla/5.0 (Windows NT 10.0; Win64; x64) AppleWebKit/537.36 (KHTML, like Gecko) Chrome/116.0.0.0 Safari/537.36"
								}
									200001	字段验证失败

6	login5	M	1	身份验证	POST	/api/tokens	application/json	{ "name": "", "password": "${__digest(sha1,123456,,,)}", "device": "Mozilla/5.0 (Windows NT 10.0; Win64; x64) AppleWebKit/537.36 (KHTML, like	200001	字段验证失败

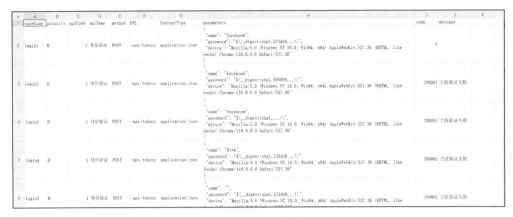

图 4-9　写入内容

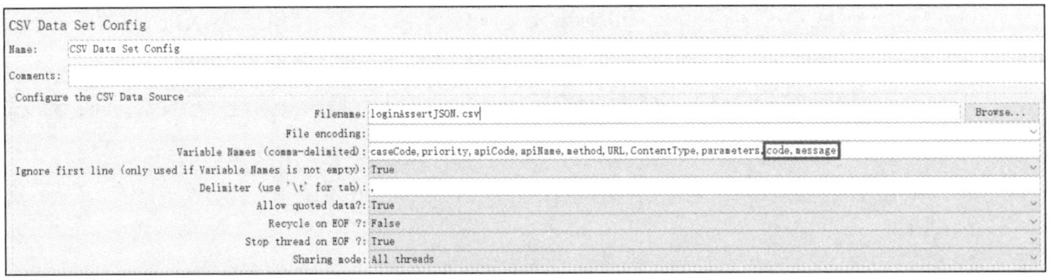

图 4-10　CSV Data Set Config 的设置

- Variable Names(comma-delimited)：caseCode,priority,apiCode,apiName,method,URL, Content-Type,parameters,code,message。
- Ignore first line(only used if Variable Names is not empty)：True。
- Allow quoted data：True。
- Recycle on EOF：False。
- Stop thread on EOF：True。
- Sharing mode：All threads。

（5）在线程组下添加 HTTP 信息头管理器，在其中添加 Content-Type 头部，将其值设置为${ContentType}。

（6）在线程组下添加 HTTP 请求并完成设置，如图 4-11 所示。取样器的名称按照命名规则动态设置为${caseCode}_${apiCode}_${apiName}_${URL}。在读取请求体参数值时，因为参数值中使用了加密函数 digest()，所以需要使用 eval()函数来计算字符串表达式的值。又因为正常登录与非正常登录返回的字段不同，所以要分两种情况处理：若正常登录，则检查 code 与 token 字段；若非正常登录，则检查 code 与 message 字段。怎样区分正常登录用例与非正常登录用例呢？可以使用用例中的 caseCode 列值进行判断。若 caseCode 等于 login1，表示正常登录用例，否则表示非正常登录用例，所以需要添加两个 If 控制器来进行判断。

图 4-11　HTTP 请求的设置

（7）在线程组下添加第一个 If 控制器，将条件表达式设置为\${__groovy(vars.get("caseCode")==
"login1",)}，以判断某用例是否为正常登录用例。

（8）在线程组下添加第二个 If 控制器，将条件表达式设置为\${__groovy(vars.get("priority")==
"H" && vars.get("caseCode")!="login1",)}，以判断某用例是否为优先级高的非正常登录用例。

（9）在 HTTP 请求下添加一个 JSON 断言，检查 code 字段，完成如下设置。

■　Assert JSON Path exists：\$.code。

■　Additionally assert value：勾选此复选框。

■　Expected Value：\${code}。

（10）在 HTTP 请求下再添加一个 JSON 断言，检查 token 字段，设置 Assert JSON Path exists
为\$.data.token。

（11）在线程组下添加一个循环控制器，将其设置为无限循环。

（12）将 HTTP 请求移动到添加的第一个 If 控制器下，再将该 If 控制器移动到循环控制器下。
将 HTTP 请求复制一份后移动到添加的第二个 If 控制器下，再将该 If 控制器移动到循环控制器
下。修改第二个 If 控制器包含的第二个 JSON 断言：将检查 token 字段改为检查 message 字段。完
成如下设置并将 CSV Data Set Config 移动到循环控制器下。

■　Assert JSON Path exists：\$.message。

■　Additionally assert value：勾选此复选框。

■　Expected Value：\${message}。

（13）在线程组下添加查看结果树。

（14）保存并执行测试计划。测试计划与执行结果如图 4-12 所示。

图 4-12　测试计划与执行结果

4.4　大小断言

JMeter 的大小断言是一种测试元素，用于检查响应中的某个特定内容（文本、JSON 或 XML 响应等）的大小是否符合期望值。它可以针对以下场景进行测试。

- 检查页面内容的大小：可以通过在 HTTP 请求中设置检查内容的请求参数，以及使用大小断言来确保响应中的内容大小正确。例如，在一个 Web 应用程序中，可能需要检查登录后首页的 HTML 内容是否在期望的范围内，如果超出了期望的范围，则可能表明这个 Web 应用程序存在问题。
- 验证 JSON 或 XML 响应的大小：如果 API 返回的是 JSON 或 XML 格式的数据，则可以使用大小断言来验证响应数据的大小是否在期望的范围内。这可以确保接口返回的数据格式正确且不超出预期的大小。
- 文件下载测试：当需要下载文件并检查其大小时，可以使用大小断言来确保文件大小与文件本身相匹配。例如，要测试文件下载功能，可以检查下载的文件大小是否与预期值相同，以确保下载的文件正确。

4.4.1　添加大小断言

大小断言属于断言组件。在 JMeter 中，右击需要添加大小断言的测试元素，选择 Add→Assertions→ Size Assertion，即可添加大小断言，如图 4-13 所示。

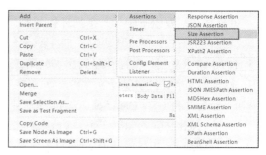

图 4-13　添加大小断言

4.4.2　配置大小断言

大小断言配置面板如图 4-14 所示。

Apply to 选项组的用法请参看 4.2.2 节的内容。

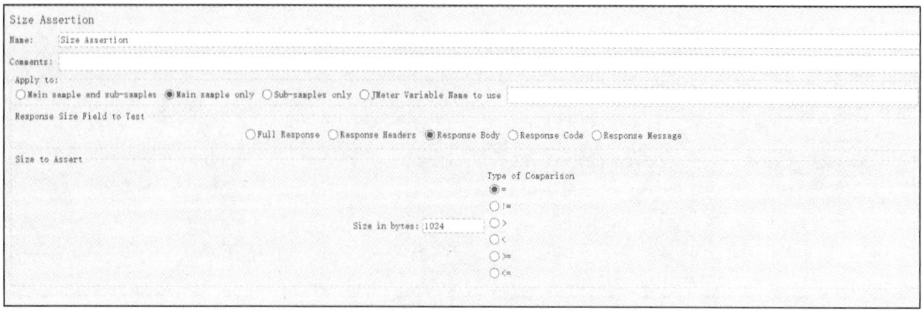

图 4-14　大小断言配置面板

Response Size Field to Test 选项组用于指定测试响应中哪个字段的大小。其中的选项如下。

- Full Response：整个响应的大小。
- Response Headers：响应头的大小。
- Response Body：响应体的大小。
- Response Code：响应状态码的大小。例如，HTTP 的响应状态码的大小为 3 字节。
- Response Message：响应消息的大小，即响应消息字符串的大小。

Size to Assert 选项组用于设置断言的预期结果与比较类型。其中的选项如下。

- Size in bytes：设置断言的预期结果的大小。单位为字节。
- Type of Comparsion：设置断言结果的实际大小与预期大小的比较类型，包括=（等于）、!=（不等于）、>（大于）、<（小于）、>=（大于或等于）与<=（小于或等于）6 种。若断言结果的实际大小与预期大小满足对应的关系，则断言成功；否则，断言失败。

4.4.3 大小断言案例

假设要判断一个网站是否能正常访问，使用 JMeter 的大小断言即可轻松处理。这里以访问百度为例，判断它是否能正常访问。在向百度服务器发送请求时，将域名故意错写为 www.baidu.cm，正常情况下是无法访问此杜撰的网站的。具体操作步骤如下。

（1）添加线程组。

（2）在线程组下添加 HTTP 请求并设置 Server Name or IP 为 www.baidu.cm。

（3）在线程组下添加大小断言，并完成如下设置。若服务器能够处理请求，则会返回一个包含 3 位数字的状态码，其大小等于 3 字节。

- Response Size Field to Test：Response Code。
- Size in bytes：3。
- Type of Comparsion：=。

（4）在线程组下添加查看结果树。

（5）保存并执行测试计划。

（6）在查看结果树中查看结果。因为无法访问网站，响应状态码的大小不等于 3 字节，所以断言失败。

4.5 持续时间断言

持续时间断言是一种用于验证请求的响应时间是否在预期范围内的测试元素。它可以检查性能测试中请求的响应时间是否满足预期要求。

JMeter 的持续时间断言在性能测试中具有广泛的应用场景。以下是一些常见的应用场景。

- 响应时间验证：可以使用持续时间断言来验证请求的响应时间是否满足预期。通过设置适当的阈值，可以检查系统在不同负载下的性能表现，并确保响应时间在可接受的范围内。
- 性能测试阈值验证：可以将持续时间断言与性能测试阈值结合使用。通过设置期望的响应时间阈值，可以验证系统在不同负载下是否满足性能指标，例如响应时间小于某个特定值或能够在一定时间内完成某种操作。
- 峰值负载测试：持续时间断言对于验证系统在峰值负载情况下的表现非常有用。通过设置较小的响应时间阈值，可以检查系统是否能够在高并发情况下保持稳定，并及时处理请求。

4.5.1 添加持续时间断言

持续时间断言属于断言组件。在 JMeter 中，右击需要添加持续时间断言的测试元素，选择 Add→Assertions→ Duration Assertion，即可添加持续时间断言，如图 4-15 所示。

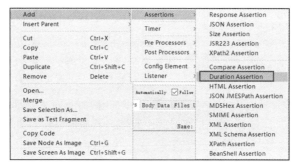

图 4-15　添加持续时间断言

4.5.2 配置持续时间断言

持续时间断言配置面板如图 4-16 所示。

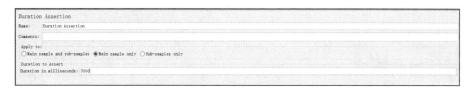

图 4-16　持续时间断言配置面板

Apply to 选项组的用法请参看 4.2.2 节的内容。

Duration to Assert 选项组的 Duration in milliseconds 选项用于设置预期的响应最长等待时间，单位为 ms。当响应时间小于或等于预期值时，断言成功；否则，断言失败。

4.5.3　持续时间断言案例

以获取当前登录用户发表的文章接口为例，此接口需要登录。此接口文档如表 2-3 所示。假设要测试此接口的响应时间，判断系统能否在 500ms 内处理此查询需求，这可以通过添加持续时间断言来验证。具体操作步骤如下。

（1）添加线程组。

（2）在线程组下添加 HTTP 请求默认值并设置 Server Name or IP 为****bbs****。

（3）在线程组下添加登录 HTTP 请求（mdclubLogin）并设置。

（4）在登录 HTTP 请求下添加如下元素。

■　HTTP 信息头管理器：添加 Content-Type 头部，设置其值为 application/json。

■　JSON 提取器：提取登录成功后的 token，保存到 token 变量中。

■　JSON 断言：验证登录成功后是否返回 token。

（5）在线程组下添加获取当前用户发表的文章的 HTTP 请求并完成如下设置。

■　Method：GET。

■　Path：/api/user/articles。

■　在 Parameters 选项卡中添加如下请求参数。

　　●　page：1。

　　●　per_page：20。

　　●　order：-update_time。

　　●　include：user,topics,is_following,voting。

（6）在获取当前用户发表的文章的 HTTP 请求下添加 HTTP 信息头管理器，在其中添加 token 头部，并设置其值为${token}。

（7）在获取当前用户发表的文章的 HTTP 请求下添加持续时间断言并设置 Duration in milliseconds 为 500。

（8）在线程组下添加查看结果树。

（9）保存并执行测试计划。

（10）查看结果。在查看结果树中，若断言失败，则可以看到断言失败的消息。

4.6　小结

本章主要介绍了 JMeter 中的断言技术，它可以帮助测试人员对测试结果进行验证和确认。本章具体介绍了断言的基本概念和作用，以及 JMeter 中常用的几种断言，包括响应断言、JSON 断言、大小断言和持续时间断言。通过学习本章内容，读者可以掌握不同类型的断言在 JMeter 中的配置和应用，从而提高测试用例的准确性和可信度。

第 5 章　JMeter 关联技术

在性能测试中，有时需要在一个请求中提取参数，并将参数传递给下一个请求。这就是关联技术的应用场景。通过使用关联技术，我们可以从上一个请求的响应中提取特定信息，并将其作为下一个请求的参数使用，在多个请求之间实现数据共享和互通。

本章将详细介绍 JMeter 中的关联技术，并帮助读者根据测试需求选择合适的关联方式。通过学习这些内容，读者将能够更好地模拟真实业务场景，提高测试的准确性和可信度。

5.1　关联概述

关联是自动化脚本开发中的难点，但通过透彻地理解关联的概念，仔细分析响应内容，合理使用正则表达式和提取器，以及正确处理数据依赖关系，我们可以有效地解决关联问题，并编写出稳定可靠的自动化脚本。

5.1.1　关联的基本概念和作用

在自动化测试中，关联（correlation）是指在测试过程中识别并管理测试数据之间的依赖关系。通过关联，可以跟踪和处理测试数据的关联性，确保测试流程能够正确执行。

关联使多个请求之间可以传递和使用动态生成的数据或内容。在一些应用程序中，服务器可能会生成包含特定值（如会话 ID、token、时间戳等）的响应或表单，并将这些特定值用于后续请求。因此，在编写自动化脚本时，需要捕获并正确地传递这些动态值。

关联主要涉及以下几个方面。

- 动态数据：在测试过程中，某些测试数据可能是动态生成的，例如时间戳、唯一标识符等。这些数据在不同的测试步骤之间可能需要进行关联，以确保匹配的正确性和一致性。
- 会话状态：某些测试场景可能需要模拟连续的用户会话状态。在这种情况下，需要在测试步骤之间保持会话的状态，并将相关信息关联起来，以确保测试的连贯性和正确性。

- 数据依赖：测试用例中的某些步骤可能依赖先前步骤的结果。这种数据依赖性需要被识别并进行梳理，以确保测试步骤按照正确的顺序执行并使用正确的数据。
- 数据一致性：在某些测试场景中，需要对多个系统或组件进行测试，而这些系统或组件之间可能存在数据交互和数据一致性的要求。通过关联，可以确保相关的数据在测试过程中保持一致。

关联可以通过各种方式进行管理和实现，具体取决于测试工具和框架的功能等。常见的关联方式包括使用变量、上下文对象、标识符等来跟踪和管理相关数据。测试工具和框架通常提供相关的 API 或功能来支持关联操作。

通过有效的关联管理，自动化测试可以更准确地模拟真实场景中的交互和数据流动，提高测试的可靠性和复用性，并降低测试维护的成本和工作量。

5.1.2 JMeter 中常用的关联方式

在 JMeter 中，有 3 种常用的关联方式可以用于提取和关联数据。

- 使用正则表达式提取器从响应数据中提取指定的内容。首先使用该提取器提取响应中的某个变量或特定的文本片段，然后将提取的值保存到 JMeter 变量中，以便在后续的请求中使用。
- 使用 JSON 提取器从 JSON 响应中提取数据。通过指定 JSON Path 表达式，可以提取嵌套在 JSON 结构中的特定字段或属性，并将其存储为 JMeter 变量。
- 使用 CSS Selector 提取器从 HTML 或 XML 响应中提取数据。可以通过指定相应的选择器来从响应中提取所需的内容，并将提取的值保存到 JMeter 变量中。

以上提取器可以根据实际需要选择和组合使用，以满足对响应数据的精确提取和关联要求。请注意，你需要了解响应数据的结构和格式，并根据实际情况选择合适的提取器。

5.2 正则表达式提取器关联

JMeter 的正则表达式提取器是一个强大的工具，可用于从服务器响应中提取特定的数据并进行后续处理和验证。它可以用于提取 HTML、XML、JSON 等多种格式的数据。下面是一些常见的正则表达式提取器使用场景。

- 提取动态参数：当需要从一个请求的响应中提取一个动态生成的参数并在后续的请求中使用该参数时，可以使用正则表达式提取器。例如，在进行登录功能测试时，就需要提取响应中的 token，并将其作为后续请求的身份验证参数。
- 提取页面内容：当需要从 HTML、XML 或其他文本格式的响应中提取特定的内容时，可以使用正则表达提取器。例如，可以从响应中提取页面标题、链接、表单字段等信息，以进行进一步的验证和分析。

- 验证响应数据：使用正则表达式提取器可以对提取的数据与预期值进行比较，以验证接口返回的数据是否正确。这对于功能测试和数据验证非常有用。
- 提取多个匹配项：当响应中存在多个匹配正则表达式的值时，正则表达式提取器可以提取所有匹配项，而不仅仅是第一个匹配项。这对于需要获取多个值的情况很有用。
- 动态参数化：正则表达式提取器可以用于动态参数化，即在每次迭代或循环中提取不同的值。这对于模拟多个用户或准备不同测试数据的情况非常有用。

虽然功能强大，但正则表达式提取器在处理复杂的响应和嵌套结构时可能会变得复杂和难以维护。对于 HTML、XML、JSON 等类型的结构化数据，建议使用 JMeter 的 XPath 提取器、CSS Selector 提取器或 JSON 提取器，它们更适合处理这些类型的数据。

5.2.1　添加正则表达式提取器

正则表达式提取器属于后置处理器组件。在 JMeter 中，右击需要添加正则表达式提取器的测试元素，选择 Add→Post Processors→Regular Expression Extractor，即可添加正则表达式提取器，如图 5-1 所示。

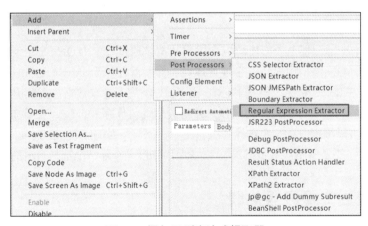

图 5-1　添加正则表达式提取器

5.2.2　配置正则表达式提取器

正则表达式提取器配置面板如图 5-2 所示。

Apply to 选项组的用法与响应断言的 Apply to 选项组的用法相同，请参看 4.2.2 节的相关内容。

Field to check 选项组用于设置从响应的哪一部分提取数据。默认从响应体中提取数据。下面是具体的选项。

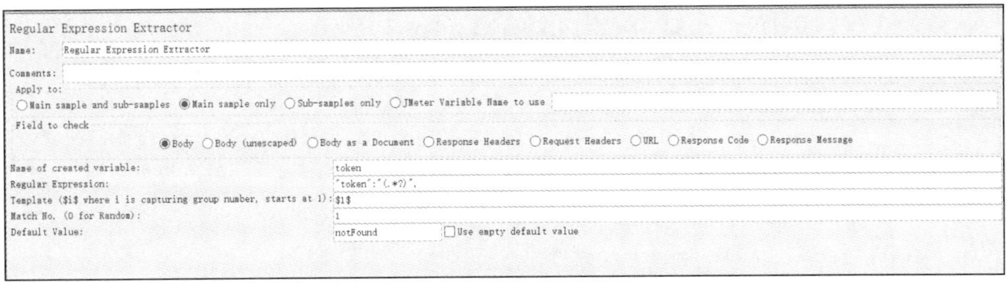

图 5-2 正则表达式提取器配置面板

- Body：从响应体中提取数据。
- Body(unescaped)：从响应体中提取数据，但会替换所有 HTML 转义字符。注意，处理 HTML 转义时不考虑上下文，因此可能会产生一些错误的替换。
- Body as a Document：通过 Apache Tika 从各种类型的响应体文档中提取文本。它会严重影响性能，不建议使用。
- Response Headers：从 HTTP 响应头中提取数据，对其他协议无效。
- Request Headers：从 HTTP 请求头中提取数据，对其他协议无效。
- URL：从请求 URL 中提取数据。
- Response Code：从响应状态码中提取数据。例如，要提取 200 状态码，正则表达式可以设置为(\d{3})。
- Response Message：从响应消息中提取数据。例如，要提取 OK 消息，正则表达式可以设置为(\S{2})。

Name of created variable 选项用于设置保存结果的变量的名称。例如，要提取并保存 token 值，可以设置一个 accessToken 变量。当将 Match No.(0 for Random)设置为负整数时，若设置了默认值，则变量的值为默认值，否则为 null。

Regular Expression 选项用于设置解析响应数据的正则表达式。用户可以选择以下两种方式之一来使用正则表达式。

- 不分组捕获。在使用正则表达式时，不使用圆括号（()），不能通过分组编号来访问匹配的数据，只能通过0来引用整个正则表达式匹配的值。
- 分组捕获。当使用正则表达式时，圆括号（()）用于创建分组（捕获组）。每个分组都有一个内置的编号，用于访问与对应分组匹配的数据。分组编号从左到右按照左圆括号（()）的出现顺序递增，从 1 开始，可以使用 g1、g2、g3 等表示各个分组。一个额外的分组编号为 0，用 g0 表示，它表示整个正则表达式的匹配结果。通过使用分组捕获，我们可以在正则表达式中对特定部分进行逻辑分组，并且可以在匹配后提取或操作这些分组的内容。这对于处理复杂的文本模式匹配非常有用，示例如下。

  正则表达式：((\d{4})-(\d{2})-(\d{2}))\s((\d{2}):(\d{2}):(\d{2}))。

  分组编号： 1 2   3   4   5 6   7   8

响应文本：Today is 2023-08-25 14:29:30,Friday。

各分组匹配的内容如下所示。

g1：2023-08-25。

g2：2023。

g3：08。

g4：25。

g5：14:29:30。

g6：14。

g7：29。

g8：30。

g0：2023-08-25 14:29:30。

正则表达式使用前需要经过充分的测试，可以先执行一遍测试计划，再在查看结果树中使用 RegExp Tester 进行测试，如图 5-3 所示。具体操作步骤如下。

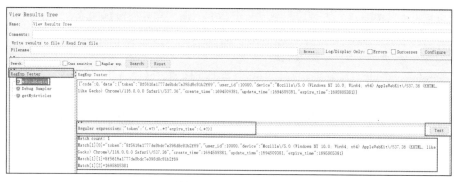

图 5-3　使用 RegExp Tester 进行测试

（1）在查看结果树左侧的下拉列表中选择 RegExp Tester。

（2）在查看结果树中单击取样器结果节点。

（3）在右侧的 Regular expression 输入框中编写正则表达式。

（4）单击 Test 按钮，进行测试。

（5）查看底部的输出框中是否有匹配的记录。

Template($*i*$ where *i* is capturing group number, starts at 1)选项用于设置正则表达式捕获到的值的格式，再将值保存到引用变量中。模板是一个字符串，在这个字符串中可以通过$*i*$（*i*=1,2,3,…）引用正则表达式分组 *i* 捕获到的值（类似于 Groovy 字符串插值）。另外，还可以使用0来引用整个正则表达式匹配的值。

假设需要提取登录后的 token 与过期时间，正则表达式为"token":"(.*?)",.*?"expire_time":(.*?)}。若要引用捕获的 token 值，可以使用1；若要引用过期时间，可以使用2。

假设捕获后的 token 需要通过头部 Authorization: Bearer <token>来发送，则可以通过模板功能设置模板为 Bearer 1。

Match No.(0 for Random)选项用于设置如何从正则表达式分组匹配的一组值中选择值。当正则表达式的分组匹配多个满足条件的值时，则按照匹配的先后顺序依次对值进行编号：1,2,3,…。可以使用编号来选择需要的值，1 表示第一个匹配的值，2 表示第二个匹配的值，以此类推。

若要从分组匹配的一组值中随机选择一个值，匹配编号可以设置为 0；若要选择分组匹配的一组值中的所有值，匹配编号可以设置为-1（其他负整数也可以）。

怎样引用正则表达式提取器提取的值呢？假设引用变量为 refName，分组捕获的一组值的编号为 i（i=1,2,3,…），分组编号为 j（j=1,2,3,…）。refName 变量的结构可以看成一个二维数组：[[第一个分组捕获的一组值],[第二个分组捕获的一组值],…]。下面分如下两种情况讨论。

当匹配编号为 i（i=1,2,3,…）时，refName 变量的结构如下。

- refName：分组第 i 个值按模板保存的值。
- refName_g：分组第 i 个值的个数。
- refName_g0：整个正则表达式匹配的第 i 个值。
- refName_g1,regName_g2,…：分组 1、分组 2 等的第 i 个值。

当匹配编号为-1 时，refName 变量的结构如下。

- refName：若设置了默认值，则其值为默认值，否则为 null。
- refName_i：分组第 i（i=1,2,3,…）个值按模板保存的值。
- refName_i_g：分组第 i（i=1,2,3,…）个值的个数。
- refName_i_g0：分组取第 i（i=1,2,3,…）个值时整个正则表达式的值。
- refName_i_gj：分组 j（j=1,2,3,…）中的第 i（i=1,2,3,…）个值。

一个例子如图 5-4 所示。

图 5-4　正则表达式提取器中的特殊变量

Default Value 选项用于设置引用变量的默认值。如果正则表达式不匹配，则将引用变量设置为默认值。这对于调试测试特别有用。如果没有设置默认值，则很难判断是正则表达式不匹配，还是没有处理正则表达式元素，抑或可能使用了错误的变量。该选项可以与 Use empty default value 复选框结合使用。当勾选此复选框并且默认值为空时，JMeter 会将变量设置为空字符串，而不是保持未设置状态。因此，在测试计划中使用${var}（假设引用变量名为 var）时，如果未找到提取的值，${var}将等于空字符串，而不是包含${var}。

5.2.3　正则表达式提取器关联案例

在回答论坛上的提问时，我们需要先搞清楚需求涉及的接口有哪些。根据问题描述，可以确定需求涉及的接口如下。

- 登录接口：用于登录论坛系统，获取访问权限。
- 获取提问列表接口：用于查询待回答的问题。
- 回答指定提问接口：用于回答指定的问题。

接下来，我们需要梳理接口参数之间的依赖关系。根据分析，接口参数之间的依赖关系如下。

- 用户登录后，会得到一个认证令牌，该令牌需要以请求头的形式传递给后续的接口，以保持登录状态。
- 在调用获取提问列表接口之前，需要确保已经成功登录并获取到有效的认证令牌。
- 获取提问列表接口在返回时会提供一个问题 ID（question_id），将其记录下来，并从问题列表中随机选择一个问题作为待回答的问题。
- 回答指定提问接口需要传递问题 ID 和回答内容。

综上，根据前面的分析结果提取对应的响应数据，并传递给相关的接口即可。

具体操作步骤如下。

（1）调用登录接口，获取认证令牌并记录下来。

（2）使用认证令牌调用获取提问列表接口，获取问题列表，从中随机选择一个问题，记录其问题 ID。

（3）调用回答指定提问接口，传递问题 ID 和回答内容来回答该问题。

测试计划如图 5-5 所示。

图 5-5　测试计划

测试步骤如下所示。

（1）添加线程组。

（2）在线程组下添加 HTTP 请求默认值并设置 Server Name or IP 为****bbs****。

（3）在线程组下添加登录 HTTP 请求并完成如下设置。

- Method：POST。
- Path：/api/tokens。
- Body Data：

```
{
  "name": "admin",
  "password": "${__digest(sha1,admin123,,,)}",
  "device": "Mozilla/5.0 (Windows NT 10.0; Win64; x64) AppleWebKit/537.36
  (KHTML, like Gecko) Chrome/116.0.0.0 Safari/537.36"
}
```

（4）在登录 HTTP 请求下添加 JSON 断言并设置。

（5）在登录 HTTP 请求下添加 JSON 提取器以提取服务器返回的令牌。

（6）在线程组下添加获取提问列表的 HTTP 请求并完成如下设置。

- Method：GET。
- Path：/api/questions。
- 在 Parameters 选项卡中完成如下参数设置。
  - page：1。
  - per_page：20。
  - order：-update_time。
  - include：user,topics,is_following。

（7）在获取提问列表的 HTTP 请求下添加 HTTP 信息头管理器。添加 token 头部，设置其值为${token}。

（8）在获取提问列表的 HTTP 请求下添加正则表达式提取器，提取 question_id，并完成如下设置。

- Name of created variable：question_id。
- Regular Expression：{"question_id":(\d+),。
- Template(i where i is capturing group number, starts at 1)：1。
- Match No.(0 for Random)：0。
- Default Value：notFound。

（9）在线程组下添加回答指定提问的 HTTP 请求并配置。

- Method：POST。
- Path：/api/questions/${question_id}/answers?include=user,voting。这里引用了获取提问

列表接口返回的问题 ID。

- ■ Body Data：

```
{"content_rendered":"<p>使用 setProperty()与 P()函数</p>"}
```

（10）在回答指定提问的 HTTP 请求下添加 HTTP 信息头管理器，在其中添加 token 头部，设置其值为${token}。

（11）在线程组下添加 HTTP 信息头管理器，在其中添加 Content-Type 头部，设置其值为 application/json。

（12）在线程组下添加查看结果树。

（13）保存并执行测试计划。

5.3 JSON 提取器关联

JSON 提取器是用于在 JMeter 中处理 JSON 响应的一种强大工具。它可以方便地从 JSON 响应中提取特定字段的值，并与其他测试步骤进行集成，以满足性能测试和接口测试需求。下面是一些常见的 JSON 提取器使用场景。

- ■ 提取接口返回的特定字段：当发送一个请求并获得包含大量数据的 JSON 响应时，可以使用 JSON 提取器仅提取和存储所需的字段，以便进行后续操作或验证。
- ■ 动态参数化：在接口测试中，经常需要将先前请求的响应中的值作为后续请求的参数。使用 JSON 提取器可以从 JSON 响应中提取所需的值，并将其赋给 JMeter 变量，以便在后续的请求中使用。
- ■ 数据验证：在接口测试中，可能需要验证接口返回的 JSON 响应是否符合预期。使用 JSON 提取器可以对提取的值与预期结果进行比较，以确保数据的准确性和一致性。
- ■ 错误处理和断言：使用 JSON 提取器可以提取包含错误信息的特定字段，并根据提取的结果设置断言，以判断接口是否产生了错误或异常。
- ■ 处理具有嵌套结构的 JSON 数据：如果 JSON 响应具有复杂的嵌套结构，则可以使用 JSON 提取器来处理这些嵌套结构，并提取所需的字段值。JSON Path 表达式可以用于指定嵌套字段的路径。

5.3.1 添加 JSON 提取器

JSON 提取器属于后置处理器组件。在 JMeter 中，右击需要添加 JSON 提取器的测试元素，选择 Add→Post Processors→JSON Extractor，即可添加 JSON 提取器，如图 5-6 所示。

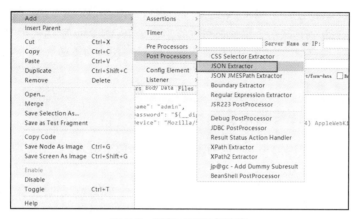

图 5-6　添加 JSON 提取器

5.3.2　配置 JSON 提取器

JSON 提取器配置面板如图 5-7 所示。

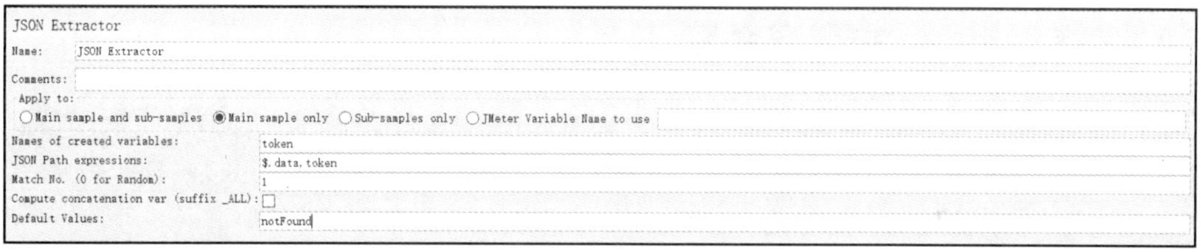

图 5-7　JSON 提取器配置面板

Apply to 选项组的用法与响应断言中的 Apply to 选项组的用法类似，请参看 4.2.2 节的相关内容。

其他常用的选项如下。

■ Names of created variables：*存储结果的 JMeter 变量列表。变量之间用英文分号（;）分隔，注意不是逗号（,）*。这些变量本质上是数组，假设变量名为 refName，则可以通过索引来访问数组元素：refName_1,refName_2,…。注意，索引是从 1 开始的。还有一个特殊的变量 refName_matchNr，它表示数组长度。

■ JSON Path expressions：用于提取内容的 JSON Path 表达式列表。这些表达式之间用英文分号分隔。例如，要提取 code 与 msg 字段，JSON Path expressions 可以设置为 "$.code;$.msg"。

■ Match No.(0 for Random)：匹配编号。可以对每个 JSON Path 表达式匹配的一组值单独设置匹配编号。匹配编号之间用英文分号分隔。i（i=1,2,3,…）表示选择第 i 个值，0 表示随机选择一个值，-1 表示选择所有匹配的值。

■ Default Values：当 JSON Path 表达式没有提取到内容时显示默认值。注意，当只设置 1
个 JSON Path 表达式时，默认值可以省略。当 JSON Path 表达式超过 1 个时，必须设
置默认值，默认值之间用英文分号分隔，并且默认值的个数必须等于 JSON Path 表达
式的个数。

5.3.3　JSON 提取器关联案例

沿用 5.2.3 节的例子，因为获取提问列表接口返回的数据格式为 JSON，所以我们可以使用
JSON 提取器提取 request_id。

测试计划和步骤与 5.2.3 节中的类似，这里只写出不同的步骤：将步骤（8）中的正则表
达提取器改为 JSON 提取器并做相应的设置，具体设置如下所示。

■ Names of created variables：question_id。
■ JSON Path expressions：$.data[*].question_id。
■ Match No.(0 for Random)：0。
■ Default Values：notFound。

5.4　CSS Selector 提取器关联

CSS Selector 提取器是用于在 JMeter 中处理 HTML 或 XML 响应的一种强大工具。它可以
方便地从响应中提取特定元素内容或属性值，并与其他测试步骤进行集成，以满足性能测试和
功能测试需求。下面是一些常见的 CSS Selector 提取器使用场景。

■ 提取 HTML 或 XML 响应中的特定元素内容或属性值：在 Web 应用程序测试中，通
常需要从页面返回的 HTML 或 XML 响应中提取特定的元素内容或属性值。CSS
Selector 提取器可以根据指定的 CSS Selector 语法，从响应中提取所需的元素内容或
属性值。
■ 动态参数化：CSS Selector 提取器允许将你从 HTML 或 XML 响应中提取的数据作为
后续请求的动态参数使用。例如，在一个接口测试中，可能需要将上一个页面返回的
"csrf token" 值作为下一个请求的参数。使用 CSS Selector 提取器可以提取并存储这个
值，并在后续请求中使用该值。

5.4.1　添加 CSS Selector 提取器

CSS Selector 提取器属于后置处理器组件。在 JMeter 中，右击需要添加 CSS Selector 提取
器的测试元素，选择 Add→Post Processors→CSS Selector Extractor，即可添加 CSS Selector 提取
器，如图 5-8 所示。

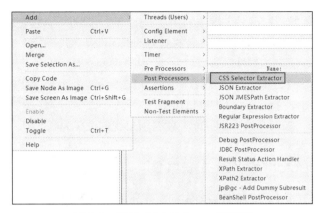

图 5-8　添加 CSS Selector 提取器

5.4.2　配置 CSS Selector 提取器

CSS Selector 提取器配置面板如图 5-9 所示。

图 5-9　CSS Selector 提取器配置面板

Apply to 选项组的用法与响应断言中的 Apply to 选项组的用法类似，请参看 4.2.2 节的相关内容。

其他常用的选项如下。

■　CSS Selector Extractor Implementation 选项组用于设置 CSS Selector 提取器的实现方式，其中的选项如下。

　●　JSOUP：基于 jsoup 库实现。Jsoup 库是一个用于处理 HTML 和 XML 文档的 Java 库，它提供了强大而简单的 API，可以方便地进行数据提取、操作和遍历。

　●　JODD：基于 Jodd 框架的 Lagarto 模块实现。Lagarto 模块是一个高性能的 HTML 解析器和 DOM（Document Object Model，文档对象模型）构建器。

　●　保持为空：此时默认为 JSOUP。

■　Name of created variable：存储结果的 JMeter 变量。这些变量本质上是数组，假设变量名为 refName，则可以通过索引来访问数组元素：refName_1,refName_2,…。注意，索引是从 1 开始的。还有一个特殊的变量 refName_matchNr，它表示数组长度。

- CSS Selector expression：定位元素的 CSS Selector 表达式。
- Attribute：指定元素的属性。如果它为空，则返回元素及其所有子元素的组合文本内容。
- Match No.(0 for Random)：匹配编号。i（i=1,2,3,…）表示选择第 i 个值，0 表示随机选择一个值，–1 表示选择所有匹配的值。
- Default Value：如果表达式不匹配，就将引用变量设置为默认值。

5.4.3　CSS Selector 提取器关联案例

在 MDClub 网站首页上的"最近更新提问"部分选择一个提问并查看。检查元素后发现每个提问都是一个 a 元素，只要使用 CSS Selector 提取器提取所有的 a 元素的 href 属性值，再从中随机选择一个 href 属性值，最后将 href 属性值拼成一个完整的 URL，发送查看提问的 GET 请求即可查看对应的提问，如图 5-10 所示。

图 5-10　使用浏览器开发者工具检查元素并使用 CSS Selector 提取器提取元素的属性值

操作步骤如下。

（1）添加线程组并保持默认设置。

（2）在线程组下添加 HTTP 请求默认值并设置 Server Name or IP 为****bbs****。

（3）在线程组下添加访问网站首页的 HTTP 请求并完成如下设置。

- Method：GET。
- Path：/。

（4）在访问网站首页的 HTTP 请求下添加 CSS Selector 提取器，提取最近更新的提问链接，完成如下设置。

- Name of created variable：newQuestionURL。

- CSS Selector Expression：a[href="/questions"]+div>a。
- Attribute：href。
- Match No.(0 for Random)：0。
- Default Value：notFound。

（5）在线程组下添加查看最近更新提问的 HTTP 请求并完成如下设置。

- Method：GET。
- Path：/api$\{newQuestionURL\}/answers?per_page=20&order=-vote_count&include=user,voting。
  这里通过 $\{newQuestionURL\} 来引用上一个请求提取的 href 属性值，再将其拼成接口地址。

（6）在线程组下添加查看结果树。

（7）保存并执行测试计划。

（8）查看结果。测试计划与执行结果如图 5-11 所示。

图 5-11　测试计划与执行结果

从执行结果可以看出查看了提问 8。

5.5 跨线程组关联

在 JMeter 中，跨线程组关联是指在不同的线程组中共享数据或信息。默认情况下，每个线程组都是独立的，无法直接访问其他线程组的变量或数据。但是，可以使用 JMeter 全局变量或 JMeter 属性实现跨线程组关联。

请注意，跨线程组关联可能会使测试执行复杂化，并增强线程之间的依赖性。在使用跨线程组关联时，要确保线程组之间的顺序和同步正确，以避免潜在的并发或竞争条件问题。

5.5.1 JMeter 属性与变量

1. 属性

在 JMeter 中，属性是全局范围内的配置信息，它们可以在 JMeter 的配置文件中进行定义和设置。属性是一种全局的、静态的配置项，它们会影响整个 JMeter 测试计划的行为。

属性通常用于设置一些全局性的配置参数，如服务器地址、端口号、并发用户数等。这些配置项可以在所有线程组和请求中共享和引用，以确保一致的配置管理。

JMeter 提供了多种设置属性的方式，如下所示。

■ 在命令行中通过-J 选项进行设置，例如，jmeter -J property=value。

■ 在 JMeter 的配置文件（如 jmeter.properties 或 user.properties）中进行设置，语法为 name=value。

■ 使用 JMeter 内置函数${__setProperty(name,value,)}进行设置。

■ 使用内置对象 props 进行设置，语法为 props.put(name, value)。

JMeter 也提供了多种方式来引用属性，如下所示。

■ 在 JMeter 元素中使用内置函数${__P(name,)}或${__property(name,,)}。

■ 在 JSR223 元素中使用 props.get(name)。

■ 在 JMeter 元素中使用${__groovy(props.get(name),)}。

使用属性的好处是可以实现灵活的配置管理和重用，通过修改属性的值可以快速更改测试计划的行为而无须修改具体的测试元素。同时，属性的设置是全局生效的，能够统一控制整个测试计划的配置，提高可维护性和一致性。

需要注意的是，属性在测试计划运行期间是固定不变的，即使在运行过程中修改了属性的值，已经启动的线程也不会受到影响。

2．变量

JMeter 中的变量分为局部变量与全局变量两类。

1）局部变量

在 JMeter 中，局部变量是指仅在当前线程组中定义和使用的变量。这些变量的作用范围仅限于当前线程组，不会影响其他线程组或全局的设置。使用局部变量可以在测试逻辑中传递参数、记录中间状态、控制循环等。

在 JMeter 中，局部变量可以通过如下方式来定义。

■ 在 JMeter 的前置处理器、后置处理器、取样器中通过设置变量名定义局部变量。例如，在后置处理器的正则表达式提取器中定义一个名为 accessToken 的局部变量来保存提取到的 token 数据。

■ 在 JSR223 元素中通过使用 vars 内置对象定义局部变量，语法为 vars.put(name, value)或 vars. putObject(name, value)。

在 JMeter 中，局部变量可以通过如下方式来引用。

■ 在 JMeter 元素中，可以使用${name}。

■ 在 JSR223 元素中，可以使用 vars.get(name)或 vars.getObject(name)。

■ 在 JMeter 元素中，还可以使用${__groovy(vars.get(name),)}或${__groovy(vars.getObject(name),)}。

在使用局部变量时，需要注意其作用域仅限于当前线程组，每个线程组都拥有自己的局部变量副本。局部变量副本是指每个线程组在执行期间维护的其自身范围内的变量副本，这些变量副本在不同线程组之间是独立的，不会互相干扰或共享。

2）全局变量

在 JMeter 中，全局变量是指在整个测试计划中定义和使用的变量。这些变量可以在不同的线程组与请求之间共享和传递数据。

使用全局变量可以方便地设置和管理一些全局性的参数，如数据库连接名、参数化变量等。通过定义全局变量，可以在多个线程组或请求中轻松地重复使用相同的值，避免重复配置和维护。

需要注意的是，全局变量对整个测试计划都是可见和共享的，因此需要谨慎使用以确保数据的正确传递和一致性。

在 JMeter 中，全局变量可以通过如下方式来定义。

■ 在 JMeter 的配置元件中通过设置变量名定义全局变量。可使用的配置元件包括 CSV Data Set Config、HTTP Cookie 管理器、JDBC Connection Configuration、用户自定义变量等。例如，我们在 HTTP Cookie 管理器中设置的自定义 Cookie 就是一个全局变量，可以跨线程组使用。

■ 在 JMeter 的某些内置函数中可以定义变量来保存函数返回值。例如，可以在${__Random(1,10,randomInt)}中定义 randomInt 变量来保存生成的随机整数。内置函数中定义的变量也是全局变量。

在 JMeter 中，全局变量的引用方法与局部变量的引用方法相同，这里不再赘述。

5.5.2 跨线程组传递数据的方式

数据在 JMeter 中的跨线程组传递可以采用以下几种方式来实现。

■ 使用全局变量。可以使用全局变量来保存数据。例如，在 HTTP Cookie 管理器中，可以将 Cookie 值存储在用户自定义的全局变量中，然后在需要的地方读取该全局变量的值。

■ 使用属性。使用属性来保存数据是另一种常见的方式。例如，在 JSR223 PostProcessor 中，可以使用 props.put(name,value)方法将数据保存在属性中，然后在其他地方以${__P(name)}的方式获取数据。

■ 结合使用变量和属性。一般定义在前置处理器、后置处理器、取样器中的变量为局部变量。有些情况下，这些变量需要跨线程组传递。可以先将变量的值保存到属性中，再在需要的地方读取属性值。这样就可以实现变量值在不同线程组之间的传递。

■ 使用插件。使用 JMeter 插件（如 JMeter 的 Inter-Thread Communication 插件）跨线程

组传递数据。这些插件可以帮助我们在不同线程组之间进行数据的传递和同步。
- 使用文件。将数据保存到文件（如 CSV 文件）中，在需要的地方读取数据。这种方式适用于大量的数据或者需要长期保留的数据，它们通过文件读写的方式可以实现跨线程组传递。

我们需要综合考虑性能、可扩展性和数据量等因素，根据具体情况选择合适的方式来跨线程组传递数据。

5.5.3 跨线程组关联案例

假设需要测试发布提问、发布文章等多个接口。这些接口都需要保持登录状态。token 只需要获取一次，可以考虑将登录操作放在 setUp 线程组中，将其他操作放在另外的线程组中。这会带来一个问题：提取的 token 保存在变量 token 中，无法传递到其他线程组中供发布提问、发布文章等接口使用。解决方法是获取变量 token 的值并将其保存到属性中，因为属性可以跨线程组传递。具体实现步骤如下。

（1）发送登录请求。

（2）使用后置处理器（如正则表达式提取器或 JSON 提取器）提取 token 并保存到变量 token 中。

（3）使用后置处理器获取 token 变量的值并保存到属性中。

（4）在其他线程组中读取属性，获取 token。

测试计划如图 5-12 所示。

图 5-12 测试计划

测试步骤如下。

（1）在测试计划下添加 HTTP 请求默认值并设置 Server Name or IP 为****bbs****。

（2）在测试计划下添加 HTTP 信息头管理器，在其中添加 Content-Type 头部，设置其值为 application/json。

（3）添加 setUp 线程组并保持默认设置。

（4）在 setUp 线程组下添加登录 HTTP 请求并完成如下设置。

- Method：POST。

- Path：/api/tokens。
- Body Data：

```
{
  "name": "foreknew",
  "password": "${__digest(sha1,123456,,,)}",
  "device": "Mozilla/5.0 (Windows NT 10.0; Win64; x64) AppleWebKit/537.36
  (KHTML, like Gecko) Chrome/116.0.0.0 Safari/537.36"
}
```

（5）在登录 HTTP 请求下添加 JSON 提取器，提取 token，并完成如下设置。

- Names of created variables：token。
- JSON Path expressions：$.data.token。
- Match No.(0 for Random)：1。
- Default Values：notFound。

（6）在登录 HTTP 请求下添加 JSR223 PostProcessor，将 token 保存到属性 gtoken 中，并在 Script 输入框中写入如下代码。

```
// 将变量 token 的值保存到属性 gtoken 中
props.put("gtoken", vars.get("token"))
// 也可以使用内置函数${__setProperty(gtoken,${token},)}
```

（7）在登录 HTTP 请求下添加 JSON 断言，进行登录验证，并设置 Assert JSON Path exists 为$.data.token。

（8）添加普通线程组并保持默认设置。

（9）在普通线程组下添加发布提问的 HTTP 请求并完成如下设置。

- Method：POST。
- Path：/api/questions?include=user,topics,is_following。
- Body Data：

```
{
  "title":"JMeter 参数化有哪些方法？",
  "topic_ids":[1],
  "content_rendered":"<p>具体有哪些？各适合什么场景？</p>"
}
```

（10）在发布提问 HTTP 请求下添加 HTTP 信息头管理器，在其中添加 token 头部，设置其值为${__P(gtoken,)}，也可以使用内置对象 props.get("gtoken")获取 gtoken 属性值，但必须先将其传递给 groovy()函数进行求值，即${__groovy(props.get("gtoken"),)}。

（11）在测试计划下添加查看结果树。

（12）保存并执行测试计划。

5.6   小结

本章介绍了 JMeter 中的关联技术和不同类型的关联方式，包括正则表达式提取器关联、JSON 提取器关联、CSS Selector 提取器关联和跨线程组关联。读者可以根据实际需求选择合适的关联方式，并灵活应用于自己的测试用例中，从而提高测试的真实性和准确性。

第6章 JMeter 脚本调试技术

在进行性能测试时，有时候需要调试 JMeter 脚本以确保其正确性和可靠性。调试脚本可以帮助我们发现潜在的问题和错误，并进行修复和优化。

本章将详细介绍 JMeter 中的脚本调试技术，并探讨不同的调试方法。通过学习这些内容，读者将能够根据不同的问题和需求选择合适的调试方法，快速定位和解决脚本中的问题，提高测试效率和准确性。

6.1 脚本调试概述

脚本调试是指在软件开发过程中，通过逐步执行和分析代码，修复程序中的错误、异常或其他问题的过程。在软件测试中，脚本调试用于识别和修复自动化测试脚本中的问题。

在 JMeter 中，脚本调试是指通过观察和分析脚本执行过程中的数据、结果和日志，识别和修复脚本中的错误、设计缺陷或性能问题的过程。

脚本调试通常包括以下步骤。

（1）通过查看请求的发送顺序、参数设置、请求响应等信息，了解脚本的执行流程，确认脚本是否按照预期执行。

（2）检查每个请求的详细执行结果和响应数据，确认请求是否正确发送及响应是否符合预期。

（3）在关键位置添加断言以验证请求返回结果是否与预期一致。如果断言失败，可以进一步分析问题所在。

（4）通过启用日志记录并查看日志文件，获取更详细的调试信息，包括请求发送和接收的数据、响应时间等。

（5）使用 Debug Sampler 输出变量值或属性值，帮助定位脚本中的问题。

JMeter 提供了很多调试工具来帮助脚本开发者完成脚本调试任务，常用的调试工具如下。

■ Debug Sampler。

- 查看结果树。
- 日志查看器。
- 内置对象 log。

6.2　Debug Sampler

6.2.1　Debug Sampler 简介

Debug Sampler 可以在测试运行时捕获和显示变量、属性等数据，以便进行调试和错误排查。通过 Debug Sampler，我们可以检查变量的值、确认属性的设置等，确保测试脚本的正确性和可靠性。Debug Sampler 在以下场景中非常有用。

- 验证参数化的变量取值。当在脚本中使用参数化来模拟多个用户或不同数据的情况时，Debug Sampler 可以用来验证参数化的变量取值是否正确。可以在 Debug Sampler 中观察它们的值是否按照预期进行了替换。
- 验证关联数据。在使用正则表达式提取器或 JSON 提取器等后置处理器进行关联数据提取时，Debug Sampler 可以用来验证关联数据是否正确提取。可以在 Debug Sampler 中检查提取的数据是否与预期一致。
- 验证数据库服务器返回的数据。如果测试涉及与数据库服务器的交互，则可以将数据库服务器返回的数据保存到变量中以备不时之需。Debug Sampler 可以用来验证数据库服务器返回的数据是否正确。
- 验证跨线程组属性取值。在跨线程组传递数据时，需要将变量值或数据保存到属性中。Debug Sampler 可以用来检查属性是否获取了预期的值。
- 测试脚本逻辑和条件判断。Debug Sampler 可以用来验证脚本逻辑和条件判断是否按照预期执行。可以在 Debug Sampler 中观察一些关键的变量和条件判断结果，以便检查它们是否符合预期，并验证脚本的控制流程是否正确。

6.2.2　使用 Debug Sampler 调试脚本

下面是使用 Debug Sampler 调试 JMeter 脚本的步骤。

（1）在 JMeter 中，在想要进行调试的位置右击，选择 Add→Sampler→Debug Sampler，添加 Debug Sampler。

（2）在 Debug Sampler 配置面板（见图 6-1）中，配置 Debug Sampler，可以设置以下内容。

- Name：为 Debug Sampler 设置一个名称。
- JMeter properties：用于指定是否启用捕获和显示所有 JMeter 属性。True 表示启用，False 表示禁用。默认为 False。

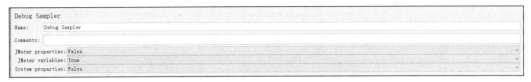

图 6-1　Debug Sampler 配置面板

- JMeter variables：用于指定是否启用捕获和显示所有 JMeter 变量。True 表示启用，False 表示禁用。默认为 True。
- System properties：用于指定是否启用捕获和显示所有系统属性。True 表示启用，False 表示禁用。默认为 False。

（3）保存并运行测试脚本，确保 Debug Sampler 执行的位置被触发。Debug Sampler 必须放置在要调试的取样器之后。如果要调试逻辑控制器内的取样器，则需要将 Debug Sampler 放置在逻辑控制器内。

（4）在查看结果树中选择 Debug Sampler 节点来查看捕获的调试信息。先选择 Response data 选项卡，再选择 Response Body 选项卡，查看 JMeter 变量与属性信息，如图 6-2 所示。

图 6-2　查看 JMeter 变量与属性信息

6.3　查看结果树

6.3.1　查看结果树简介

查看结果树用于查看测试执行期间生成的请求和响应结果。它提供了可视化的方式来查看每个取样器的详细信息，具体作用如下。

- 查看请求和响应数据。查看结果树会显示每个请求发送时的详细信息，包括请求头、请求体、请求方法等。同时，它还会显示每个请求收到的响应，包括响应状态码、响应头、响应体等。这对于验证请求是否按预期发送以及服务器是否正确响应非常有用。
- 处理响应数据。为了方便对响应数据进行查看与处理，查看结果树提供了很多工具，包括数据解析与数据提取的测试工具。使用它们可以对正则表达式、JSON Path 表达式等进行测试，以确保能够提取到正确的值。
- 显示断言结果。查看结果树可以显示你在测试过程中设置的断言的结果。你可以查看断言结果来判断每个取样器执行成功还是失败，并进一步分析测试的准确性和可靠性。
- 导出结果数据。查看结果树可以将测试结果数据导出为文件，如 CSV 文件。这样测试结果数据便可以用于后续的报告生成、数据分析等。

6.3.2　使用查看结果树调试脚本

下面的操作都以 HTTP 请求为例。

1．使用步骤

下面是使用查看结果树调试 JMeter 脚本的步骤。

（1）在 JMeter 中，在想要进行调试的位置右击，选择 Add→Listener→View Results Tree，添加查看结果树。

（2）保存并运行测试脚本。

（3）在测试脚本运行期间，打开查看结果树，实时查看每个请求的详细结果。可以做如下常规检查。

- 检查请求数据：检查请求方法、URL、请求头、请求参数是否正确。特别要关注请求中的参数化变量取值是否正确。
- 检查响应内容：验证响应状态码、响应体是否正确。
- 检查断言结果：如果添加了断言，查看是否有失败的断言。

2．查看取样器结果

在 JMeter 中，在查看结果树左侧单击想要查看的取样器结果节点，再单击右侧的 Sampler result 选项卡，便可以查看详细的取样器结果，如图 6-3 所示。

取样器结果包含一些重要的字段和信息。下面对这些字段和信息进行解释。

- Thread Name：线程名称，指示执行 HTTP 请求的线程组和线程的标识符。

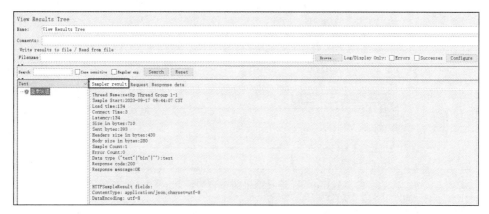

图 6-3　在查看结果树中查看取样器结果

- Sample Start：样本开始时间，指示 HTTP 请求的开始时间。
- Load time：加载时间，表示从发送请求到接收响应的总时间，单位为 ms。
- Connect Time：连接时间，表示建立与服务器的连接所花费的时间，单位为 ms。
- Latency：延迟时间，表示从发送请求到接收到首字节的时间，单位为 ms。
- Size in bytes：响应大小，表示接收到的响应的总字节数。
- Sent bytes：发送字节数，表示发送请求的总字节数。
- Headers size in bytes：头部大小，表示接收到的响应头的总字节数。
- Body size in bytes：响应体大小，表示接收到的响应体的总字节数。
- Sample Count：样本计数，表示执行 HTTP 请求的次数。
- Error Count：错误计数，表示在执行 HTTP 请求时发生错误的次数。
- Data type("text"|"bin"|"")：数据类型，指示响应的数据类型，可以是 text、bin 或空字符串。
- Response code：响应代码，表示 HTTP 响应的状态码。
- Response message：响应消息，表示 HTTP 响应的状态消息。

此外，取样器结果还包含 HTTPSampleResult fields 部分的两个字段，如下所示。

- ContentType：内容类型，表示响应的内容类型。
- DataEncoding：数据编码，表示响应数据的编码方式。

3．查看请求/响应信息

1）查看请求信息

在 JMeter 中，在查看结果树左侧单击想要查看的取样器结果节点，再单击右侧的 Request 选项卡，可以看到 Request Body 与 Request Headers 两个子选项卡。在 Request Body 子选项卡中可以查看请求行、请求体以及发送的 Cookie 信息，如图 6-4 所示。

在 Request Headers 子选项卡中可以查看请求头信息。

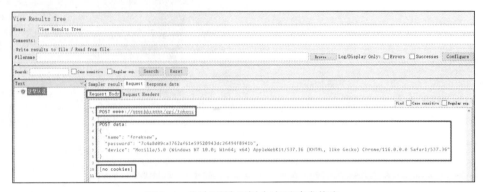

图 6-4　在查看结果树中查看请求信息

2）查看响应信息

在 JMeter 中，在查看结果树左侧单击想要查看的取样器结果节点，再单击右侧的 Response data 选项卡，可以看到 Response Body 与 Response headers 两个子选项卡。在 Response Body 子选项卡中可以查看响应体信息，如图 6-5 所示。

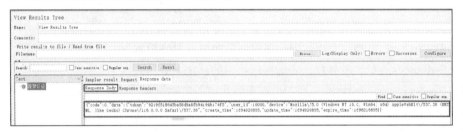

图 6-5　在 Response Body 子选项卡中查看响应体信息

在 Response headers 选项卡中可以查看状态行、响应头等相关信息。

4．查看断言信息

当有断言作用在取样器上且断言失败时，查看结果树中取样器结果节点下会包含一个红色的断言结果节点（取样器结果节点图标也会显示为红色），用于显示断言失败时的详细信息，如图 6-6 所示。断言成功、未添加断言或无断言作用在取样器上时不会显示断言结果，此时取样器结果节点图标显示为绿色。

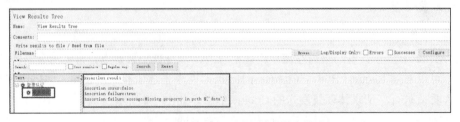

图 6-6　在查看结果树中查看断言信息

5. 解析与处理响应结果

查看结果树集成了很多有用的工具（见图 6-7），用于帮助我们查看与处理响应数据。

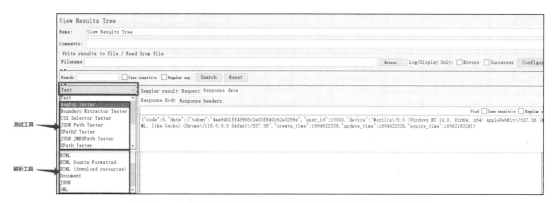

图 6-7 查看结果树提供的用于查看与处理响应数据的工具

其中主要包含两类工具。

■ 解析工具：对响应数据（如 HTML 响应数据、JSON 响应数据）进行解析与格式化。

■ 测试工具：对响应数据进行提取测试（如 RegExp Tester、JSON Path Tester 等）。

若响应体返回的 JSON 字符串没有格式化，查看起来不方便，则可以在查看结果树左侧的下拉列表中选择 JSON，查看结果树就会对 JSON 字符串进行格式化并显示，如图 6-8所示。

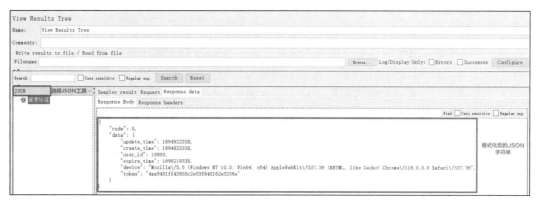

图 6-8 在查看结果树中对 JSON 字符串进行格式化并显示

再看一个例子，假设想从 JSON 响应数据中提取 token，为了确保编写的 JSON Path表达式能够正常工作，可以使用 JSON Path Tester 对它进行测试，如图 6-9 所示。具体测试步骤如下。

图 6-9　在查看结果树中使用 JSON Path Tester 工具

（1）在查看结果树左侧下拉列表中选择 JSON Path Tester。

（2）单击查看结果树左侧想要处理的取样器结果节点。

（3）在右侧的 JSON Path Expression 输入框中编写 JSON Path 表达式。

（4）单击右侧的 Test 按钮进行测试。

（5）在底部的结果输出框中查看测试结果。

6．使用搜索功能

在请求较多的情况下，可以使用查看结果树提供的搜索功能来帮助我们调试脚本，特别是在处理请求之间的数据关联问题时。

查看结果树的搜索功能有以下两种。

- 全局搜索：对整个查询结果集进行搜索。在 Search 输入框中输入搜索关键字，单击 Search 按钮即可。还可以设置搜索时是否区分大小写、是否使用正则表达式来匹配内容等。查看结果树的左侧会显示搜索结果，与关键字匹配的取样器结果节点会以红框包围，若其父节点没有匹配内容，则以蓝框包围，其他没有匹配内容的取样器结果节点维持原样。

- 取样器结果搜索：对选中的取样器结果的请求或响应内容进行搜索。单击查看结果树左侧的某个节点，就可以针对对应取样器的请求或响应内容进行搜索。具体操作与全局搜索类似。响应体中匹配的文本以绿色背景高亮显示。

6.4　日志查看器

JMeter 提供了日志查看器（Log Viewer），用于查看和分析 JMeter 执行过程中生成的日志。

6.4.1 配置日志级别与路径

从 JMeter 3.2 开始，日志级别不再在 bin/jmeter.properties 中设置，而通过 bin 目录下的 log4j2.xml 来设置。用文本编辑器打开 log4j2.xml 文件，找到如下行。

```
<Root level="info">
  <AppenderRef ref="jmeter-log" />
  <AppenderRef ref="gui-log-event" />
</Root>
```

将 level 的值改为想要的日志级别（默认为 info）即可。

也可以在 GUI 中更改日志级别，选择 Options→Log Level→日志级别（如 ALL）。这种方式下的修改结果是临时性的，JMeter 重启后又会变回修改前的日志级别。

log4j2.xml 定义了 8 个日志级别，优先级从高到低依次为 OFF、FATAL、ERROR、WARN、INFO、DEBUG、TRACE、ALL。

- ALL：所有日志都会输出，包括 DEBUG、INFO、WARN、ERROR 和 FATAL 等级别的日志。
- TRACE：该级别的日志比 DEBUG 级别的日志详细，通常用于诊断问题。
- DEBUG：调试信息级别，用于输出详细的调试信息。
- INFO：正常情况下应该输出的信息级别，如请求处理成功的信息、部署信息等。
- WARN：警告信息级别，表明系统处于一个可以恢复的有问题的状态，如某些资源未能释放、请求处理失败等。
- ERROR：错误信息级别，表明系统发生了错误，如某些资源无法连接、请求无法处理等。
- FATAL：严重错误信息级别，表示系统已经无法正常工作。
- OFF：关闭所有日志记录。

JMeter 日志默认保存在 bin 目录下的 jmeter.log 文件中，为了方便对日志进行管理，可以更改日志路径。在 log4j2.xml 文件中找到如下行。

```
<File name="jmeter-log" fileName="${sys:jmeter.logfile:-jmeter.log}"
    append="false">
  <PatternLayout>
      <pattern>%d %p %c{1.}: %m%n</pattern>
  </PatternLayout>
</File>
```

下面解读一下以上配置。

- fileName：这里使用变量 ${sys:jmeter.logfile:-jmeter.log} 来指定日志文件名。${sys:jmeter.logfile} 表示从系统属性中获取名为 jmeter.logfile 的属性值，如果 jmeter.logfile 属性不存在，则使用默认值 jmeter.log。在 CLI 模式下执行时，可以使用-j 选项来设置 jmeter.logfile。
- append：若其值为 false，则表示每次启动 JMeter 时都会覆盖旧的日志文件。

可以根据自己的需要修改 fileName 和 append。例如，将 fileName 修改为希望的日志文件路径和名称，如/path/to/logs/jmeter.log。

6.4.2　在日志查看器中查看日志

在 JMeter 中，默认情况下日志查看器是关闭的，可以选择 Options→Log Viewer 或者单击右上角的 ⚠1 按钮来打开日志查看器。日志查看器如图 6-10 所示。

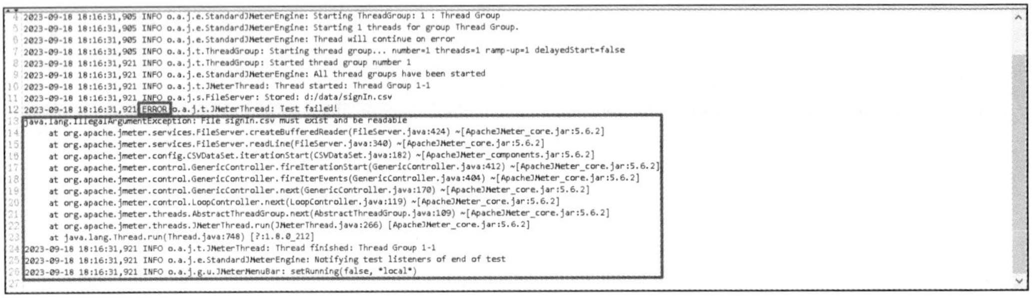

图 6-10　日志查看器

⚠1 按钮上的红色数字表示的是脚本执行过程中的错误数。在日志中需要特别关注包含 ERROR 或 Exception 的信息，日志中出现 ERROR 或 Exception 的地方，可以根据上下文分析出现错误的原因。下面是一个简单的例子。

```
2023-09-18 18:16:31,804 INFO o.a.j.e.StandardJMeterEngine: Running the test!
2023-09-18 18:16:31,805 INFO o.a.j.s.SampleEvent: List of sample_variables: []
2023-09-18 18:16:31,807 INFO o.a.j.g.u.JMeterMenuBar: setRunning(true,
*local*)
2023-09-18 18:16:31,905 INFO o.a.j.e.StandardJMeterEngine: Starting
ThreadGroup: 1 : Thread Group
2023-09-18 18:16:31,905 INFO o.a.j.e.StandardJMeterEngine: Starting 1
threads for group Thread Group.
2023-09-18 18:16:31,905 INFO o.a.j.e.StandardJMeterEngine: Thread will
continue on error
2023-09-18 18:16:31,905 INFO o.a.j.t.ThreadGroup: Starting thread group...
number=1 threads=1 ramp-up=1 delayedStart=false
2023-09-18 18:16:31,921 INFO o.a.j.t.ThreadGroup: Started thread group
number 1
2023-09-18 18:16:31,921 INFO o.a.j.e.StandardJMeterEngine: All thread
groups have been started
2023-09-18 18:16:31,921 INFO o.a.j.t.JMeterThread: Thread started: Thread
 Group 1-1
2023-09-18 18:16:31,921 INFO o.a.j.s.FileServer: Stored: d:/data/signIn.csv
2023-09-18 18:16:31,921 ERROR o.a.j.t.JMeterThread: Test failed!
java.lang.IllegalArgumentException: File signIn.csv must exist and be
```

```
readable
    at org.apache.jmeter.services.FileServer.createBufferedReader
(FileServer.java:424) ~[ApacheJMeter_core.jar:5.6.2]
    at org.apache.jmeter.services.FileServer.readLine(FileServer.java:
340) ~[ApacheJMeter_core.jar:5.6.2]
    at org.apache.jmeter.config.CSVDataSet.iterationStart(CSVDataSet.
java:182) ~[ApacheJMeter_components.jar:5.6.2]
    at org.apache.jmeter.control.GenericController.fireIterationStart
(GenericController.java:412) ~[ApacheJMeter_core.jar:5.6.2]
    at org.apache.jmeter.control.GenericController.fireIterEvents
(GenericController.java:404) ~[ApacheJMeter_core.jar:5.6.2]
    at org.apache.jmeter.control.GenericController.next(GenericController.
java:170) ~[ApacheJMeter_core.jar:5.6.2]
    at org.apache.jmeter.control.LoopController.next(LoopController.
java:119) ~[ApacheJMeter_core.jar:5.6.2]
    at org.apache.jmeter.threads.AbstractThreadGroup.next
(AbstractThreadGroup.java:109) ~[ApacheJMeter_core.jar:5.6.2]
    at org.apache.jmeter.threads.JMeterThread.run(JMeterThread.java:266)
[ApacheJMeter_core.jar:5.6.2]
    at java.lang.Thread.run(Thread.java:748) [?:1.8.0_212]
```

在上述示例中，可以看到日志文件中包含日期、时间戳和日志级别等信息，还包含具体的日志消息。

在日志文件中，查找包含错误信息的行。错误信息通常包含 ERROR 或 Exception。错误信息可能包括异常堆栈跟踪、错误代码、错误描述等。以上示例中的错误信息显示发生了一个 IllegalArgumentException 异常，并指出问题出现在打开名为 signIn.csv 的文件时。

通过分析错误信息，我们可以得出以下结论。

- 错误根源：signIn.csv 文件不存在或不可读。
- 解决方案：检查文件路径和文件权限，确保 signIn.csv 文件存在且可读。

要关闭日志查看器，可以取消选择 Options→Log Viewer，或者再次单击右上角的 ⚠1 按钮。

6.4.3 用户自定义日志

前面我们看到的都是系统日志，也就是 JMeter 自身输出的日志。如果想在 JMeter 中输出自定义日志，则需要使用 JSR223 测试元素并结合内置对象 log 才能实现，步骤如下。

（1）在 JMeter 测试计划中添加一个 JSR223 测试元素，例如 JSR223 Sampler。

（2）设置这个 JSR223 测试元素，选择想要使用的脚本语言，例如 Groovy。

（3）在 Script 输入框中编写一些代码。以下是示例代码，用于发送 HTTP 请求并输出响应时间。

```
import org.apache.http.client.methods.HttpGet
import org.apache.http.impl.client.HttpClientBuilder
```

```
def startTime = System.currentTimeMillis()
def httpClient = HttpClientBuilder.create().build()
def httpRequest = new HttpGet("****://****bbs****/")
def response = httpClient.execute(httpRequest)
def endTime = System.currentTimeMillis()
def responseTime = endTime - startTime

log.info("Response time: " + responseTime + "ms")
```

在上述代码中，我们首先使用 Apache HttpClient 发送一个 GET 请求，并记录这个 GET 请求开始和结束的时间戳；然后计算出响应时间（请求结束时间减去请求开始时间），并使用 log.info()方法将其输出到日志中。

（4）执行测试计划。当执行到 JSR223 测试元素时，相应的日志消息将输出到 JMeter 的日志文件中。可以在日志文件中查看输出的日志消息，如下所示。

```
2023-09-18 22:56:21,730 INFO o.a.j.e.StandardJMeterEngine: All thread
groups have been started
2023-09-18 22:56:21,732 INFO o.a.j.t.JMeterThread: Thread started: Thread
  Group 1-1
2023-09-18 22:56:23,392 INFO o.a.j.p.j.s.J.JSR223 Sampler: Response time:
  1024ms
2023-09-18 22:56:23,393 INFO o.a.j.t.JMeterThread: Thread is done: Thread
  Group 1-1
2023-09-18 22:56:23,393 INFO o.a.j.t.JMeterThread: Thread finished: Thread
  Group 1-1
2023-09-18 22:56:23,395 INFO o.a.j.e.StandardJMeterEngine: Notifying test
  listeners of end of test
2023-09-18 22:56:23,398 INFO o.a.j.g.u.JMeterMenuBar: setRunning(false,
  *local*)
```

通过内置对象 log，我们可以使用不同级别的日志来输出自定义的日志消息。常用的日志级别包括 INFO、WARN、ERROR 等。

6.5　小结

本章介绍了 JMeter 中的脚本调试技术，以及 Debug Sampler、查看结果树和日志查看器等工具。通过学习本章内容，读者可以快速定位和解决测试脚本中的问题，并提高测试效率和准确性。

第三部分

拓展

在学习 JMeter 脚本开发的过程中，在已掌握知识的基础上，读者可以学习如何将已有的技能应用到更复杂的用户行为和场景中，并且熟练掌握其他类型协议的脚本开发技能。同时，读者还可以学习如何使用常见的第三方插件来扩展 JMeter 的功能。通过不断完善已有的知识和技能，并将其应用到新的领域，读者可以扩展自己的技术广度，提高学习效率和工作能力。

第 7 章　使用逻辑控制器构建
复杂测试场景

在进行性能测试时，为了模拟真实的使用情况，我们需要构建复杂的测试场景。这就需要使用 JMeter 中的逻辑控制器来帮助我们组织和管理测试场景，以满足多样化的测试需求。

本章将详细介绍 JMeter 中的逻辑控制器，并探讨不同的逻辑控制器和配置方法。通过学习本章，读者将了解如何根据不同的测试需求选择合适的逻辑控制器和配置方法，从而更好地组织和管理测试场景。

7.1　使用循环控制器

7.1.1　循环控制器使用场景

循环控制器用于在测试计划中实现重复执行一组操作。例如，重复执行包含在循环控制器内部的所有子元素，直至满足指定的循环次数或条件。以下是循环控制器的几个常见使用场景。

- 模拟并发用户访问系统：循环控制器可以用于模拟多个并发用户对系统进行访问。通过设置循环次数，可以控制每个用户的请求重复执行的次数，从而模拟多个用户同时访问操作系统的情况。

- 重复执行测试步骤：循环控制器可以用于重复执行特定的测试步骤。例如，在性能测试中，可以将需要进行压力测试的请求放置在循环控制器内部，通过设置循环次数来模拟持续的负载。

- 实现数据驱动测试：循环控制器可以与 CSV Data Set Config 等参数化测试元素结合使用，实现数据驱动测试。通过循环控制器和参数化测试元素，可以循环读取 CSV 文件中的不同数据行，并将其作为参数应用于测试脚本中的请求，从而实现对不同数据集的逐一测试。

- 嵌套循环结构：循环控制器可以嵌套使用，从而创建更复杂的循环结构。例如，可以在外层循环控制器中设置总循环次数，而在内层循环控制器中设置针对每个用户的循环次数，从而实现更精细的测试。

总之，循环控制器在 JMeter 中具有广泛的应用场景，可以用于模拟并发用户访问系统、重复执行测试步骤、实现数据驱动测试等，帮助我们设计和执行各种类型的测试计划。

7.1.2   添加和配置循环控制器

1. 添加循环控制器

在 JMeter 中，右击需要添加循环控制器的测试元素，选择 Add→Logic Controller→Loop Controller，即可添加循环控制器，如图 7-1 所示。

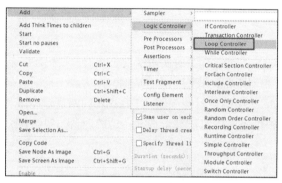

图 7-1   添加循环控制器

2. 配置循环控制器

循环控制器配置面板如图 7-2 所示。

Loop Count 用于设置循环次数。它可以是固定的数字，如 10，表示循环 10 次；也可以勾选 Infinite 复选框，表示无限循环，这时需要在循环内部设置条件来终止循环，或通过结束线程来终止循环。

图 7-2   循环控制器配置面板

7.1.3   循环控制器使用案例

假设有这样一个测试需求：模拟 3 个用户的登录和搜索行为，每个用户搜索的次数与关键字都不相同。假设第一个用户循环搜索 3 次，第二个用户循环搜索 2 次，第三个用户循环搜索 4 次。

我们可以使用 3 个线程来分别代表每个用户。为了解决不同用户搜索关键字存放的问题，可以创建 3 个 CSV 文件，分别存放对应用户的搜索关键字。然后，通过参数化文件路径的方式，在每个线程中对相应的 CSV 文件路径进行参数化。这样每个线程就可以根据对应的 CSV

文件进行搜索关键字的迭代，实现不同用户的搜索行为。

具体操作步骤如下。

（1）确定需要参数化的数据。在登录请求中参数化用户名与密码，在搜索请求中参数化搜索关键字。

（2）准备参数化文件与数据。将用户名与密码保存到 login.csv 中，再新建 3 个 CSV 文件——user1Data.csv、user2Data.csv、user3Data.csv，分别保存 3 个用户的搜索关键字，如图 7-3 所示。

（3）添加线程组并设置线程数为 3。

（4）在线程组下添加 CSV Data Set Config 并完成如下设置。

图 7-3　参数化文件与数据

- Filename：login.csv。
- Variable Names(comma-delimited)：username,password。
- Ignore first line(only used if Variable Names is not empty)：True。
- Recycle on EOF：False。
- Stop thread on EOF：True。

（5）在线程组下添加登录 HTTP 请求并完成如下设置。

- Name：${username}登录。
- 将登录用户名设置为${username}，将密码设置为${password}。

（6）在线程组下添加循环控制器并将循环次数设置为 Infinite。

（7）在循环控制器下添加 CSV Data Set Config 并完成如下设置。

- Filename：user${__threadNum}Data.csv。
- Variable Names(comma-delimited)：keyword。
- Ignore first line(only used if Variable Names is not empty)：True。
- Recycle on EOF：False。
- Stop thread on EOF：True。
- Sharing mode：Current thread。

${__threadNum}用于获取线程号，它与 user、Data.csv 字符串组合成每个用户使用的 CSV 文件名。Sharing mode 设置为 Current thread，表明每个线程都会单独打开 CSV 文件，从文件开始处读取文件内容。

（8）在循环控制器下添加搜索 HTTP 请求并完成如下设置。

- Name：${username}搜索:${keyword}。
- 将查询关键字参数值设置为${keyword}。

（9）在线程组下添加查看结果树。

（10）保存并执行测试计划。

（11）在查看结果树中查看执行结果。测试计划与执行结果如图 7-4 所示。

图 7-4　测试计划与执行结果

从查看结果树中的取样器名称可以看出所有用户的查询关键字都是正确的。

7.2　使用 While 控制器

7.2.1　While 控制器使用场景

While 控制器用于实现基于条件的循环执行。它可以在满足指定条件的情况下重复执行包含在 While 控制器内部的子元素。

While 控制器的使用方式与编程语言中 while 循环结构的使用方式类似。while 循环会在每次迭代之前先判断条件是否满足，如果条件满足，则继续执行循环体内的子元素，直到条件不再满足为止。While 控制器在 while 循环的基础上进行了功能的扩展，详见后面的配置说明。以下是 While 控制器的几个使用场景。

- 重试机制场景：在一个线程组中，可能出现某些请求返回错误或超时的情况。可以使用 While 控制器和控制某个变量的布尔值判断请求是否成功，也可以设置循环次数或使用条件控制循环的终止，实现自动重试错误的请求。在这种情况下，我们可以设置一个计数器，当请求失败时，计数器加 1，直至达到重试次数上限或者请求成功。

- 数据操作场景：在一个线程组中，有时需要对一组数据进行一系列操作（如查询、修改、删除等）。此时可以使用 While 控制器和读取数据的方式，逐行读取数据并执行相关操作，也可以根据数据的行数设置循环次数，确保每行数据都能被处理。

- 使用动态参数的场景：在一个线程组中，有时需要使用不同的参数（如用户名、密码等）对请求进行测试。此时可以使用 While 控制器和读取数据的方式，将参数逐行读取，并将其作为变量传递给请求。循环次数可以根据参数的数量设置，确保每个参数都被使用。

- 等待条件场景：在一个线程组中，有时需要等待某个条件得到满足，才能执行后续的操作。此时可以使用 While 控制器和旨在控制某个变量的布尔值判断条件是否已经满足，也可以设置循环次数或使用条件控制循环的终止，等待指定条件得到满足。例如，我们需要定时轮询某个请求或操作的结果，以检查某个任务是否完成、监控某个服务的状态等。

总而言之，While 控制器在需要根据某个条件重复执行操作的场景中非常有用。通过旨在控制某个变量的布尔值、根据数据的行数或参数的数量设置循环次数，以及使用条件控制循环的终止，可实现多种复杂的测试。

7.2.2 添加和配置 While 控制器

在 JMeter 中，右击需要添加 While 控制器的测试元素，选择 Add→Logic Controller→While Controller，即可添加 While 控制器。While 控制器配置面板如图 7-5 所示。

Condition(function or variable)用于设置循环条件。它可以是任何最终计算结果为字符串"false"的变量、属性和函数，如 jexl3()、groovy()等。循环条件可以是下面 3 种。

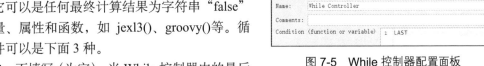

图 7-5 While 控制器配置面板

- 不填写（为空）：当 While 控制器内的最后一个取样器执行失败时，退出循环。
- LAST：当 While 控制器内的最后一个取样器执行失败时，退出循环；当 While 控制器前的最后一个取样器执行失败时，不会进入循环。
- 其他：可以自定义循环条件，当条件表达式的值不为 false 时，执行循环；当条件表达式的值为 false 时，退出（或不进入）循环。如果要实现无限循环，一般可以将条件表达式的值设置为 true。

注意：While 控制器的条件会被计算两次，第一次在开始执行取样器子元素之前，第二次在所有的取样器子元素执行结束时。因此，在条件中使用非幂等函数（如 counter()函数）可能会引入问题。

7.2.3 While 控制器使用案例

1. 请求失败重试

实现 MDClub 登录失败重试机制：当登录失败时，最多重试 3 次，间隔时间为 10s，当返回状态码为 0 或重试次数超过 3 次时，结束循环。该案例可以使用 While 控制器结合计数器来实现。下面是具体的操作步骤。

（1）添加线程组并保持默认配置。

（2）在线程组下添加 HTTP 信息头管理器，并添加 Content-Type 头部，设置其值为 application/json。

（3）在线程组下添加用户自定义变量，如 isTry 变量，设置其值为 True。该变量用于判断是否要退出循环。

（4）在线程组下添加 While 控制器，将循环条件设置为${__groovy(vars.getObject("isTry").toBoolean() == true && vars.getObject("times").toInteger() <= 3,)}，表示当 isTry 变量取值为 true

且重试次数小于或等于 3 时，执行循环。

（5）在 While 控制器下添加计数器（用于对重试次数进行计数）并完成如下设置。

- Starting value：1。
- Increment：1。
- Maximum value：3。
- Exported Variable Name：times。

（6）在 While 控制器下添加登录 HTTP 请求并完成如下设置。

- Server Name or IP：www.***.com。
- Method：POST。
- Path：/api/tokens。
- Body Data：

```
{
    "name": "foreknew",
    "password": "${__digest(sha1,123456,,,)}",
    "device": "Mozilla/5.0 (Windows NT 10.0; Win64; x64) AppleWebKit/537.36
    (KHTML, like Gecko) Chrome/116.0.0.0 Safari/537.36"
}
```

（7）在登录 HTTP 请求下添加 JSON 提取器（用于提取登录返回的 code 值）并完成如下设置。

- Names of created variables：code。
- JSON Path expressions：$.code。
- Match No.(0 for Random)：1。
- Default Values：notFound。

（8）在 While 控制器下添加 If 控制器，将表达式设置为${__groovy(vars.getObject("code") == "0",)}，以判断登录返回的 code 值是否等于 0。

（9）在 If 控制器下添加 JSR223 Sampler，在 Script 输入框中写入 vars.putObject("isTry", false)，将 isTry 变量的值设置为 false。

（10）在线程组下添加查看结果树。

（11）保存并执行测试计划。

（12）查看测试结果。测试计划与执行结果如图 7-6 所示。

图 7-6　测试计划与执行结果

2．定时轮询测试异步接口

这里以阿里巴巴视频异步检测 API 为例。它包含视频异步检测接口与视频异步检测结果查询接口两个主要接口。其中视频异步检测接口是一个异步接口，不能立即返回检测结果，需要调用视频异步检测结果查询接口定时轮询检测结果。

视频异步检测接口文档如表 7-1 所示。

表 7-1　视频异步检测接口文档

项	描述
功能	提交视频异步检测任务
接口 URL	POST /green/video/asyncscan
请求参数	bizType：用于标识业务场景。 live：用于指定是否直播。 offline：用于指定是否离线检测模式。 scenes：指定视频检测场景。参数取值可以是 porn（视频智能鉴黄）、terrorism（视频暴恐涉政）、live（视频不良场景）、logo（视频 logo）、ad（视频图文违规）。 audioScenes：指定视频语音检测场景，唯一取值为 antispam，表示语音反垃圾。 callback：检测结果回调通知的 URL，支持使用 HTTP 和 HTTPS 的网址。当该字段为空时，必须定时轮询检测结果。 seed：随机字符串，用于回调通知请求中的签名。 cryptType：使用 callback 设置对回调通知内容进行加密的算法。 tasks：指定检测对象，JSON 数组中的每个元素都是一个检测任务结构体
请求体类型	application/json

请求示例	```
	{
	    "scenes": [
	        "porn"
	    ],
	    "audioScenes": [
	        "antispam"
	    ],
	    "tasks": [
	        {
	            "dataId": "videoId****",
	            "url": "****://****aliyundoc****/a.mp4",
	            "interval": 1,
	            "maxFrames": 200
	        }
	    ]
	}
	``

响应参数	taskId：检测任务的 ID。 dataId：检测对象所对应的数据 ID

响应示例	```
	{
	    "code": 200,
	    "msg": "OK",
	``

项	描述

响应示例	```json
	    "requestId": "requestID****",
	    "data": [
	        {
	            "dataId": "videoId****",
	            "taskId": "taskId****"
	        }
	    ]
	}```

视频异步检测结果查询接口文档如表 7-2 所示。

表 7-2　视频异步检测结果查询接口文档

项	描述
功能	查询视频异步检测结果
接口 URL	POST /green/video/results
请求参数	body 表示要查询的检测任务的 taskId 列表，数组中的元素不超过 100 个
请求体类型	application/json

请求示例	```json
	[
	    "taskId****",
	    "taskId****"
	]```

响应参数	taskId：检测任务的 ID。 dataId：检测对象所对应的数据 ID。 results：返回结果，调用成功（code=200）时，返回结果中包含一个或多个元素

响应示例	```json
	{
	    "code": 200,
	    "msg": "OK",
	    "requestId": "requestID****",
	    "data": [
	        {
	            "code": 200,
	            "msg": "OK",
	            "dataId": "videoId****",
	            "taskId": "taskId****",
	            "results": [
	                {
	                    "label": "porn",
	                    "rate": 99.2,
	                    "scene": "porn",
	                    "suggestion": "block"
	                }
	            ]
	        }
	    ]
	}```

视频异步检测接口的调用逻辑如图 7-7 所示。

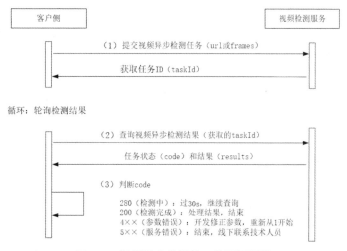

图 7-7 视频异步检测接口的调用逻辑

这里测试 callback 字段为空时，编写自定义逻辑定时轮询检测结果。具体测试步骤如下。

（1）添加线程组。

（2）在线程组下添加 HTTP 请求默认值，设置公共参数。

（3）在线程组下添加 HTTP 信息头管理器，在其中添加 Content-Type 头部，设置其值为 application/json。

（4）在线程组下添加用户自定义变量，如 isExit 变量，将其值设置为 false。

（5）在线程组下添加提交视频异步检测任务的 HTTP 请求并完成如下设置。

- Method：POST。
- Path：/green/video/asyncscan。
- Body Data：

```
{
    "scenes": [
        "porn"
    ],
    "audioScenes": [
        "antispam"
    ],
    "tasks": [
        {
            "dataId": "videoId123456",
            "url": "****://****aliyundoc****/a.mp4",
            "interval": 1,
```

```
            "maxFrames": 200
        }
    ]
}
```

（6）在提交视频异步检测任务的 HTTP 请求下添加 JSON 提取器，使用 JSON Path 表达式 $.data[0].taskId 提取 taskId 并保存在变量 taskId 中。

（7）在线程组下添加用于轮询视频检测结果的 While 控制器，设置循环条件为${__groovy (vars.get("isExit").toBoolean() == false,)}。

（8）在 While 控制器下添加查询视频异步检测结果的 HTTP 请求并完成如下设置。

■ Method：POST。

■ Path：/green/video/asyncscan。

■ Body Data：

```
[
    "${taskId}"
]
```

（9）在查询视频异步检测结果的 HTTP 请求下添加 JSON 提取器，使用 JSON Path 表达式 $.code 提取 code 并保存到变量 code 中。

（10）在查询视频异步检测结果的 HTTP 请求下添加 JSR223 PostProcessor，根据提取的 code 进行逻辑处理。在 Script 输入框中输入如下代码。

```
def code = vars.get("code")
log.info("code is: " + code)
if (code == "280") {
    log.info("检测中，请等 30s 后继续查询")
    Thread.sleep(30000)
} else if (code == "200") {
    log.info("检测完成，处理结束！")
    vars.putObject("isExit", true)    // 停止查询
} else if (code.startsWith("4")) {
    log.info("参数错误，请重新提交检测任务！")
    vars.putObject("isExit", true)
} else if (code.startsWith("5")) {
    log.info("服务器错误，请线下联系技术人员处理！")
    vars.putObject("isExit", true)
}
```

（11）在线程组下添加查看结果树。

（12）保存并执行测试计划。

（13）查看结果。测试计划与执行结果如图 7-8 所示。

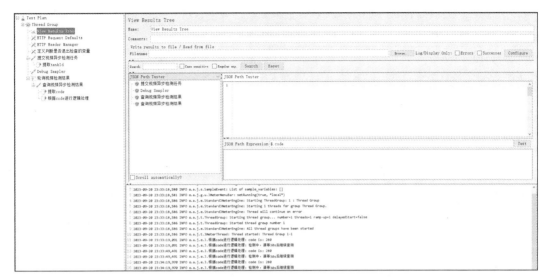

图 7-8　测试计划与执行结果

执行结果显示，当服务器返回 280 状态码时，将每隔 30s 查询一次结果。

7.3　使用 ForEach 控制器

7.3.1　ForEach 控制器使用场景

ForEach 控制器用于实现基于集合的循环执行。它可以遍历指定的集合，并将集合中的每个元素依次应用于包含在 ForEach 控制器内部的子元素。以下是 ForEach 控制器的几个常见使用场景。

- 遍历数据集合：ForEach 控制器可以遍历一个集合（如 CSV 文件、数据库查询结果等）中的所有数据行，并将每行数据设置为变量。这样在每次循环时，就可以使用当前数据行中的值作为参数执行请求发送或其他操作。
- 数据驱动测试：通过 ForEach 控制器，可以实现数据驱动测试。将测试数据存储在集合中，然后通过循环遍历所有数据，在每次循环中将数据传递给相关请求以进行测试。这样可以有效地重复执行相同的测试用例，只需要修改数据集合，而无须修改测试计划。
- 动态参数化：使用 ForEach 控制器可以将每次循环中的数据设置为变量，然后在请求中引用这些变量。这样可以实现动态参数化，根据循环的次数和具体的数据行，为每个请求提供不同的参数。
- 灵活控制循环次数：ForEach 控制器可以根据集合中的数据行数来控制循环次数，如选择循环一定次数（如固定次数或根据变量计算的次数）或遍历整个集合（自动识别集合的大小）。

总之，ForEach 控制器通过遍历数据集合并设置变量，可实现数据驱动测试、动态参数化和灵活控制循环次数等功能。它是 JMeter 中强大的循环控制元素之一，可帮助测试人员更高效地设计测试场景。

7.3.2　添加和配置 ForEach 控制器

在 JMeter 中，右击需要添加 ForEach 控制器的测试元素，选择 Add→Logic Controller→ForEach Controller，即可添加 ForEach 控制器。ForEach 控制器配置面板如图 7-9 所示。

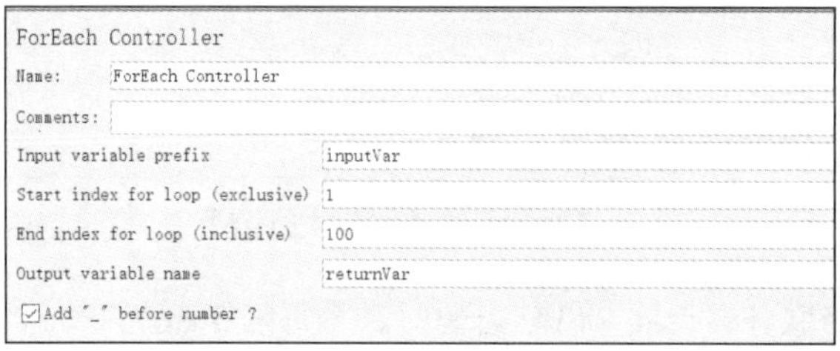

图 7-9　ForEach 控制器配置面板

其中常用的选项如下。

- Input variable prefix：输入变量的前缀，即要遍历的 JMeter 数组名。在 JMeter 中，假设数组为 arrayName，则数组元素为 arrayName_1,arrayName_2,…，它们有共同的前缀。
- Start index for loop (exclusive)：数组索引的开始值（不包括该值），实际的开始值为该值加 1。比如将其设置为 0，则表示索引从 1 开始。
- End index for loop (inclusive)：数组索引的结束值（包括该值）。比如将其设置为 10，则表示索引取到 10 为止，包括 10。
- Output variable name：循环中用于替换的变量的名称。可以将索引所对应的元素保存到该变量中，通过该变量可以引用数组中的元素。比如将其设置为 ids，则后续可以通过${ids}引用数组中的元素。
- Add "_" before number：这个复选框决定了在索引前是否添加下画线。默认勾选该复选框，若变量名为 arrayName，数组的第一个元素将是 arrayName_1；若不勾选该复选框，则数组的第一个元素为 arrayName1。

7.3.3　ForEach 控制器使用案例

ForEach 控制器一般可用于遍历正则表达式提取器、JSON 提取器、JDBC Request 等返回的一组值。下面的例子说明了怎样使用 ForEach 控制器遍历正则表达式提取器分组捕获的一组值。

MDClub 用户登录后回答最新的 3 个问题。先调用获取提问列表接口，提取所有的 question_id；再使用 ForEach 控制器遍历前面的 3 个 question_id，通过输出变量将其传递给回答指定提问接口。具体操作步骤如下。

(1) 添加线程组。

(2) 在线程组下添加 HTTP 请求默认值并设置 Server Name or IP 为****bbs****。

(3) 在线程组下添加 HTTP 信息头管理器，在其中添加 Content-Type 头部，设置其值为 application/json。

(4) 在线程组下添加登录 HTTP 请求并配置，可以参见前面的案例。

(5) 在线程组下添加获取提问列表的 HTTP 请求并完成如下设置。

- Method：GET。
- Path：/api/questions。
- 在 Parameters 选项卡中完成如下参数设置。
  - page：1。
  - per_page：20。
  - order：-update_time。
  - include：user,topics,is_following。

(6) 在获取提问列表的 HTTP 请求下添加 HTTP 信息头管理器，在其中添加 token 头部，设置其值为\${token}。

(7) 在获取提问列表的 HTTP 请求下添加正则表达式提取器并完成如下设置。

- Name of created variable：questionIdList。
- Regular Expression：{"question_id":(\d+),。
- Template(i where i is capturing group number, starts at 1)：1。
- Match No.(0 for Random)：−1。
- Default Value：notFound。

(8) 在线程组下添加 ForEach 控制器，用于遍历 question_id，并完成如下设置。

- Input variable prefix：questionIdList。
- Start index for loop (exclusive)：0。
- End index for loop (inclusive)：3。
- Output variable name：question_id。

(9) 在 ForEach 控制器下添加回答指定提问的 HTTP 请求并完成如下设置。

- Name：回答指定提问的第\${__intSum(\${__jm__遍历 question_id__idx},1,)}个问题。
- Method：POST。
- Path：/api/questions/\${question_id}/answers?include=user,voting。
- Body Data：{"content_rendered":"冒个泡……"}。

其中${__jm__遍历 question_id__idx}用于获取当前 ForEach 控制器的索引，索引默认从 0 开始，故对每个索引使用 intSum()函数加 1。ForEach 控制器可以使用内置变量"__jm__ ForEach 元素名__idx"来表示遍历变量的索引。

（10）在线程组下添加查看结果树。

（11）保存并执行测试计划。

（12）查看结果。测试计划与执行结果如图 7-10 所示。

图 7-10　测试计划与执行结果

7.4　使用 If 控制器

7.4.1　If 控制器使用场景

If 控制器用于实现基于条件的分支执行。它可以根据指定的条件来判断是否执行包含在 If 控制器内部的子元素。以下是 If 控制器的几个常见使用场景。

- 条件判断：If 控制器可以根据给定的条件进行逻辑判断。条件可以是变量的值、正则表达式、响应断言结果等。如果条件为真，则执行 If 控制器内包含的子元素；如果条件为假，则不执行子元素。

- 流程控制：通过 If 控制器，可以根据条件来改变测试计划的执行流程。如根据条件的真假，决定是否执行某个请求、跳过某个步骤，或者执行不同的操作。这样可以实现有条件地执行测试，提高测试的灵活性。

- 动态参数化：如果在测试过程中需要根据特定条件动态设置参数值，则可以使用 If 控制器。设置合适的条件，当条件满足时，便可以将对应的参数设置为特定的值，从而实现参数的动态设置和传递。

- 循环控制：结合循环控制器（如 While 控制器、ForEach 控制器等），If 控制器可以用于控制循环次数。在循环内部使用 If 控制器进行条件判断，当满足某个条件时，可以终止循环的执行，从而灵活控制循环次数。

总之，If 控制器可以根据条件判断是否执行其包含的子元素，实现流程控制、动态参数化和循环控制等功能。它是 JMeter 中常用的控制器之一，可以根据具体的测试需求来合理应用。

7.4.2 添加和配置 If 控制器

在 JMeter 中，右击需要添加 If 控制器的测试元素，选择 Add→Logic Controller→If Controller，即可添加 If 控制器。If 控制器配置面板如图 7-11 所示。

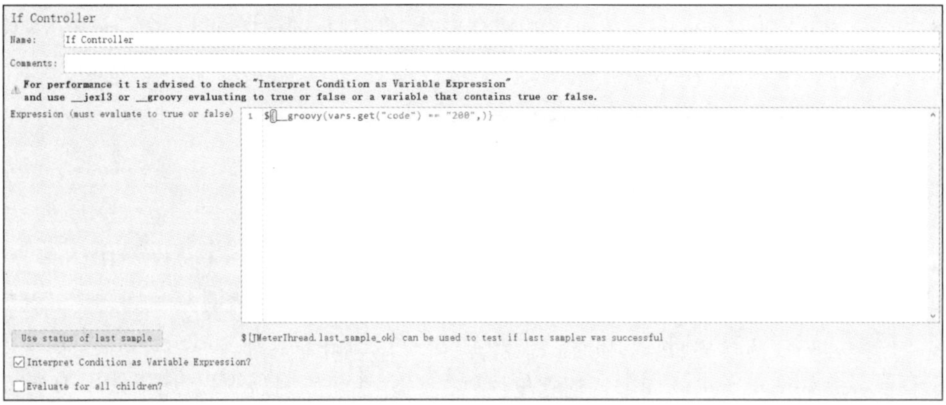

图 7-11 If 控制器配置面板

其中常用的选项如下。

■ Expression(must evaluate to true or false)：用于设置 If 控制器执行的条件。条件可以是值为 true/false 的变量或返回 true/false 的函数，当条件满足时执行 If 控制器。

■ Interpret Condition as Variable Expression：将条件解释为变量表达式。若勾选此复选框，则条件表达式必须使用 jexl3()或 groovy()函数计算出结果（true/false），比如${__groovy(vars.get("code") == "1")}；若不勾选此复选框，则可以直接写条件表达式，比如"${code}" == "1"，If 控制器将在内部使用 JavaScript 来判断条件，这会产生非常大的性能损失。建议尽量使用 jexl3()或 groovy()函数进行条件表达式的计算，因为这些函数能更高效地进行变量和逻辑操作，减少性能开销，并提高测试脚本的执行效率。在使用 groovy()函数时，要避免在字符串中直接使用变量替换（例如 ${myVar}），特别是在变量值可能改变的情况下。这是因为 JMeter 在缓存脚本时会将字符串中的变量替换为实际的变量值，从而使脚本无法被有效地缓存和重用。请使用 vars.get("myVar") 来获取变量值。下面是 JMeter 帮助文档中的一些例子。

  ● ${__groovy(vars.get("myVar") != "Invalid")}：用 groovy()检查 myVar 变量是否不等于 Invalid。

  ● ${__groovy(vars.get("myInt").toInteger() <= 4)}：用 groovy()检查 myInt 变量是否小于或等于 4。

  ● ${__groovy(vars.get("myMissing") != null)}：用 groovy()检查是否未设置 myMissing 变量。

- ${__jexl3(${COUNT} < 10)}：用 jexl3() 检查 COUNT 是否小于 10。
- ${JMeterThread.last_sample_ok}：检查 If 控制器前的最后一个取样器是否执行成功。

■ Evaluate for all children：用于指定是否对所有的子元素判断执行条件。若勾选此复选框，则每个子元素执行前都会判断执行条件，条件成立时才执行对应的子元素。若不勾选此复选框，则仅在进入 If 控制器时判断执行条件，当条件成立时，所有的子元素都会执行。

■ Use status of last sample：单击该按钮会自动添加 ${JMeterThread.last_sample_ok} 条件。该条件会检查 If 控制器前的最后一个取样器是否执行成功。若执行成功，则执行 If 控制器包含的子元素；否则，不进入 If 控制器。

7.4.3 If 控制器使用案例

在设计性能测试场景时，一个重要的问题就是如何进行业务配比。比如在 MDClub 系统中，要实现这样一个场景：用户登录，获取问题列表后，70% 的用户仅查看某个问题，30% 的用户查看某个问题后选择回答该问题。这是一个典型的业务配比问题，在 JMeter 中，实现业务配比的方法有很多（如使用多个线程组、吞吐量控制器、Switch 控制器等）。这里使用 If 控制器结合内置函数 counter() 来解决这个问题。

counter(boolean,variable) 函数用于计数，从 1 开始，每次递增 1。该函数的第一个参数为布尔值，当将它设置为 true 时，单独为每个线程进行计数；当将它设置为 false 时，对所有线程使用相同的计数。比如有两个虚拟用户，每个用户迭代 3 次。第一种情况下是这样计数的：用户 1 的计数为 1,2,3，用户 2 的计数为 1,2,3。第二种情况下则进行统一计数：1,2,3,4,5,6。该函数的第二个参数可选，用于定义存储计数的变量，以供后续使用。有了计数后怎样分配这些计数到不同的组中，使每组的用户比例为预期比例呢？在上面提到的场景中，用户比例为 3:7。假设有编号为 1、2、3、4、5、6、7、8、9、10 的 10 个用户，满足 ${__counter(false,index)}%2==0&&${__counter(false,index)}%4==2) 条件的用户编号为 2,6,10，满足 ${__counter(false,index)}%2==1||${__counter(false,index)}%4==0) 条件的用户编号为 1,3,4,5,7,8,9。此时用户比例为 3:7，这需要经过比较复杂的数学运算。具体操作步骤如下。

（1）添加线程组，将线程数设置为 10。

（2）在线程组下添加 HTTP 请求默认值并设置 Server Name or IP 为 ****bbs****。

（3）在线程组下添加 HTTP 信息头管理器，在其中添加 Content-Type 头部，设置其值为 application/json。

（4）添加登录 HTTP 请求并配置，可以参见前面的案例。可以使用不同的账号登录，但需要参数化，为了简单起见，这里使用同一账号登录。

（5）添加获取提问列表的 HTTP 请求并完成如下设置。

■ Method：GET。

■ Path：/api/questions。

- 在 Parameters 选项卡中完成如下请求参数设置。
  - page：1。
  - per_page：20。
  - order：-update_time。
  - include：user,topics,is_following。

（6）在获取提问列表的 HTTP 请求下添加 HTTP 信息头管理器，在其中添加 token 头部，设置其值为${token}。

（7）在获取提问列表的 HTTP 请求下添加正则表达式提取器并完成如下设置。

- Name of created variable：questionIdList。
- Regular Expression：{"question_id":(\d+),。
- Template(i where i is capturing group number, starts at 1)：1。
- Match No.(0 for Random)：0。
- Default Value：notFound。

（8）添加 If 控制器，控制 70%的用户仅查看问题，将表达式设置为${__groovy(${__counter(false,index)}%2==1||${__counter(false,index)}%4==0)}。

（9）在 If 控制器控制下添加 HTTP 信息头管理器，在其中添加 token 头部，设置其值为${token}。

（10）在 If 控制器下添加用户查看问题的 HTTP 请求并完成如下设置。

- Name：用户${index}查看问题。
- Method：GET。
- Path：/api/questions/${question_id}/answers?per_page=20&order=-vote_count&include=user%2Cvoting。

（11）在线程组下添加第二个 If 控制器，控制 30%的用户查看并回答问题，将表达式设置为${__groovy(${__counter(false,index)}%2==0&&${__counter(false,index)}%4==2)}。

（12）在第二个 If 控制器下添加 HTTP 信息头管理器。设置同步骤（6）。

（13）在第二个 If 控制器下添加用户查看问题的 HTTP 请求。设置同步骤（10）。

（14）在第二个 If 控制器下添加用户回答问题的 HTTP 请求，并完成如下设置。

- Name：用户${index}回答问题。
- Method：POST。
- Path：/api/questions/${question_id}/answers?include=user,voting。
- Body Data：{"content_rendered":"冒个泡……"}。

（15）在线程组下添加查看结果树。

（16）保存并执行测试计划。

（17）查看结果。测试计划与执行结果如图 7-12 所示。

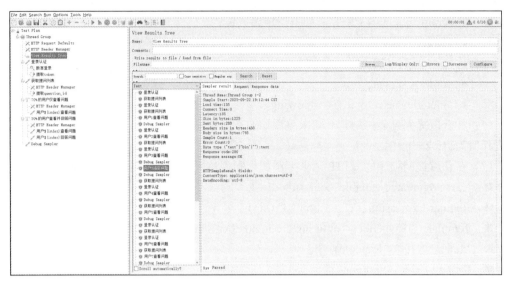

图 7-12   测试计划与执行结果

7.5   使用事务控制器

7.5.1   事务控制器使用场景

事务控制器用于对一组测试步骤进行逻辑分组，并将它们作为一个整体进行性能统计和错误处理。它可以将一组相关的测试步骤组织在一起，并将它们看作一个事务。在性能测试中，一个事务通常表示用户在系统中执行的一个完整的操作或业务流程。事务控制器的常见使用场景如下。

- 逻辑分组：事务控制器可以将多个测试步骤组织在一起，形成一个逻辑分组。这样可以更清晰地表示测试脚本的结构和层次关系，便于管理和维护。
- 性能统计：事务控制器可以对其包含的测试步骤进行性能统计。它会记录每个事务的响应时间、吞吐量等指标，并生成相应的报告。这样可以了解每个事务的性能表现，找出性能瓶颈并优化。
- 错误处理：事务控制器可以根据其包含的测试步骤的执行结果来判断是否发生错误。如果任何一个测试步骤执行失败，整个事务将被标记为失败。这样可以方便地进行错误处理和错误分析。
- 整体度量：有时需要度量整个页面的性能、某个接口及其关联接口的性能、某个业务流程的 TPS（Transactions Per Second，每秒事务数）等，此时我们可以将它们放到事务控制器下进行整体度量，这样更符合真实的性能场景。
  - 页面性能度量：如果需要度量整个页面的性能，可以将页面中所有关联的请求（例如加载页面、CSS、JavaScript 文件、图片等的请求）放在同一个事务控制器中。这样整个页面的加载时间将作为一个事务的响应时间进行度量，以便评估整个页面的性能。

- 接口及其关联接口的性能度量：在某些场景中，一个接口可能依赖多个关联接口才能实现某功能。为了度量这个接口及其关联接口的性能，可以将该接口的请求及其关联接口的请求放在同一个事务控制器中。这样整个事务的响应时间便可反映该接口及其关联接口的整体性能。

- 业务流程的 TPS 度量：如果想度量某业务流程的 TPS，可以将该业务流程中的各个请求放在同一个事务控制器中；然后通过 JMeter 的聚合报告或 Summary Report 监听器来获取整个事务控制器的 TPS，以便评估该业务流程的性能。

■ 断言和验证：事务控制器可以对其包含的测试步骤进行断言和验证。可以通过添加断言来检查响应结果是否符合预期，以及验证系统的正确性和稳定性。

总之，事务控制器在 JMeter 中用于对一组相关的测试步骤进行逻辑分组，并提供性能统计、错误处理、断言和验证等功能。它可以帮助我们组织测试脚本结构、分析性能数据、识别问题并优化，从而更准确地评估系统的性能和稳定性。

7.5.2 添加和配置事务控制器

在 JMeter 中，右击需要添加事务控制器的测试元素，选择 Add→Logic Controller→Transaction Controller，即可添加事务控制器。事务控制器配置面板如图 7-13 所示。

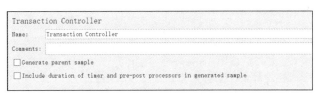

图 7-13 事务控制器配置面板

其中常用的选项如下。

■ Generate parent sample：用于指定是否以父模式执行事务。如果勾选此复选框，事务将以父模式执行，事务控制器将生成一个取样器作为其包含的所有取样器的父元素。如果未勾选此复选框，事务控制器将以普通模式执行，事务控制器生成一个单独的取样器，附加在其包含的最后一个取样器后。

■ Include duration of timer and pre-post processors in generated sample：用于指定是否将事务包含的定时器与前置/后置处理器所花费的时间计入事务的响应时间。默认情况下，JMeter 不会计入定时器和前置/后置处理器所花费的时间。然而，有时候了解这些组件所花费的时间对于准确表示请求的整体持续时间是很有用的。

7.5.3　事务控制器使用案例

测试 MDClub 系统中 100 个用户同时登录的响应时间，系统调用登录接口处理登录逻辑，登录成功后跳转到首页。这里有两个请求——登录接口请求与访问首页请求。可以将这两个请求放在同一个事务控制器下，进行整体测试。

具体测试步骤如下。

（1）添加线程组，设置线程数为 100，线程加载时间为 5s。

（2）在线程组下添加 HTTP 请求默认值，设置 Server Name or IP 为****bbs****。

（3）在线程组下添加 HTTP Cookie 管理器。

（4）在线程组下添加登录的事务控制器并勾选 Generate parent sample 复选框。

（5）在事务控制器下添加 CSV Data Set Config 并完成如下设置。

■　Filename：loginTrans.csv（需要将登录用的 100 组账号及密码保存到该文件中，并将其与脚本存放在同一目录下）。

■　File encoding：UTF-8。

■　Variable Names(comma-delimited)：username,password。

■　Ignore first line(only used if Variable Name is not empty)：True。

（6）在事务控制器下添加登录 HTTP 请求并完成如下设置。

■　Method：POST。

■　Path：/api/tokens。

■　Body Data：

```
{
  "name": "${username}",
  "password": "${__digest(sha1,${password},,,)}",
  "device": "Mozilla/5.0 (Windows NT 10.0; Win64; x64) AppleWebKit/537.36
  (KHTML, like Gecko) Chrome/116.0.0.0 Safari/537.36"
}
```

（7）在登录 HTTP 请求下添加 JSON 断言，设置 Assert JSON Path exists 为$.data.token。

（8）在登录 HTTP 请求下添加 HTTP 信息头管理器，在其中添加 token 头部，设置其值为${token}。

（9）在事务控制器下添加访问首页的 HTTP 请求并完成如下设置。

■　Method：GET。

■　Path：/。

■　切换到 Advanced 选项卡，勾选 Retrieve All Embedded Resources 复选框。

（10）在线程组下添加查看结果树。

（11）在线程组下添加聚合报告。

（12）保存并执行测试计划。

（13）查看测试结果。测试计划与执行结果如图 7-14 所示。

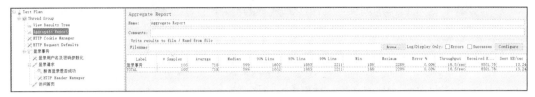

图 7-14　测试计划与执行结果

7.6　使用吞吐量控制器

7.6.1　吞吐量控制器使用场景

吞吐量控制器（Throughput Controller）用于控制测试计划中不同虚拟用户的占比。它允许根据用户数量或用户占比对虚拟用户进行分配。吞吐量控制器的常见使用场景如下。

- 模拟具有不同用户活跃度的场景：通过吞吐量控制器的百分比执行模式，可以模拟具有不同用户活跃度的场景。例如，系统有活跃用户和非活跃用户，可以设置一定百分比的请求仅由活跃用户发送，而其他百分比的请求由非活跃用户发送。
- 混合场景：在吞吐量控制器中可以通过设置总数执行模式或百分比执行模式来控制进入吞吐量控制器的线程数或线程数占比，只要将不同的业务请求放在不同的吞吐量控制器下，就可以方便地控制业务之间的分配比例。

7.6.2　添加和配置吞吐量控制器

在 JMeter 中，右击需要添加吞吐量控制器的测试元素，选择 Add→Logic Controller→Throughput Controller，即可添加吞吐量控制器。吞吐量控制器配置面板如图 7-15 所示。

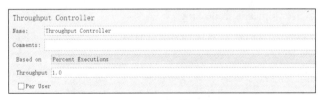

图 7-15　吞吐量控制器配置面板

其中常用的选项如下。
- Based on：设置吞吐量控制器的执行模式。有如下两种执行模式可选。
  - Total Executions：总数执行模式。吞吐量控制器执行一定的次数。
  - Percent Executions：百分比执行模式。吞吐量控制器执行的次数占总线程数的百分比。

■ Throughput：表示总次数或百分比的数字。百分比执行模式下，该数字是一个 0～100 的数字，指示吞吐量控制器将执行的次数占总线程数的百分比，比如 50 表示吞吐量控制器将在测试计划的一半迭代期间执行。总数执行模式下，该数字表示吞吐量控制器将执行的总次数。

■ Per User：如果勾选此复选框，吞吐量控制器将为每个用户（每个线程）单独进行计数。如果未勾选此复选框，则为所有用户统一进行全局计数。例如，如果使用总数执行模式且未勾选此复选框，则给定的吞吐量将是吞吐量控制器执行的总次数。如果勾选此复选框，则执行的总次数=用户数×给定的吞吐量。注意，该复选框对百分比执行模式不起作用。无论选择哪种执行模式，在对线程进行计数时，都只统计从外部进入吞吐量控制器的线程数。

7.6.3　吞吐量控制器使用案例

沿用 7.4.3 节的案例，下面我们改用吞吐量控制器来实现。具体操作步骤如下。

（1）添加线程组，将线程数设置为 10。

（2）在线程组下添加 HTTP 请求默认值并设置 Server Name or IP 为****bbs****。

（3）在线程组下添加 HTTP 信息头管理器，在其中添加 Content-Type 头部，设置其值为 application/json。

（4）在线程组下添加登录 HTTP 请求并配置，可以参见前面的案例。可以使用不同的账号登录，但需要进行参数化，为了简单起见，这里使用同一账号登录。

（5）在线程组下添加获取提问列表的 HTTP 请求并完成如下设置。

■ Method：GET。

■ Path：/api/questions。

■ 在 Parameters 选项卡中完成如下请求参数设置。

- page：1。
- per_page：20。
- order：-update_time。
- include：user,topics,is_following。

（6）在获取提问列表的 HTTP 请求下添加 HTTP 信息头管理器，在其中添加 token 头部，设置其值为${token}。

（7）在获取提问列表的 HTTP 请求下添加正则表达式提取器并完成如下设置。

■ Name of created variable：questionIdList。

■ Regular Expression：{"question_id":(\d+),。

■ Template(i where i is capturing group number, starts at 1)：1。

■ Match No.(0 for Random)：0。

■ Default Value：notFound。

（8）在线程组下添加吞吐量控制器，控制 70%的用户仅查看问题，选择百分比执行模式，将 Throughput 设置为 70。

（9）在吞吐量控制器下添加 HTTP 信息头管理器，在其中添加 token 头部，设置其值为 ${token}。

（10）在吞吐量控制器下添加用户查看问题的 HTTP 请求并完成如下设置。

■ Name：用户查看问题。

■ Method：GET。

■ Path：/api/questions/${question_id}/answers?per_page=20&order=-vote_count&include= user%2Cvoting。

（11）在线程组下添加第二个吞吐量控制器，控制 30%的用户查看并回答问题，选择百分比执行模式，将 Throughput 设置为 30。

（12）在第二个吞吐量控制器下添加 HTTP 信息头管理器。设置同步骤（6）。

（13）在第二个吞吐量控制器下添加用户查看问题的 HTTP 请求。设置同步骤（10）。

（14）在第二个吞吐量控制器下添加用户回答问题的 HTTP 请求并完成如下设置。

■ Name：用户回答问题。

■ Method：POST。

■ Path：/api/questions/${question_id}/answers?include=user,voting。

■ Body Data：{"content_rendered":"冒个泡……"}。

（15）在线程组下添加查看结果树。

（16）保存并执行测试计划。

（17）查看结果。测试计划与执行结果如图 7-16 所示。

图 7-16 测试计划与执行结果

7.7　小结

本章介绍了 JMeter 中的逻辑控制器，包括循环控制器、While 控制器、ForEach 控制器、If 控制器、事务控制器和吞吐量控制器。这些控制器可以帮助测试人员构建复杂的测试场景，模拟真实的负载情况，提高测试脚本的准确性和可靠性。通过学习本章内容，读者可以了解逻辑控制器的使用方法，并根据实际需求进行组合和定制，以提高测试脚本的性能和效率。

第 8 章　JMeter 扩展

在使用 JMeter 进行性能测试时，有时需要通过扩展 JMeter 的功能来满足特定的测试需求。例如，需要使用新的线程组或取样器来实现特定的测试场景，或者需要自定义一些组件来增强 JMeter 的功能和灵活性，这就需要使用 JMeter 的扩展机制来满足这些需求。

本章将详细介绍 JMeter 的扩展机制，并帮助读者根据不同的测试需求选择合适的扩展方式和配置方法。通过灵活运用这些扩展方式，我们可以更好地满足特定的测试需求，并提升性能测试的效果和准确性。

8.1　JMeter 插件管理器

JMeter 插件管理器是 JMeter 提供的扩展工具，它的作用是增强 JMeter 的功能。通过 JMeter 插件管理器，可以方便地安装、更新和卸载各种插件，以扩展 JMeter 的功能。它提供了一个集中的图形化界面，使插件的安装、更新和卸载变得简单而快捷。

8.1.1　JMeter 插件管理器安装

首先，访问 JMeter 插件管理器官网并下载插件管理器安装包（如 jmeter-plugins-manager-1.9.jar）。然后，将插件管理器安装包放置在 JMeter 安装目录下的 lib/ext 目录中，重启 JMeter，即可完成 JMeter 插件管理器的安装。

8.1.2　JMeter 插件管理器使用

启动 JMeter，选择 Options→Plugins Manager，可以打开插件管理器，如图 8-1 所示。

Installed Plugins 选项卡中列出了当前已经安装的插件。如果想要卸载某个插件，只需要取消勾选该插件名称前的复选框，然后单击右下角的 Apply Changes and Restart JMeter 按钮即可。

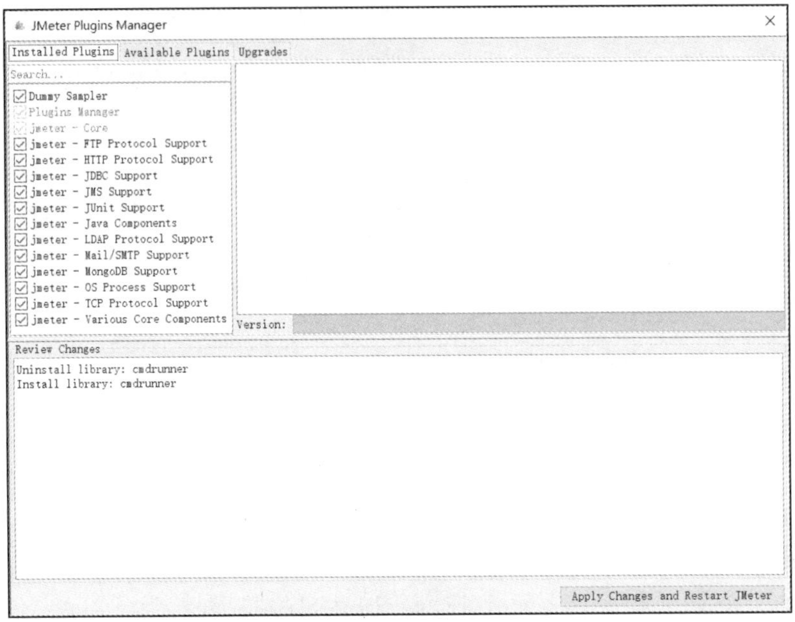

图 8-1　插件管理器

Available Plugins 选项卡中列出了当前可用的插件。用户只需要勾选插件名称前的复选框，然后单击右下角的 Apply Changes and Restart JMeter 按钮，即可方便、快捷地安装相应的插件。

Upgrades 选项卡中列出了当前可升级的插件。用户可以在这个选项卡中查看已安装插件的升级情况。要进行插件的升级，只需要勾选插件名称前的复选框，然后单击右下角的 Apply Changes and Restart JMeter 按钮即可。

此外，为了方便用户操作，上述 3 个选项卡都提供了搜索功能。可以在搜索框中输入关键字，插件管理器将自动匹配相关的插件，方便用户快速找到需要的插件并进行安装、卸载或升级，如图 8-2 所示。

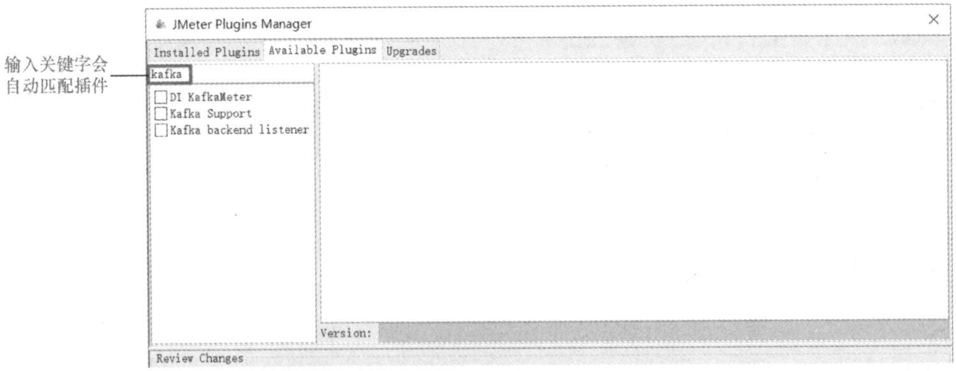

输入关键字会
自动匹配插件

图 8-2　插件管理器的搜索功能

注意，卸载、安装、升级插件后都会自动重启 JMeter。

8.2 扩展线程组插件

8.2.1 Concurrency Thread Group 插件

Concurrency Thread Group 插件提供了高级的线程控制功能，可以根据指定的时间段、持续时间和并发率来控制并发用户。

1. 安装并添加

打开 JMeter 插件管理器，单击 Available Plugins 选项卡，在可供安装的插件列表中勾选 Custom Thread Groups 复选框，再单击右下角的 Apply Changes and Restart JMeter 按钮即可安装 Concurrency Thread Group 插件，如图 8-3 所示。

图 8-3　安装 Concurrency Thread Group 插件

在 JMeter 中，右击测试计划，选择 Add→Threads(Users)→bzm-Concurrency Thread Group，即可添加 Concurrency Thread Group 插件，如图 8-4 所示。

2. 配置与使用

Concurrency Thread Group 插件配置面板如图 8-5 所示。

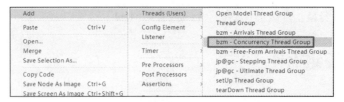

图 8-4　添加 Concurrency Thread Group 插件

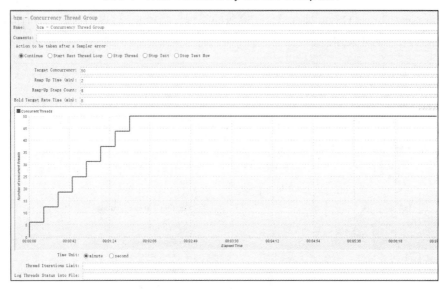

图 8-5　Concurrency Thread Group 插件配置面板

其中常用的选项如下。

■ Action to be taken after a Sampler error 选项组与普通线程组中相同选项组的用法完全一致,可以参看 1.7.1 节的相关内容。

■ Target Concurrency:目标并发线程数(或用户数)。

■ Ramp Up Time (min):启动之后达到目标并发线程数的时间,单位可以为分(min)或秒(s)。

■ Ramp-Up Steps Count:启动之后达到目标并发线程数的阶梯数。

■ Hold Target Rate Time (min):达到目标并发线程数之后,持续运行多长时间,单位可以为 min 或 s。

■ Time Unit:时间单位,可以选择 min 或 s,默认为 min。

■ Thread Iteration Limit:线程迭代次数。如果只需要运行每个用户一次以模拟用户的实际行为,可将其设置为 1;若将其设置为空,则表示每个用户将运行次数不确定的迭代,直至调度结束。

■ Log Threads Status into File:将线程状态记录到日志文件中。

在图 8-5 中，我们设置在 2min 内分 8 个阶梯均匀地启动 50 个虚拟用户，全部启动后持续运行 5min。

8.2.2　Ultimate Thread Group 插件

Ultimate Thread Group 插件支持进行细粒度的线程控制和调度，它可以根据线程数、持续时间等设置线程行为。

1．添加并配置

Custom Thread Groups 插件包里有 Ultimate Thread Group 插件，其安装不再赘述。在 JMeter 中，右击测试计划，选择 Add→Threads(Users)→jp@gc - Ultimate Thread Group，即可添加 jp@gc-Ultimate Thread Group。jp@gc - Ultimate Thread Group 配置面板如图 8-6 所示。

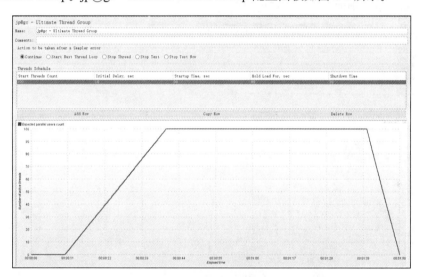

图 8-6　jp@gc - Ultimate Thread Group 配置面板

其中常用的选项如下。

- Action to be taken after a Sampler error 选项组与普通线程组中相同选项组的用法完全一致，可以参看 1.7.1 节的相关内容。
- Threads Schedule 选项组用于添加与管理线程调度。其中的选项如下。
  - Start Threads Count：启动多少线程。
  - Initial Delay,sec：延迟多少秒后启动线程。
  - Startup Time,sec：启用 {Start Threads Count} 个线程花费多少秒。
  - Hold Load For,sec：线程全部启动完成后持续运行多少秒。在此期间，每个线程请求完一遍后会再次发起相同的请求。若设定了思考时间，则会每间隔设定的思考时间就发起请求。

- Shutdown Time：在多少秒内将{Start Threads Count}个线程全部停止。
- Add Row：添加一条线程调度记录。
- Copy Row：复制线程调度记录。程调度记录。
- Delete Row：删除线程调度记录。

2. 使用案例

1）模拟波浪场景

波浪场景是指并发用户有规律地突然增加，持续一段时间后逐渐减少，然后再次增加，持续一段时间后又逐渐减少，如此反复，就像波浪一样翻滚。例如，某在线购票系统上午 8 点放出某批车次的票，此时用户量突然增加，抢完票后用户量减少，待到 9 点时再放另外一批车次的票，用户量又突然增加，抢完票后用户量减少。

模拟波浪场景的一个简单的例子如图 8-7 所示。

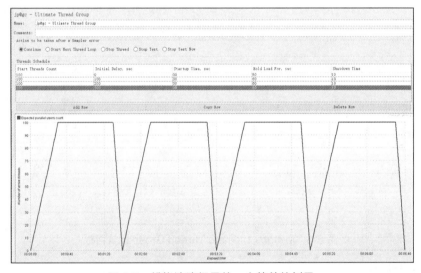

图 8-7　模拟波浪场景的一个简单的例子

图 8-7 中共有 4 个波浪，每个波浪刚结束时，下一个波浪开始，这是通过设置下一个波浪的 Initial Delay 等于上一个波浪的 Initial Delay + Startup Time + Hold Load For + Shutdown Time 实现的。比如第三条线程调度记录的 Initial Delay 应该等于第二条线程调度记录的 Initial Delay + Startup Time + Hold Load For + Shutdown Time = 100s + 30s + 60s + 10s = 200s。

2）尖峰测试

尖峰测试（spike testing）是性能测试中的一种压力测试方法，专注于用户量和工作负载陡增的情况。尖峰测试旨在验证系统在以下情况下的表现。

- 突发高并发用户访问：模拟某一瞬间用户量急剧增加的情况，例如特定活动或促销期间，系统可能会面临大量用户同时访问的挑战。
- 突发高工作负载：模拟短时间内反复出现大量任务或请求的情况，例如定时任务集中启动或周期性数据处理等。

这种测试方法的目标是验证系统是否能够在这些突发情况下继续正常工作，并能够从高工作负载状态中恢复并保持正常工作。通过尖峰测试，可以评估系统的性能极限、稳定性和弹性。

尖峰测试的一个案例如图 8-8 所示。

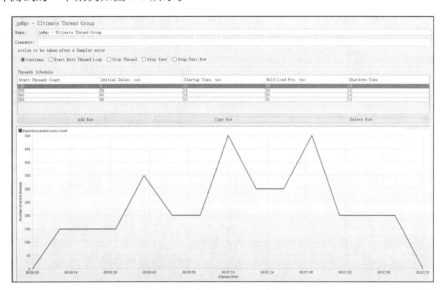

图 8-8 尖峰测试的一个案例

图 8-8 中共有 4 个尖峰。第 1 批的 150 个用户访问系统，10s 后达到第 1 个尖峰；持续运行 20s 后，第 2 批的 200 个用户启动，10s 后达到第 2 个尖峰，此时有 350 个用户；此后，第 1 批用户逐渐退出，持续运行一段时间后，第 3 批的 300 个用户启动，10s 后达到第 3 个尖峰，此时有 500 个用户，此后第 2 批用户逐渐退出，第 3 批用户继续运行一段时间，第 4 批的 200 个用户启动，10s 后达到第 4 个尖峰，此时有 500 个用户；此后第 3 批用户逐渐退出，第 4 批用户继续运行一段时间后，10s 后退出。

8.2.3 Inter-Thread Communication 插件

Inter-Thread Communication Plugin 插件可以实现跨线程组传递数据。它包含 jp@gc - Inter-Thread Communication PostProcessor 与 jp@gc - Inter-Thread Communication PreProcessor 两个子元素，前者用于将数据保存到全局字符串队列中，后者用于从全局字符串队列中取出数据并保存到变量中。比如有 A、B 两个线程组，在 A 线程组中添加 jp@gc - Inter-Thread Communication

PostProcessor，将需要传递到 B 线程组的数据保存到全局字符串队列中；在 B 线程组中添加 jp@gc - Inter-Thread Communication PreProcessor，从全局字符串队列中取出数据并保存到变量（假设变量名为 variable）中；再通过${variable}引用，这样 B 线程组就可以访问 A 线程组中传递过来的数据。

1．安装并添加

打开 JMeter 插件管理器，单击 Available Plugins 选项卡，在搜索框中输入"Inter-Thread"关键字后，就会自动显示匹配的 Inter-Thread Communication 插件，勾选对应的复选框，再单击右下角的 Apply Changes and Restart JMeter 按钮，即可安装 Inter-Thread Communication 插件。

在 JMeter 中，右击某个测试元素，选择 Add→Post Processors→jp@gc - Inter-Thread Communication PostProcessor，即可添加 jp@gc - Inter-Thread Communication PostProcessor。

在 JMeter 中，右击某个测试元素，选择 Add→Pre Processors→jp@gc - Inter-Thread Communication PreProcessor，即可添加 jp@gc - Inter-Thread Communication PreProcessor。

2．配置

jp@gc - Inter-Thread Communication PostProcessor 配置面板如图 8-9 所示。
其中常用的选项如下。
- FIFO Queue Name to Put Data Into：定义全局字符串队列以存储数据。
- Value to Put：要存入全局字符串队列的数据。

jp@gc - Inter-Thread Communication PreProcessor 配置面板如图 8-10 所示。

 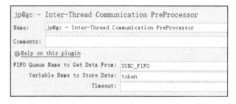

图 8-9   jp@gc - Inter-Thread Communication   图 8-10   jp@gc - Inter-Thread Communication
             PostProcessor 配置面板   PreProcessor 配置面板

其中常用的选项如下。
- FIFO Queue Name to Get Data From：指定从哪个全局字符串队列中获取数据。
- Variable Name to Store Data：指定变量来保存从全局字符串队列中取出的数据。
- Timeout：超时时间。

3．使用案例

这里沿用 5.5.3 节的跨线程组关联案例，但改用 Inter-Thread Communication 插件来实现跨线程组传递 token。

测试步骤如下。

（1）添加 setUp 线程组并保持默认设置。

（2）在 setUp 线程组下添加登录认证 HTTP 请求并完成如下设置。

■ Method：POST。

■ Path：/api/tokens。

■ Body Data：

```
{
  "name": "foreknew",
  "password": "${__digest(sha1,123456,,,)}",
  "device": "Mozilla/5.0 (Windows NT 10.0; Win64; x64) AppleWebKit/537.36
  (KHTML, like Gecko) Chrome/116.0.0.0 Safari/537.36"
}
```

（3）在登录认证 HTTP 请求下添加 JSON 提取器并完成如下设置。

■ Names of created variables：token。

■ JSON Path expressions：$.data.token。

■ Match No.(0 for Random)：1。

■ Default Values：notFound。

（4）在登录认证 HTTP 请求下添加 jp@gc - Inter-Thread Communication PostProcessor 并完成如下设置。

■ FIFO Queue Name to Put Data Into：gtoken。

■ Value to Put：${token}。将变量 token 保存到全局字符串队列 gtoken 中。

（5）在登录认证 HTTP 请求下添加 JSON 断言并设置 Assert JSON Path exists 为$.data.token。

（6）添加普通线程组并保持默认设置。

（7）在普通线程组下添加发布提问的 HTTP 请求并完成如下设置。

■ Method：POST。

■ Path：/api/questions?include=user,topics,is_following。

■ Body Data：

```
{
  "title":"JMeter 线程组有哪些常见扩展插件？",
  "topic_ids":[1],
  "content_rendered":"<p>具体有哪些？各适合什么场景？</p>"
}
```

（8）在发布提问的 HTTP 请求下添加 jp@gc - Inter-Thread Communication PreProcessor 并完成如下设置。

■ FIFO Queue Name to Get Data From：gtoken。

- Variable Name to Store Data：token。从全局字符串队列 gtoken 中获取数据并保存到变量 token 中。

（9）在发布提问的 HTTP 请求下添加 HTTP 信息管理器，添加 token 头部，设置其值为$\{token\}。

（10）在测试计划下添加 HTTP 信息头管理器，添加 Content-Type 头部，设置其值为 application/json。

（11）在测试计划下添加 HTTP 请求默认值并设置 Server Name or IP 为 www.***.com。

（12）在测试计划下添加查看结果树。

（13）保存并执行测试计划。

（14）查看测试结果。测试计划与执行结果如图 8-11 所示。

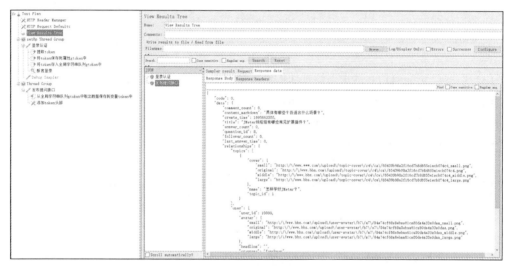

图 8-11　测试计划与执行结果

8.3　引用外部 Java 程序

在进行性能测试时，JMeter 是一个功能强大且使用广泛的工具。它提供了多种内置的组件和函数来模拟用户行为、收集性能指标和生成报告。然而，有时我们可能需要在 JMeter 脚本中引用外部 Java 程序来执行自定义操作或处理特定的业务逻辑。

JMeter 可以使用外部 Java 程序文件，这些程序文件可以是编译后的.class 文件，也可以是打包的 JAR 文件。在 JMeter 中引用外部 Java 程序有 4 种方式。

- 在测试计划中配置。
- 在 JMeter 特定目录中放置 JAR 文件。
- 在指定目录中放置 JAR 文件。
- 动态加载 JAR 文件。

8.3.1 在测试计划中配置

可以在 JMeter 测试计划的 Add directory or jar to classpath 配置项中配置外部类或依赖项，比如添加单个 JAR 文件的路径或包含 JAR 文件的路径，如图 8-12 所示。单击 Browse 按钮，在弹出的 Open 窗口中选择需要添加的 JAR 文件或包含 JAR 文件的路径，再单击 Open 按钮即可。

图 8-12　在测试计划中配置外部类或依赖项

在图 8-12 中，黑框中的第一项是单个 JAR 文件的路径，第二项是包含 JAR 文件的路径。这种方式仅对当前测试计划有效，可移植性差。另外，JAR 文件较多时管理起来不方便。

8.3.2 在 JMeter 特定目录中放置 JAR 文件

JMeter 安装目录下有 3 个特定的目录——lib 目录、lib/ext 目录和 extras 目录，这 3 个目录提供了便捷的方式来管理和加载 JMeter 的外部类与依赖项。将所需的 JAR 文件放置在这 3 个目录中，JMeter 在启动时就会自动加载外部类和依赖项，使其可用于测试脚本。

lib 目录中的 JAR 文件可以是实用程序 JAR 文件，也可以是 JMeter 代码所需依赖项的 JAR 文件。其他的 JAR 文件（例如 JDBC、JMS 实现和 JMeter 代码所需的任何支持库文件）也应该放置其中。它们会被 JMeter 自动加载并添加到类路径中。这意味着 JMeter 可以直接访问这些 JAR 文件中定义的类和功能，以供测试脚本或插件使用。

lib/ext 目录用于存放自定义组件或插件。如果已经开发了新的 JMeter 组件（例如取样器、监听器或前置处理器），则需要将这些组件打包成 JAR 文件，并将它们复制到 lib/ext 目录中。JMeter 会自动加载和识别这些组件，并将它们添加到可用的组件列表中。这样就可以轻松地扩展 JMeter 的功能，并使用自己开发的组件来执行特定的测试任务。

extras 目录用于存放一些额外的 JAR 文件和依赖项。其中的文件通常是第三方插件、扩展工具或其他工具，它们不是 JMeter 的核心工具，但可能对特定的测试场景有用。extras 目录中的有些 JAR 文件需要手动加载，通常通过将它们添加到测试计划中来实现。

8.3.3 在指定目录中放置 JAR 文件

为了方便管理与维护外部类和依赖项，可以将它们放置在指定的目录中，并通过 JMeter 的配置文件 jmeter.properties 进行加载。JMeter 提供了以下几个属性来指定加载路径。

- search_paths。若不想将 JAR 文件放置在 lib/ext 目录中，可以定义 search_paths 属性。search_paths 属性值是 JMeter 插件类的路径列表。这些路径可以是 JAR 文件或目录，路径之间使用英文分号（;）进行分隔。例如，search_paths=/path/to/external/dirs;/path/to/
external/jars。

■ user.classpath。若不想将 JAR 文件放置在 lib 目录中，可以定义 user.classpath 属性。
   user.classpath 属性值是实用程序和依赖项的路径列表。这些路径可以是 JAR 文件或目
   录，路径之间使用系统平台路径分隔符进行分隔。例如，user.classpath=/path/to/external/
   classes_dir;/path/to/external/jars。

■ plugin_dependency_paths。若不想将 JAR 文件放置在 lib 目录中，可以定义 plugin_dependency_
   paths 属性。plugin_dependency_paths 属性值是实用程序和依赖项的路径列表。这些路径可
   以是 JAR 文件或目录，路径之间使用英文分号（;）进行分隔。例如，plugin_dependency_
   paths=/path/to/plugin/dependencies_dir;/path/to/external/jars。

设置完这些属性后，JMeter 将在指定的路径中搜索并加载相关的外部类和依赖项。这样就
可以在 JMeter 脚本中引用这些类或使用相关的插件，而无须将它们直接放置在 JMeter 的 lib
或 lib/ext 目录中。

使用这些属性可以更灵活地管理和使用外部类和依赖项，简化项目结构，并使项目的维护
和升级更加方便。

8.3.4　动态加载 JAR 文件

在 Groovy 脚本中，可以使用 groovy.lang.GroovyClassLoader 类来动态加载 JAR 文件。下
面是使用 Groovy 动态加载 JAR 文件的步骤。

（1）导入 GroovyClassLoader 类。

```
import groovy.lang.GroovyClassLoader
```

（2）创建 GroovyClassLoader 对象。

```
def classLoader = new GroovyClassLoader()
```

（3）加载 JAR 文件。

```
classLoader.addClasspath("/path/to/your/jar/file.jar")
```

（4）加载 JAR 文件中的类。

```
def loadedClass = classLoader.loadClass("com.example.YourClass")
```

（5）实例化加载的类。

```
def instance = loadedClass.newInstance()
```

（6）调用加载的类的方法。

```
instance.yourMethod()
```

下面是一个加载并使用 jedis-3.6.3.jar 的示例。

```
// 导入 GroovyClassLoader 类
import groovy.lang.GroovyClassLoader
// 创建 GroovyClassLoader 对象
def classLoader = new GroovyClassLoader()
// 加载 jedis-3.6.3.jar 文件
classLoader.addClasspath("d:/outerLib/jedis-3.6.3.jar")
// 加载 JAR 文件中的 Jedis 类，相当于 import redis.clients.jedis.Jedis
def loadedClass = classLoader.loadClass("redis.clients.jedis.Jedis")
// 实例化加载的类，相当于 new Jedis("localhost", 6379)
def jedis = loadedClass.newInstance("localhost", 6379)
// 选择数据库
jedis.select(2)
```

通过以上步骤，可以在 Groovy 脚本中动态加载外部的 JAR 文件，并使用其中的类和方法。这种方式可以增强脚本的灵活性和可扩展性，从而更好地利用外部库来满足特定需求。

8.4 小结

本章介绍了 JMeter 的扩展机制，包括插件管理器、扩展线程组插件和引用外部 Java 程序。使用这些功能可以方便地管理 JMeter 插件、扩展 JMeter 的功能和提升性能。其中，插件管理器是一个便捷的工具，可帮助用户轻松管理 JMeter 插件，进一步增强 JMeter 的功能和性能。使用扩展线程组插件则可实现更灵活和强大的测试场景，以满足特定的测试需求。而引用外部 Java 程序使得在 JMeter 中使用外部 Java 程序来扩展功能成为可能。通过学习本章内容，读者可以了解 JMeter 的扩展功能，并在实际测试中灵活运用，以提高测试效果。

第 9 章　使用 JMeter 测试 SOAP、NoSQL 和 WebSocket

JMeter 是一款功能强大的性能测试工具，除了支持测试 HTTP、HTTPS 和 FTP 等协议，还支持测试其他多种协议。

本章将介绍如何使用 JMeter 测试 SOAP、NoSQL 和 WebSocket 等协议。通过学习这些内容，读者能够掌握使用 JMeter 测试多种其他协议的方法。这些技能将帮助读者更全面地了解 JMeter 的功能和应用，提高性能测试的效率和准确性。

9.1　使用 JMeter 测试 SOAP

9.1.1　SOAP 简介

SOAP 是一种用于在网络上交换结构化信息的通信协议。它是一种轻量级的、独立于平台的协议，常用于实现分布式应用程序之间的通信。

通过使用 SOAP，不同的应用程序可以在互联网上以统一的方式进行通信。SOAP 支持多种传输协议，如 HTTP、SMTP 等，可以在不同的传输层上实现跨平台、跨语言的通信。SOAP 还支持基于发布/订阅模型的通信，可以实现异步消息传递。

SOAP 在 Web 服务中得到了广泛应用，例如，通过使用 SOAP，客户端可以调用远程的 Web 服务方法并获取返回结果。SOAP 提供了可扩展性、中立性和可互操作性，使不同系统之间的集成更加容易。

需要注意的是，在现代的 Web 服务中，REST 风格已经成为更流行的选择。REST 使用简单的 HTTP 来实现资源的表示和访问，相较于 SOAP，它更加轻量和灵活。但在某些特定场景下，SOAP 仍然是一种可行的选择，尤其是需要强调严格的数据规范和安全性的场景。

SOAP 有多个版本。以下列出了两个主要的 SOAP 版本。

- SOAP 1.1。SOAP 1.1 于 1999 年发布。它使用 XML 1.0 规范进行编码，提供了基本的

SOAP 消息结构和传输机制。SOAP 1.1 支持 RPC（Remote Procedure Call，远程过程调用）编码和文档编码两种方式。

- SOAP 1.2。SOAP 1.2 是 SOAP 1.1 的后续版本，于 2003 年发布。它沿用了 XML 1.0 规范进行编码，进行了一些改进和扩展。SOAP 1.2 不再支持 RPC 编码，只支持文档编码。

9.1.2　SOAP 消息格式

SOAP 使用 XML 来定义消息格式和协议规范。典型的 SOAP 消息格式如下。

```
<soap:Envelope xmlns:soap="****://****w3****/2003/05/soap-envelope"
               xmlns:wsdl="****://****example****/wsdl"
               xmlns:xsi="****://****w3****/2001/XMLSchema-instance">
 <soap:Header>
   <!-- 可选，用于传递元数据信息 -->
 </soap:Header>
 <soap:Body>
   <!-- 请求或响应的有效负载数据 -->
 </soap:Body>
</soap:Envelope>
```

Envelope 元素是 SOAP 消息的根元素，它定义了命名空间及其相关前缀。通常指定 xmlns:soap 命名空间为 SOAP 的标准命名空间。

Header 元素用于传递与消息处理相关的元数据信息，如身份验证凭证、安全性要求等。它可以包含自定义的命名空间和元素。

Body 元素包含请求或响应的有效负载数据。对于请求消息，它包含调用的方法名以及参数；对于响应消息，它包含方法的返回值或错误信息。

9.1.3　SOAP 1.1 与 SOAP 1.2 的区别

SOAP 具有 1.1 与 1.2 两个不同的版本，在测试时需要弄清楚它们之间的区别。下面列出了几点。

- XML 声明。在 SOAP 1.1 中，XML 声明是可选的，可以选择是否在 SOAP 消息的开头包含 XML 声明（例如 <?xml version="1.0"?>）。而在 SOAP 1.2 中，XML 声明是强制的，每条 SOAP 消息都必须包含 XML 声明。
- Envelope 命名空间。SOAP 1.1 使用默认的 Envelope 命名空间 ****://schemas.xmlsoap****/soap/envelope/，而 SOAP 1.2 使用 ****://****w3****/2003/05/soap-envelope 命名空间。这决定了 SOAP 消息的根元素的命名空间。
- 默认编码方式。SOAP 1.1 默认使用 XML 1.0 规范，没有指定具体的编码方式。而 SOAP

1.2 默认使用 UTF-8 字符编码方式，但也支持其他编码方式。

- MIME 类型。SOAP 1.1 使用的 MIME 类型是 text/xml。这表示 SOAP 消息是以文本形式传输的，并且使用 XML 格式进行编码。SOAP 1.2 引入了更多的 MIME 类型，以支持不同的传输和编码方式，常见的传输和编码方式如下。
  - application/soap+xml：SOAP 消息以 XML 格式传输，并使用 XML 编码。
  - application/soap+fastinfoset：SOAP 消息以 Fast Infoset 格式传输。Fast Infoset 是一种更紧凑的二进制编码格式，可以提高传输效率。
  - application/soap+xml; charset=utf-8：SOAP 消息以 XML 格式传输，并使用 UTF-8 字符编码。
- Header 和 Body 元素。在 SOAP 1.1 中，Header 元素是必需的，但可以为空。在 SOAP 1.2 中，Header 元素是可选的，可以省略。这意味着 SOAP 1.2 消息可以没有 Header 元素。如果 Header 元素存在，它可以为空，但不能有任何子元素。
- 协议支持。SOAP 1.1 最常用的传输协议是 HTTP，还支持通过电子邮件使用 SMTP 发送 SOAP 消息。SOAP 1.2 引入了 MIME 传输框架，可以通过多种传输协议（如 HTTP、SMTP、FTP 等）进行 SOAP 消息的传输。
- HTTP 请求方法支持。SOAP 1.1 规范中明确定义了仅能使用 POST 方法。SOAP 1.2 规范中定义了对 GET、POST、PUT 和 DELETE 方法的支持，但在实际应用中，较常用的仍然是 POST 方法。

9.1.4　SOAP 测试案例

这里以 webxml 网站提供的国内飞机航班时刻表 Web 服务为例。该服务支持通过出发城市和到达城市查询航班号、出发机场、到达机场、出发和到达时间、飞行周期、航空公司、机型等信息。该服务包括 getDomesticAirlinesTime 与 getDomesticCity 两个接口，这里仅基于 SOAP 1.2 对第一个接口进行测试。getDomesticAirlinesTime 接口文档如表 9-1 所示。

表 9-1　getDomesticAirlinesTime 接口文档

项	描述
名称	getDomesticAirlinesTime
功能	获得航班时刻表 DataSet
接口地址	POST ****://ws.webxml****.cn/webservices/DomesticAirline.asmx
输入参数	startCity = 出发城市（中文城市名称或缩写，若为空，则默认为上海）； lastCity = 到达城市（中文城市名称或缩写，若为空，则默认为北京）； theDate = 出发日期（格式为 yyyy-MM-dd，如 2007-07-02，若为空，则默认为当天）； userID = 商业用户 ID（免费用户不需要）

续表

项	描述
请求示例	``` POST /webservices/DomesticAirline.asmx HTTP/1.1 Host: ***webxml****.cn Content-Type: application/soap+xml; charset=utf-8 Content-Length: length <?xml version="1.0" encoding="utf-8"?> <soap12:Envelope xmlns:xsi="****://****w3****/2001/XMLSchema-instance" xmlns: xsd="http://www.w3.org/2001/XMLSchema" xmlns:soap12="****://****w3****/2003/0 5/soap-envelope"> <soap12:Body> <getDomesticAirlinesTime xmlns="****://WebXml****.cn/"> <startCity>string</startCity> <lastCity>string</lastCity> <theDate>string</theDate> <userID>string</userID> </getDomesticAirlinesTime> </soap12:Body> </soap12:Envelope> ```
响应示例	``` HTTP/1.1 200 OK Content-Type: application/soap+xml; charset=utf-8 Content-Length: length <?xml version="1.0" encoding="utf-8"?> <soap12:Envelope xmlns:xsi="****://****w3****/2001/XMLSchema-instance" xmlns: xsd="****://****w3****/2001/XMLSchema" xmlns:soap12="****://****w3****/2003/ 05/soap-envelope"> <soap12:Body> <getDomesticAirlinesTimeResponse xmlns="****://WebXml****.cn/"> <getDomesticAirlinesTimeResult> <xsd:schema>schema</xsd:schema>xml</getDomesticAirlinesTimeResult> </getDomesticAirlinesTimeResponse> </soap12:Body> </soap12:Envelope> ```
返回数据	DataSet，Table(0)结构如下： Item(Company)航空公司 Item(AirlineCode)航班号 Item(StartDrome)出发机场 Item(ArriveDrome)到达机场 Item(StartTime)出发时间 Item(ArriveTime)到达时间 Item(Mode)机型 Item(AirlineStop)经停 Item(Week)飞行周期（星期）

测试步骤如下。

（1）添加线程组并使用默认配置。

（2）在线程组下添加 HTTP 请求并完成如下配置。

- Server Name or IP：***webxml****.cn。
- Method：POST。
- Path：/webservices/DomesticAirline.asmx。
- Body Data：

```xml
<?xml version="1.0" encoding="utf-8"?>
<soap12:Envelope xmlns:xsi="****://****w3****/2001/XMLSchema-instance"
xmlns:xsd="http://www.w3.org/2001/XMLSchema" xmlns:soap12="****:
//****w3****/2003/05/soap-envelope">
  <soap12:Body>
    <getDomesticAirlinesTime xmlns="****://WebXml****.cn/">
      <startCity>长沙</startCity>
      <lastCity>张家界</lastCity>
      <theDate></theDate>
      <userID></userID>
    </getDomesticAirlinesTime>
  </soap12:Body>
</soap12:Envelope>
```

将 startCity、lastCity、theDate、userID 这 4 个元素的内容设置为请求参数值。

（3）在 HTTP 请求下添加 HTTP 信息头管理器，在其中添加 Content-Type 头部，将其值设置为 application/soap+xml; charset=utf-8，此值为 SOAP 1.2 消息体的 MIME 类型。

（4）在 HTTP 请求下添加查看结果树。

（5）保存并执行测试计划。测试计划与执行结果如图 9-1 所示。

图 9-1　测试计划与执行结果

9.2　使用 JMeter 测试 NoSQL

9.2.1　NoSQL 简介

NoSQL 数据库是一类非关系数据库，背后的理念与传统的关系数据库（如 Oracle、MySQL

等）相反。NoSQL 数据库的设计目标是解决大规模数据存储和处理的问题，具有高可扩展性、高性能和高灵活度的数据模型。

以下列出了几种常见的 NoSQL 数据库。

- 键值存储数据库（Key-Value Store Database）：以键值对形式存储数据，如 Redis、Amazon DynamoDB 等。键值存储数据库支持快速的数据存储和检索，适用于缓存、会话管理和高速读写场景。
- 文档数据库（Document Database）：以类似于 JSON 或 XML 的文档格式存储数据，如 MongoDB、Couchbase 等。文档数据库支持复杂的数据结构和嵌套查询，适用于存储大量的非结构化或半结构化数据。
- 列存储数据库（Column Store Database）：将数据按列存储，如 Apache HBase、Apache Cassandra 等。列存储数据库适用于需要快速读取大量列的分析和查询场景，具有高可扩展性和高灵活度的数据模型。
- 图数据库（Graph Database）：以图形结构存储数据，并使用图来处理数据之间的关系，如 Neo4j、Amazon Neptune 等。图数据库适用于处理复杂的关系、图分析和社交网络分析等场景。
- 对象存储数据库（Object Store Database）：以对象形式存储数据，如 Amazon S3、Google Cloud Storage 等。对象存储数据库适用于海量、分布式的文件和对象的存储，具备高可靠性和持久性。

NoSQL 数据库通常在大规模、高并发和分布式环境下表现出色，因为它们具有良好的水平扩展能力，允许数据的分片和分布式处理。当选择 NoSQL 数据库时，须考虑应用程序的需求，以及数据模型和预期的性能要求。

9.2.2　测试 Redis

1. 工具选择

在 JMeter 中，操作 Redis 最常用的插件是 Redis Data Set，但是其功能有限，比如仅支持 List 与 Set 类型的操作。对于 Hash 等其他类型的操作，通常需要通过编程来实现。在 JMeter 中，可以选择安装 Jedis 来操作其他类型的数据。

Jedis 是一个 Redis 客户端库，它提供了一组简单而强大的 API，用于与 Redis 数据库进行交互。通过 Jedis，开发者可以在 Java 应用程序中方便地连接、操作和管理 Redis 数据库。

Jedis 提供了丰富的功能和操作，包括字符串操作、哈希表操作、列表操作、集合操作、有序集合操作等。使用 Jedis 可以实现从简单的键值对存储到复杂的数据结构存储，以及从基本的 CRUD（Create、Read、Update、Delete，创建、读取、更新、删除）操作到高级的数据处理和查询操作。

2．Jedis 的安装与使用

JMeter 5.6.2 自带了 Jedis 的 JAR 文件（lib/jedis-3.6.3.jar），Jedis 不需要额外安装就可以使用。只需要在 JMeter 的 JSR223 元素中编写相应的代码就可以与 Redis 交互。让我们先熟悉一下 Jedis 的基本用法，请参考如下代码。

```
// 导入所需的 Jedis 类
import redis.clients.jedis.Jedis
// 创建 Jedis 实例，连接 Redis 数据库
Jedis jedis = new Jedis("localhost", 6379)
// 选择数据库，范围为 0～15
def index = 1
jedis.select(index)
// 字符串操作
jedis.set("key", "value")
String value = jedis.get("key")
// 哈希表操作
jedis.hset("hash", "field", "value")
String fieldValue = jedis.hget("hash", "field")
// 列表操作
jedis.lpush("list", "element1", "element2")
String element = jedis.lpop("list")
// 集合操作
jedis.sadd("set", "member1", "member2")
Boolean isMember = jedis.sismember("set", "member1")
// 有序集合操作
jedis.zadd("sortedset", 1.0, "member1")
Double score = jedis.zscore("sortedset", "member1")
// 关闭 Jedis 连接
jedis.close()
```

这段代码演示了如何使用 Jedis 客户端连接 Redis 数据库，并执行常见的字符串、哈希表、列表、集合和有序集合操作。首先导入所需的 Jedis 类；然后创建 Jedis 实例，并连接到 Redis 数据库；接下来选择要使用的数据库，可以选择范围 0～15 内的任意一个数字所代表的数据库，默认选择的是数字 0 所代表的数据库；随后调用 Jedis 实例的方法执行数据库操作；最后关闭 Jedis 连接，释放资源。

3．Redis 测试案例

测试 Redis 的映射写入性能。测试步骤如下。
（1）添加线程组并设置线程数为 200。
（2）添加事务控制器。
（3）在事务控制器下添加 JSR223 Sampler，在 Script 输入框中写入如下代码。

```
import redis.clients.jedis.Jedis
import java.util.UUID
// 创建 Jedis 实例，连接 Redis 数据库
Jedis jedis = new Jedis("localhost", 6379)
// 选择数据库，范围为 0～15
jedis.select(1)
// 定义 key、value
def key = UUID.randomUUID().toString().replaceAll("-", "")
def value = ${__time(,)}
// 设置 Hash 键值对
jedis.hset("myHash", key, value.toString())
// 获取值
String selectValue = jedis.hget("myHash", key)
log.info("Value of $key: ${selectValue}")
// 关闭 Jedis 连接
jedis.close()
```

（4）添加聚合报告。

（5）保存并执行测试计划。

（6）在聚合报告中查看测试结果。测试计划与执行结果如图 9-2 所示。

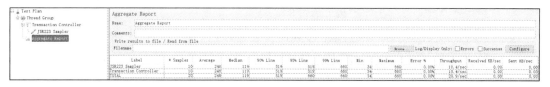

图 9-2　测试计划与执行结果

9.3　使用 JMeter 测试 WebSocket

9.3.1　WebSocket 简介

WebSocket 是一种在 Web 浏览器和服务器之间进行实时双向通信的协议，它为 Web 应用程序提供了更高效、实时的数据传输方式。相较于传统的 HTTP 请求-响应模式，WebSocket 可以在客户端和服务器之间建立一条持久的、全双工的通信通道，实现实时的数据传输和推送。

WebSocket 具有以下几个特点。

- 支持实时双向通信：WebSocket 提供了实时的双向通信功能，使服务器和客户端可以直接在一个持久连接上进行双向通信。该特点使得 WebSocket 适用于需要及时更新和实时交互的应用场景，如聊天应用、实时协作工具等。

- 具有低延迟：与传统的 HTTP 请求-响应模式相比，WebSocket 可通过使用持久连接和轻量级的数据帧进行通信，大大降低通信的延迟。它避免了每次通信都需要建立新的

连接的开销，提供了更快速的通信方式。

■ 使用较少的网络流量：WebSocket 采用更加紧凑的二进制帧格式，相较于 HTTP 请求的头部信息来说，它的额外控制开销较少。这意味着使用 WebSocket 进行通信可以减少网络流量的消耗。

■ 支持跨域通信：WebSocket 支持跨域通信，可以在不同的域名或端口之间进行实时通信。通过 WebSocket，开发者可以打破浏览器的同源策略限制，实现不同域之间的实时数据传输。

■ 具有更高的服务器资源利用率：由于 WebSocket 使用持久连接，因此服务器无须为每个请求建立和关闭连接，这降低了服务器的资源消耗，并且可以处理更多的并发连接。

■ 具有可扩展性：WebSocket 支持扩展功能，通过使用扩展插件，可以为 WebSocket 增加各种功能和特性。例如，压缩扩展可以减小传输的数据大小，加密扩展可以实现更安全的通信等。

WebSocket 通常用于实现实时交互应用程序，以及需要进行双向数据传输和快速响应的 Web 应用程序。它已经成为现代 Web 应用程序不可或缺的一部分，被广泛应用于各种 Web 应用和移动应用开发。下面是它的一些典型应用。

■ 直播发弹幕、身份认证：通过 WebSocket 可以实现直播中的实时互动，观众可以发送弹幕或者进行身份认证，与主播进行实时沟通和互动。

■ 多媒体聊天：WebSocket 可以在多媒体聊天应用中实现实时的音视频通信和消息传输，提供更加流畅和即时的通信体验。

■ 社交订阅：在社交平台上，用户可以选择关注某个人或者某个话题，并通过 WebSocket 实时接收相关的更新和通知。

■ 体育实况更新：体育赛事的实况可以通过 WebSocket 推送给用户，方便用户获取即时的比分、事件和结果。

■ 多玩家在线游戏：WebSocket 非常适合多玩家在线游戏，玩家可以通过 WebSocket 建立实时的游戏连接，进行游戏操作和实时通信。

■ 协同编辑/编程：WebSocket 可以用于多人协同编辑同一个文档或者进行编程，方便多人之间的协作。

■ 股票基金报价：股票和基金市场需要实时的价格更新，通过 WebSocket 可以将实时报价推送给投资者，方便投资者及时进行决策。

■ 基于位置的应用：通过 WebSocket 可以实时地接收和处理用户的位置信息，例如地图定位、附近的人或店铺的推荐等。

■ 在线教育：WebSocket 可用于在线教育平台的实时互动，学生和老师可以通过 WebSocket 进行实时的音视频通话和消息交流。

总之，WebSocket 已被广泛应用于各种需要实时、双向通信的场景，它能够提供更好的用户体验和功能，保证实时性、互动性和协作性。

9.3.2 WebSocket 握手

WebSocket 是一种真正全双工的通信协议，与 TCP 类似。WebSocket 协议的交互过程如图 9-3 所示。

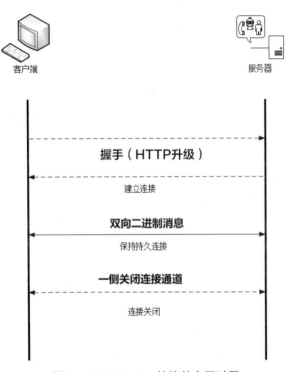

图 9-3　WebSocket 协议的交互过程

由于主要运行在浏览器环境下，因此为了便于推广和应用，WebSocket 在使用习惯上尽量向 HTTP 靠拢。在服务发现方面，WebSocket 使用 URI 格式而不是 TCP 的 IP 地址和端口号，并引入了两个新的协议名——ws 和 wss，分别表示明文和加密的 WebSocket 协议。WebSocket 默认使用 80 和 443 端口，这两个端口通常不会被防火墙屏蔽，因此 WebSocket 可以伪装成 HTTP，易于与服务器建立连接。

以下是一些 WebSocket 服务的 URI 示例，你可以看到它们的格式与 HTTP 的几乎相同。

ws://****example****

ws://****example****:8080/srv

wss://****example****:445/im?user_id=xxx

因为 WebSocket 是基于 HTTP 的，所以它借用 HTTP 来完成一部分握手。在握手阶段，WebSocket 先发送一个 HTTP 请求，并在请求头中添加 Upgrade 头部字段，该字段用于改变 HTTP 版本或切换到其他协议，将 Upgrade 字段的值设为 websocket，即可将 HTTP 升级为 WebSocket 协议。

下面一个典型的 WebSocket 握手请求。

```
GET /chat HTTP/1.1
Host: server.example****
Upgrade: websocket
Connection: Upgrade
Sec-WebSocket-Key: x3JJHMbDL1EzLkh9GBhXDw==
Sec-WebSocket-Protocol: chat, superchat
Sec-WebSocket-Version: 13
Origin: http://example.com
```

下面是其中部分字段的说明。

- Upgrade 字段：指定要升级的协议为 websocket，表示希望从 HTTP 切换到 WebSocket 协议。
- Connection 字段：指定连接方式为 Upgrade，表示升级后保持持久连接。
- Sec-WebSocket-Key 字段：一个基于 Base64 编码的随机值，用于生成握手响应中的 Sec-WebSocket-Accept 字段。
- Sec-WebSocket-Protocol 字段：指定请求的子协议，本例中为 chat 和 superchat。
- Sec-WebSocket-Version 字段：指定 WebSocket 协议的版本，本例中为 13。

　　服务器在收到 HTTP 请求报文后，通过检查报文中的字段，可以确定这不是一个普通的 GET 请求，而是一个 WebSocket 的升级请求。在此情况下，服务器不会按照常规的 HTTP 处理流程进行处理，而会构造一个特殊的 101 Switching Protocols 响应报文，通知客户端接下来将不再使用 HTTP，而改用 WebSocket 协议进行通信。

　　下面一个典型的 WebSocket 握手响应。

```
HTTP/1.1 101 Switching Protocols
Upgrade: websocket
Connection: Upgrade
Sec-WebSocket-Accept: HSmrc0sMlYUkAGmm5OPpG2HaGWk=
Sec-WebSocket-Protocol: chat
```

下面是其中部分字段的说明。

　　为了验证客户端请求报文并防止误连接，服务器会通过对 Sec-WebSocket-Key 字段的值进行处理来生成 Sec-WebSocket-Accept 字段的值。具体的做法是将 Sec-WebSocket-Key 字段的值与特定的 UUID 字符串"258EAFA5-E914-47DA-95CA-C5AB0DC85B11" 进行拼接，然后计算 SHA-1 摘要，并对 SHA-1 摘要进行 Base64 编码。其伪代码为 encode_base64(sha1(Sec-WebSocket-Key + "258EAFA5-E914-47DA- 95CA-C5AB0DC85B11"))。

　　客户端在收到响应报文后，使用相同的算法对 Sec-WebSocket-Key 字段值进行处理，计算出自己的 Sec-WebSocket-Accept 字段值，并与服务器返回的 Sec-WebSocket-Accept 字段值进行比较。如果两者相等，则说明握手成功，认证有效。

若握手完成，后续传输的数据就不再是 HTTP 报文，而是 WebSocket 格式的二进制帧。

9.3.3　WebSocket 帧结构

WebSocket 协议使用帧（frame）作为通信的基本单位，每帧都包含特定的控制信息和载荷数据。WebSocket 帧结构如图 9-4 所示。

```
 0                   1                   2                   3
 0 1 2 3 4 5 6 7 8 9 0 1 2 3 4 5 6 7 8 9 0 1 2 3 4 5 6 7 8 9 0 1
+-+-+-+-+-------+-+-------------+-------------------------------+
|F|R|R|R| opcode|M| 有效载荷长度 |   扩展有效载荷长度             |
|I|S|S|S|  (4)  |A|    (7)      |      (16/64)                  |
|N|V|V|V|       |S|             | ( 若载荷长度 ==126/127)        |
| |1|2|3|       |K|             |                               |
+-+-+-+-+-------+-+-------------+ - - - - - - - - - - - - - - - +
|     扩展的有效载荷长度……（载荷长度 == 127）                    |
+ - - - - - - - - - - - - - - - +-------------------------------+
|                               |Masking-key[可选，仅当MASK（即掩码|
|                               |位）位置为1时启用]              |
+-------------------------------+-------------------------------+
| Masking-key（继续）            |        有效载荷数据            |
+-------------------------------+ - - - - - - - - - - - - - - - +
:                     有效载荷数据……                           :
+ - - - - - - - - - - - - - - - - - - - - - - - - - - - - - - - +
|                     有效载荷数据……                           |
+---------------------------------------------------------------+
```

图 9-4　WebSocket 帧结构

下面是 WebSocket 帧结构的基本说明。

- FIN 标志：长度为 1 位，用于标识这是不是消息的最后一个帧。如果为 1，则表示这是消息的最后一帧；如果为 0，则表示消息还有后续帧。一条消息可以拆成多个帧，接收方看到 FIN 标志后，就可以把前面的帧拼起来，组成完整的消息。
- RSV 1～3：长度各为 1 位，保留位，暂时没有使用，通常情况下全设置为 0。
- opcode：长度为 4 位，操作码，用于表示帧的类型。常用的操作码如下。
  - 0x0：表示这是一个延续帧，用于表示分片传输时的非首个帧。
  - 0x1：表示这是一个文本帧，用于传输文本数据。
  - 0x2：表示这是一个二进制帧，用于传输二进制数据。
  - 0x8：表示连接关闭帧，用于关闭 WebSocket 连接。
  - 0x9：表示心跳检测帧（Ping 帧），用于保持连接活跃。
  - 0xA：表示心跳回应帧（Pong 帧），用于响应 Ping 帧。
- MASK 标志：长度为 1 位，表示对有效载荷数据是否进行掩码操作。为了保证数据的安全，客户端发送给服务器的帧中的有效载荷数据需要进行掩码操作，MASK 标志必须设置为 1，对应的掩码值保存在 Masking-key 字段中。服务器返回的帧不需要进行掩码操作，MASK 标志必须设置为 0，此时 Masking-key 字段为空。
- 有效载荷长度（Payload Len）：长度为 7 位，由于 7 位只能存储 0～127（单位为字节），当值为 0～125 时，有效载荷长度就是该值；当值为 126 或 127 时，使用扩展有效载荷长度来表示有效载荷数据的长度。
- 扩展有效载荷长度（Extended Payload Length）：当有效载荷长度值为 126 时，有效载荷长度字段后面的 2 字节（16 位）表示有效载荷数据的长度；当有效载荷长度值为 127 时，有效载荷长度字段后面的 8 字节（64 位）表示有效载荷数据的长度。
- Masking-key：长度为 0 或 4 字节。如果 MASK 标志为 1，则这个字段存在，所有从客户端发往服务端的帧的有效载荷数据都会使用存储在该字段的掩码值进行掩码操作。如果 MASK 标志为 0，则这个字段不存在。
- 有效载荷数据（Payload Data）：实际传输的数据内容，包含扩展数据和应用数据。如果没有协商扩展，扩展数据长度为 0 字节。扩展数据后面的数据都是应用数据。

以上是 WebSocket 帧结构的基本说明。在实际通信中，根据情况 WebSocket 帧结构可能会有变化，例如载荷长度的扩展位、掩码位等可能会有不同长度或不出现。开发者在实现 WebSocket 协议时需要根据具体需求解析和处理 WebSocket 帧结构与载荷数据。

9.3.4　WebSocket 心跳机制

WebSocket 是一种基于 TCP 的全双工通信协议。由于它需要保持长时间的连接，因此在实际使用中需要考虑心跳机制，以保持连接的稳定性。

WebSocket 心跳机制的基本原理是，客户端和服务器通过周期性地发送心跳消息来维护连接。其具体实现方式有如下几种。
- 客户端发送 Ping 帧：客户端定时向服务器发送一个 Ping 帧，服务器接收到该 Ping 帧后，必须立即返回一个 Pong 帧作为响应。如果服务器在规定时间内没有收到客户端发送的 Ping 帧，则可以主动关闭连接。
- 服务器发送 Ping 帧：服务器定时向客户端发送一个 Ping 帧，客户端接收到该 Ping 帧后，必须立即返回一个 Pong 帧作为响应。如果客户端在规定时间内没有收到服务器发送的 Ping 帧，则可以主动关闭连接。
- 客户端和服务器互相发送 Ping 帧：客户端和服务器分别定时向对方发送 Ping 帧，对方接收到 Ping 帧后，返回一个 Pong 帧作为响应。如果对方在规定时间内没有收到 Ping 帧，则可以主动关闭连接。

心跳消息通常不包含实际的业务数据，只是简单的控制消息。Ping 帧和 Pong 帧的操作码都是 0x9 和 0xA。

需要注意的是，在使用 WebSocket 时，需要在服务器和客户端分别设置心跳机制，以保证连接的稳定性。

总的来说，WebSocket 心跳机制是维持持久连接的重要手段之一，通过定期发送 Ping 帧和 Pong 帧，可以检测连接状态，防止连接因为长时间不活跃而被断开。

9.3.5　WebSocket 安装配置

1. 安装 WebSocket 插件

打开 JMeter 插件管理器，单击 Available Plugins 选项卡，在搜索框中输入 WebSocket 关键字进行搜索，在自动匹配的搜索结果中，勾选 WebSocket Sampler by Peter Doornbosch 复选框，再单击右下角的 Apply Changes and Restart JMeter 按钮即可安装 WebSocket 插件。

安装 WebSocket 插件后，在 JMeter 取样器组件中可以看到 6 个与之相关的取样器，如图 9-5 所示。

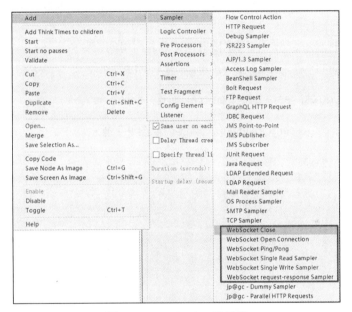

图 9-5　WebSocket 取样器

- WebSocket Close：关闭 WebSocket 连接。
- WebSocket Open Connection：新建 WebSocket 连接。
- WebSocket Ping/Pong：检测 WebSocket 心跳。
- WebSocket Single Read Sampler：接收 WebSocket 帧消息。
- WebSocket Single Write Sampler：发送 WebSocket 帧消息。
- WebSocket request-response Sampler：发送与接收 WebSocket 帧消息。

2. WebSocket Open Connection 配置

WebSocket Open Connection 配置面板如图 9-6 所示。

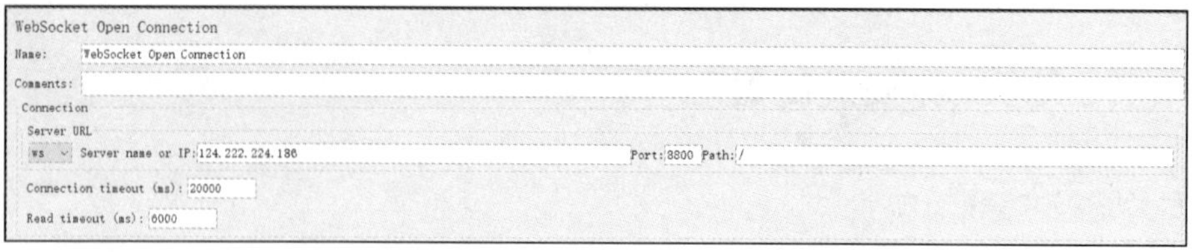

图 9-6　WebSocket Open Connection 配置面板

Server URL 选项组用于配置 WebSocket 服务器信息。其中的选项如下。

■　协议：可以选择 ws 或 wss。

■　Server name or IP：服务器主机名，可以为 IP 地址或域名。

■　Port：服务器监听端口号；选择 ws 时默认为 80，选择 wss 时默认为 443；非默认必填。

■　Path：访问目标。

■　Connection timeout (ms)：用于设置连接的超时时间，单位为 ms。

■　Read timeout (ms)：接收数据的超时时间，单位为 ms。

3. WebSocket request-response Sampler 配置

WebSocket request-response Sampler 配置面板如图 9-7 所示。

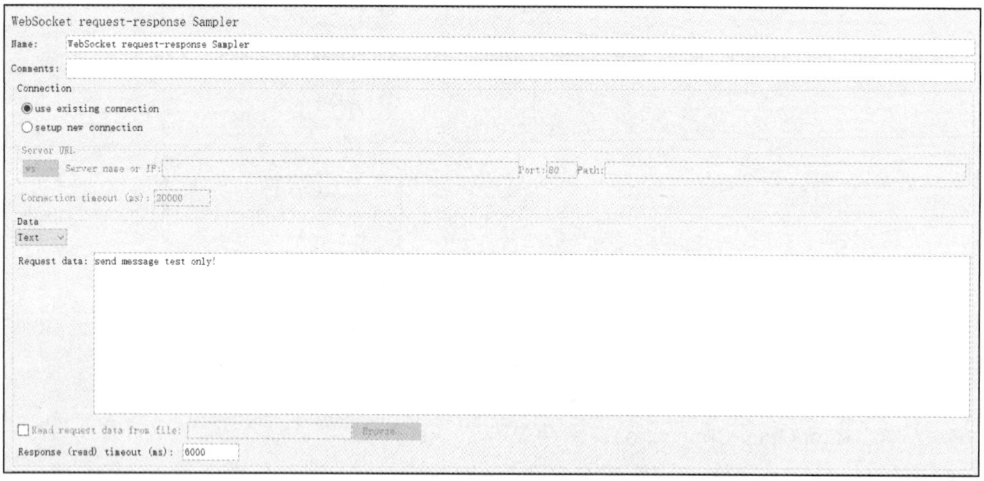

图 9-7　WebSocket request-response Sampler 配置面板

Connection 选项组用于设置 WebSocket 连接。其中的选项如下。

■　use existing connection：复用已有连接。若添加了 WebSocket Open Connection 取样器，并做了正确的连接设置，则可以复用此连接设置。

■　setup now connection：使用新的连接。选中此单选按钮后，会出现 Server URL 选项组，用于设置新的连接，详见 WebSocket Open Connection 配置面板中的 Server URL 选项

组，这里不再说明。

Data 选项组用于设置发送消息。其中的选项如下。

- 数据类型：若发送文本，可以选择 Text；若发送二进制数据，可以选择 Binary。
- Request data：输入与数据类型对应的请求数据。
- Read request data from file：从文件中读取请求数据并发送。
- Response (read) timeout (ms)：响应超时时间，单位为 ms。

4．WebSocket Ping/Pong 配置

WebSocket Ping/Pong 配置面板如图 9-8 所示。

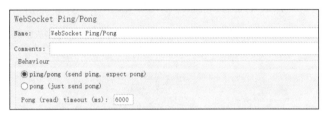

图 9-8　WebSocket Ping/Pong 配置面板

Behaviour 选项组用于设置心跳的测试方式。其中的选项如下。

- ping/pong(send ping, expect pong)：发送 Ping 帧，接收 Pong 帧。
- pong(just, send pong)：仅发送 Pong 帧。
- Pong (read) timeout(ms)：如果在设置的时间内没有收到 Pong 帧，WebSocket 取样器将会失效，并复用已有连接。

9.3.6　WebSocket 测试案例

这里以测试 Tomcat 自带的聊天程序为例。Tomcat 安装完毕后，可通过 http://localhost:8080/examples/websocket/chat.xhtml 访问 Tomcat 自带的聊天程序。现在要模拟 10 个用户在线聊天，大概流程为连接服务器→读取聊天数据→循环发送接收消息→断开连接。每个用户按照设置的循环次数进行消息的收发。具体测试步骤如下。

（1）添加线程组，设置线程数为 10。

（2）在线程组下添加 WebSocket Open Connection 取样器并完成如下设置。

- 协议：ws。
- Server name or IP：localhost。
- Port：8080。
- Path：/examples/websocket/chat。

（3）在线程组下添加 WebSocket Single Read Sampler 并设置 Connection 为 use existing connection。

（4）在线程组下添加循环控制器，设置循环次数为 $\${\_\_Random(4,10,)}$。

（5）在循环控制器下添加 WebSocket request-response Sampler 取样器并完成如下设置。

■　Connection：use existing connection。

■　Request data：test$\${\_\_time(,)}$。

（6）在循环控制器下添加 Uniform Random Timer 并完成如下设置，并随机等待 2～3s。

■　Random Delay Maximum：1000。

■　Constant Delay Offset：2000。

（7）在线程组下添加查看结果树。

（8）保存并执行测试计划。

（9）查看测试计划。测试计划与执行结果如图 9-9 所示。

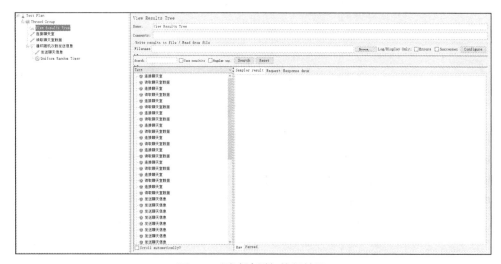

图 9-9　测试计划与执行结果

9.4　小结

本章主要介绍了如何使用 JMeter 测试其他协议，包括 SOAP、NoSQL 和 WebSocket。通过学习本章内容，读者可以了解 JMeter 如何测试其他协议，以及如何使用适用于这些协议的取样器和插件，以满足特定的业务场景和测试要求，从而扩大 JMeter 的应用范围。

深入

在使用 JMeter 进行性能测试时，大部分情况下可以依靠 JMeter 提供的可视化界面来创建和配置测试脚本。然而，对于一些复杂的测试，我们可能需要编写代码才能完成上述任务。因此，学习一门脚本语言是必要的，尽管学习过程可能会有些痛苦。学习脚本语言可以使我们更好地掌握 JMeter 的高级功能，例如使用 Groovy 编写自定义逻辑和处理复杂的业务场景。同时，学习脚本语言也会为我们打开其他领域的大门，使我们能够深入地理解计算机编程和自动化领域的知识。Groovy 编程语言为我们提供了一系列强大功能，包括编写动态脚本、模拟复杂场景、调试与记录日志，以及编写自定义代码等，进而扩展 JMeter 的功能。通过熟练运用这些功能，我们可以在实践中创造出优秀的成果，并提高测试脚本的效率和可靠性。

第 10 章　JMeter 内置对象

在使用 JMeter 进行性能测试和负载测试时，我们可以利用 JMeter 提供的内置对象来方便地获取和操作测试过程中的各种信息。这些内置对象是通过 JMeter 的编程接口或脚本语言（如 Groovy）提供的。

本章将介绍 JMeter 中常用的内置对象，以及如何使用这些内置对象来获取和操作测试数据、配置信息和运行状态等。通过学习这些内容，读者将能够更好地利用 JMeter 进行性能测试和负载测试，提高测试脚本的灵活性和可维护性。

10.1　JSR223 简介

JSR223（Java Specification Request 223）是 Java 平台上的一项规范，旨在为 Java 平台提供与脚本语言之间的互操作性。它定义了 Java 与脚本语言之间的通用接口，使 Java 应用程序能够使用脚本语言来扩展和增强功能。

JSR223 的主要作用如下。
- 提供一套标准的 API，用于在 Java 应用程序中嵌入和执行脚本代码。
- 允许动态地将脚本语言和 Java 代码结合起来，实现灵活的业务逻辑和规则。
- 提供一种机制，使 Java 应用程序能够在运行时选择、加载和使用不同的脚本引擎。
- 支持 Java 与不同脚本语言之间的数据交互和相互调用。

JSR223 规范定义了两个核心接口。
- ScriptEngineManager 接口：用于管理和获取可用的脚本引擎。该接口提供了一些方法，用于检测和获取已安装的脚本引擎，让你能够根据脚本语言名称或文件扩展名从中选择最合适的那个来使用。
- ScriptEngine 接口：代表脚本引擎实例。通过该接口，Java 应用程序可以执行脚本、传递参数、获取结果等。不同的脚本引擎实现可以支持不同的脚本语言，如 Groovy、

JavaScript、Python、Ruby 等。

通过 JSR223，Java 应用程序可以利用脚本语言的特性和灵活性来编写一些动态逻辑或业务规则，在不修改 Java 代码的情况下实现定制化扩展。这为开发人员提供了更加灵活和可维护的解决方案，并促进了 Java 与其他脚本语言之间的集成和交互。JSR223 允许 Java 与脚本语言进行无缝集成，使开发人员能够更加灵活地使用脚本语言来扩展和增强 Java 应用程序的功能。

10.2　JMeter 内置对象概述

JMeter 提供了 6 种与 JSR223 相关的测试元素，包括 JSR223 PreProcessor、JSR223 Timer、JSR223 Sampler、JSR223 PostProcessor、JSR223 Assertion、JSR223 Listener，它们用于在测试计划中执行自定义脚本。JMeter 允许使用遵循 JSR223 规范的脚本语言（如 Groovy、JavaScript、Python 等）编写脚本来处理请求与响应、处理数据、实现自定义逻辑等。当在 JSR223 元素中使用脚本语言时，可以使用 ctx、vars、props 等 JMeter 内置对象来获取测试计划、线程组和取样器等的信息。在使用 JSR223 元素时，Script 输入框会指明当前 JSR223 元素中可以使用的 JMeter 内置对象，如图 10-1 所示。

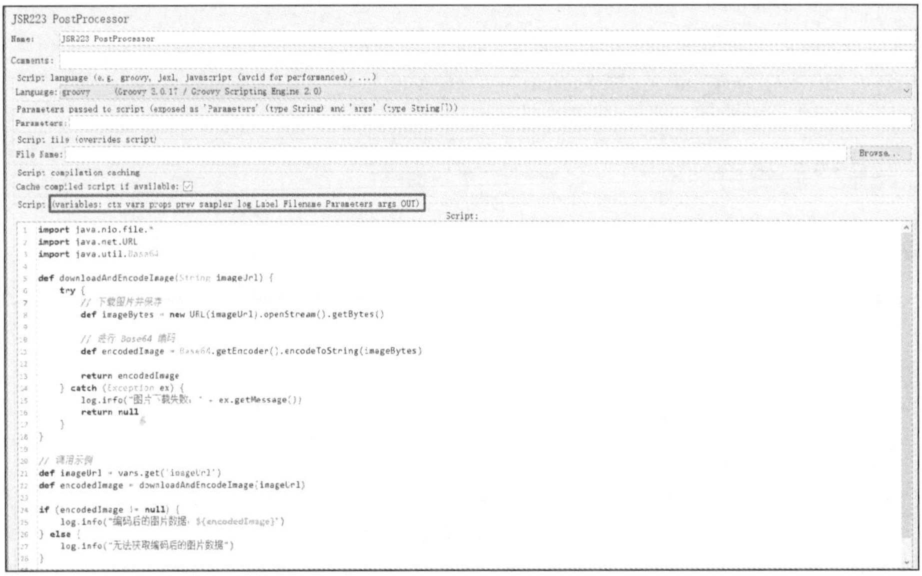

图 10-1　JMeter 内置对象

以下是 JSR223 元素中常用的一些 JMeter 内置对象。

- ctx（JMeterContext）对象：表示当前测试计划或线程组的上下文。可以通过 ctx 对象来访问当前线程的变量、编号以及其他上下文相关信息。
- vars（JMeterVariables）对象：表示当前线程的变量集合。可以通过 vars 对象来读取、写入和删除变量值。

- props（JMeterProperties）对象：表示全局的 JMeter 属性。可以通过 props 对象来访问和修改 JMeter 属性，这些属性可以在 JMeter 的用户自定义属性或命令行选项中进行设置。
- AssertionResult 对象：用于记录断言结果。它不仅存储了执行断言时的相关信息，还提供了一些方法来获取这些信息。
- sampler 对象：用于引用当前的取样器。可以通过 sampler 对象操作请求参数，以及设置请求的 URL、方法和头部信息等，并获取响应结果。
- prev（SampleResult）对象：表示当前线程的前一个取样器的执行结果。可以通过 prev 对象获取前一个取样器的各种信息，如响应状态码、响应消息、响应数据等。
- log（Log4jLogger）对象：用于记录日志消息。可以通过 log 对象在脚本中输出调试信息、警告或错误信息。

这些内置对象还包含属性和方法，可以根据特定需求加以使用。例如，若在 JSR223 元素中使用了 Groovy 脚本，则可以通过 vars.get("variableName")来获取变量值，或使用 log.info("Message")来输出日志消息。

通过使用这些内置对象，我们可以在 JSR223 元素中编写自定义的逻辑和计算代码，从而扩展 JMeter 的功能。这提供了更强的灵活性和控制力，可以满足特定的测试需求。但请注意，编写脚本时要谨慎处理对象和变量，确保正确使用它们并避免潜在的性能问题。

10.3 ctx 对象

10.3.1 JMeter 上下文与 ctx 对象

在 JMeter 中，上下文（context）是指当前测试计划的执行环境和状态。它包含各种用于管理和执行测试的信息，如请求、响应、变量、函数等相关信息。上下文有以下几个主要的作用。

- 数据共享：上下文提供了一个统一的容器，用于在测试计划中存储和传递数据。可以将变量存储在上下文中，并在不同的线程组、线程或请求之间共享这些变量。这样就可以实现数据的动态传递和共享，以模拟真实的测试场景。
- 测试控制：上下文允许对测试进行灵活的控制和调整。可以编写脚本来根据上下文中的某些条件或结果来控制测试计划的流程。例如，可以根据响应结果来决定是否执行断言、是否跳过某个请求等。
- 请求处理：上下文提供了访问当前请求信息的方法。可以通过上下文获取当前请求的 URL、方法、参数等信息，并对其属性进行修改。这样就可以在脚本中动态地处理请求，并在发送请求之前或之后进行一些操作。
- 响应处理：通过上下文可以获取上一个请求的响应结果，并从中提取所需的信息。这样就可以对响应数据进行断言、数据提取或后续处理。上下文还提供了方便的方法来获取响应状态码、响应时间等信息。

在 JMeter 中，ctx 对象是一个特殊的变量，它是对当前测试上下文的引用。通过使用 ctx 对象，我们可以在 JMeter 脚本中访问测试上下文中的数据，并使用测试上下文中的功能。

ctx 对象代表当前测试上下文，是 org.apache.jmeter.threads.JMeterContext 类的实例。它提供了各种方法来获取请求信息、响应信息、变量值等。可以通过调用 ctx 对象的方法来实现这些操作，并与其他 JMeter 元素进行交互。

10.3.2　访问当前请求信息

使用 ctx.getCurrentSampler()方法可获取当前请求对象。通过请求对象可以获取请求的 URL、方法、参数等信息，还可以修改请求的属性，如 URL、方法等。

使用 ctx 对象访问当前请求信息的示例如代码清单 10-1 所示。

代码清单 10-1　使用 ctx 对象访问当前请求信息的示例

```
 1  // 获取请求对象
 2  def currentSampler = ctx.getCurrentSampler()
 3
 4  // 获取请求的 URL
 5  def url = currentSampler.getUrl().toString()
 6
 7  // 获取请求的方法（GET、POST 等）
 8  def method = currentSampler.getMethod()
 9
10  // 获取请求的参数
11  def parameters = currentSampler.getArguments()
12
13  // 修改请求的 URL
14  currentSampler.setDomain("www.example.com")
15  currentSampler.setPath("/api/endpoint")
16
17  // 修改请求的方法
18  currentSampler.setMethod("PUT")
19
20  // 添加请求的参数
21  currentSampler.addArgument("param1", "value1")
22  currentSampler.addArgument("param2", "value2")
```

上述示例首先使用 ctx.getCurrentSampler()方法获取当前请求对象并保存到 currentSampler 对象中，然后通过这个对象获取请求的 URL、方法和参数，最后演示了如何修改请求的属性（如修改 URL、方法）以及添加请求的参数。

10.3.3　获取前一个取样器的响应信息

可以使用 ctx.getPreviousResult()方法获取前一个请求的响应结果对象，从而通过响应结果对象获取与响应相关的信息，比如响应状态码、响应数据、响应头等。

使用 ctx 对象获取前一个取样器的响应信息的示例如代码清单 10-2 所示。

代码清单 10-2　使用 ctx 对象获取前一个取样器的响应信息的示例

```
1  // 获取响应结果对象
2  def previousResult = ctx.getPreviousResult()
3
4  // 获取状态码
5  def statusCode = previousResult.getResponseCode()
6
7  // 获取响应数据
8  def responseData = previousResult.getResponseDataAsString()
9
10 // 获取响应头
11 def responseHeaders = previousResult.getResponseHeaders()
12
13 // 获取响应时间
14 def responseTime = previousResult.getTime()
15
16 // 使用日志记录获取的信息
17 log.info("状态码: " + statusCode)
18 log.info("响应数据: " + responseData)
19 log.info("响应头: " + responseHeaders)
20 log.info("响应时间: " + responseTime)
```

上述示例首先使用 ctx.getPreviousResult()方法获取前一个请求的响应结果对象 previousResult，然后通过这个对象获取状态码、响应数据、响应头与响应时间等信息。

10.3.4　获取前一个取样器的信息

可以使用 ctx.getPreviousSampler()方法获取前一个取样器对象，从而通过取样器对象获取与取样器相关的信息，比如协议、请求方法、主机名等。

使用 ctx 对象获取前一个取样器的信息的示例如代码清单 10-3 所示。

代码清单 10-3　使用 ctx 对象获取前一个取样器的信息的示例

```
1  // 获取前一个取样器对象
2  def previousSampler = ctx.getPreviousSampler()
3
```

```
4  // 获取协议
5  def protocol = previousSampler.getProtocol()
6
7  // 获取主机名
8  def domain = previousSampler.getDomain()
9
10 // 获取监听端口
11 def port = previousSampler.getPort()
12
13 // 获取请求方法
14 def method = previousSampler.getMethod()
15
16 // 使用日志记录获取的信息
17 log.info("Previous Protocol is: " + protocol)
18 log.info("Previous Domain is: " + domain)
19 log.info("Previous Port is: " + port)
20 log.info("Previous Method is: " + method)
```

上述示例首先使用 ctx.getPreviousSampler()方法获取前一个取样器对象 previousSampler，然后通过这个对象获取协议、主机名、监听端口与请求方法等信息。

10.3.5　获取变量与属性

可以使用 ctx.getVariables()方法获取测试计划中的所有变量，再通过 ctx.getVariables().get("variableName")访问特定的变量。还可以使用 ctx.getProperties()方法获取测试计划中的所有属性，再通过 ctx.getProperties().get("propertyName") 访问特定的属性。

使用 ctx 对象获取变量与属性的示例如代码清单 10-4 所示。

代码清单 10-4　使用 ctx 对象获取变量与属性的示例

```
1  // 获取所有变量
2  def variables = ctx.getVariables()
3
4  // 获取特定变量的值
5  def variableValue = variables.get("variableName")
6
7  // 获取所有属性
8  def properties = ctx.getProperties()
9
10 // 获取特定属性的值
11 def propertyValue = properties.get("propertyName")
```

上述示例首先使用 ctx.getVariables()方法获取测试计划中的所有变量，并将它们存储在 variables 变量中；然后通过 variables.get("variableName")获取名为 variableName 的变量的值；接下来使用 ctx.getProperties()方法获取所有属性，并将它们保存在 properties 变量中；最后通过 properties.get("propertyName")获取名为 propertyName 的属性的值。

10.3.6 获取线程（组）的相关信息

获取线程（组）相关信息的方法如下。

- ctx.getThreadNum()：获取当前线程组中的线程编号（编号从 0 开始）。
- ctx.getThreadGroup()：获取线程组对象，通过线程组对象可以访问线程组相关信息。
- ctx.getThread()：获取线程对象，通过线程对象可以访问线程相关信息。

使用 ctx 对象获取线程（组）相关信息的示例如代码清单 10-5 所示。

代码清单 10-5 使用 ctx 对象获取线程（组）相关信息的示例

```
1  // 获取当前线程组中的线程编号
2  def threadNum = ctx.getThreadNum()
3
4  // 获取线程组对象
5  def threadGroup = ctx.getThreadGroup()
6
7  // 获取线程组名称
8  def threadGroupName = threadGroup.getName()
9
10 // 获取线程组中发生取样器错误后所要执行的操作
11 log.info("Start Next Thread Loop on Error: " + threadGroup.getOnError
   StartNextLoop())
12 log.info("Stop Test on Error: " + threadGroup.getOnErrorStopTest())
13
14 // 获取线程对象
15 def thread = ctx.getThread()
16
17 // 获取线程名称
18 def threadName = thread.getThreadName()
19
20 // 获取线程启动时间
21 def startTime = thread.getStartTime()
22
23 // 获取线程结束时间
24 def endTime = thread.getEndTime()
```

上述示例首先使用 ctx.getThreadNum()方法获取当前线程组中的线程编号；然后使用 ctx.getThreadGroup()方法获取当前线程组对象，并调用其方法来获取线程组名称、发生取样器错误后所要执行的操作等信息；最后使用 ctx.getThread()方法获取线程对象，并调用其方法来获取线程名称，以及线程的启动时间与结束时间。

10.4 vars 对象

10.4.1   vars 对象简介

JMeter 的 vars 对象用于在测试中存储和操作变量值。vars 对象是 org.apache.jmeter.threads. JMeterVariables 类的一个实例，它允许在同一线程组中的不同组件之间共享和传递数据。

vars 对象具有以下特点。

- 存储变量值：vars 对象允许将变量名称和对应的值存储在其中。可以使用 vars.put()方法将变量添加到 vars 对象中，并使用 vars.get()方法从 vars 对象中获取变量值。
- 具有作用域：vars 对象的作用域仅限于线程范围，即每个线程都拥有自己独立的 vars 对象实例。这使得每个线程都能独立地管理和操作其变量。
- 线程安全：vars 对象是线程安全的，这意味着多个线程可以同时访问和操作 vars 对象中的变量，而不会引起冲突或造成数据丢失。
- 跨组件传递数据：由于 vars 对象对线程组是全局的，因此可以在线程组中的不同组件之间传递数据。例如，可以在一个正则表达式提取器中设置某个变量的值，并在后续的断言或其他组件中使用该变量的值。

10.4.2   操作变量

vars 对象提供了对变量进行 CRUD 操作的方法，如表 10-1 所示。

表 10-1   vars 对象提供的操作变量的方法

方法	描述
put(key, string)	创建或更新字符串变量（若变量存在，则更新，否则创建变量）
putObject(key, object)	创建或更新（任意类型）变量
get(key)	获取变量的值并将其转换为字符串
getObject(key)	获取变量的值（不进行字符串转换）
putAll(Map)	使用映射更新变量（若变量存在，则更新，否则创建变量）
entrySet()	获取当前线程组中所有变量的键值对集合
remove(key)	删除一个变量并返回其值

使用 vars 对象操作变量的示例如代码清单 10-6 所示。

代码清单 10-6   使用 vars 对象操作变量的示例

```
1   // 写入变量
2   vars.put("myVariable", "Hello, World!")
3
4   // 写入对象类型的变量
```

```
5  class MyCustomObject {
6      String name
7      int age
8
9      MyCustomObject(String name, int age) {
10         this.name = name
11         this.age = age
12     }
13 }
14
15 def myObject = new MyCustomObject("John", 30)
16 vars.putObject("myObject", myObject)
17
18 // 读取变量的值
19 def myVariableValue = vars.get("myVariable")
20
21 // 读取对象类型的变量的值
22 def retrievedObject = vars.getObject("myObject")
23
24 // 修改变量
25 vars.put("myVariable", "Updated value")
26
27 // 批量写入变量
28 def variableMap = ["var1": "Value 1", "var2": "Value 2"]
29 vars.putAll(variableMap)
30
31 // 获取所有变量的键值对集合
32 def variableSet = vars.entrySet()
33
34 // 遍历所有变量
35 for (entry in variableSet) {
36    def key = entry.key
37    def value = entry.value
38    log.info("Key: ${key}, Value: ${value}")
39 }
40
41 // 删除变量
42 vars.remove("myVariable")
```

上述示例演示了通过 vars 对象进行变量读写等操作的具体方法。首先使用 vars.put(key, string) 写入字符串类型的变量，并使用 vars.putObject(key, object)写入对象类型的变量。然后通过 vars.get(key)与 vars.getObject(key)分别读取字符串类型和对象类型的变量的值。接下来使用 vars.putAll(map)批量写入变量，并使用 vars.entrySet()获取所有变量的键值对集合。最后使用 vars.remove(key)删除指定的变量。

10.4.3　访问线程信息

vars 对象还提供了访问线程信息的方法，具体如表 10-2 所示。

表 10-2　vars 对象提供的访问线程信息的方法

方法	描述
getThreadName()	获取当前线程的名称
getIteration()	获取当前迭代的编号
incIteration()	将迭代编号递增 1

使用 vars 对象访问线程信息的示例如代码清单 10-7 所示。

代码清单 10-7　使用 vars 对象访问线程信息的示例

```
1  // 获取当前线程的名称
2  def threadName = vars.getThreadName()
3  log.info("Thread name: ${threadName}")
4
5  // 获取当前迭代的编号
6  def iteration = vars.getIteration()
7  log.info("Iteration: ${iteration}")
8
9  // 将迭代编号递增 1
10 vars.incIteration()
11
12 // 获取递增后的迭代编号
13 def newIteration = vars.getIteration()
14 log.info("New iteration: ${newIteration}")
```

上述示例首先使用 vars.getThreadName()获取当前线程的名称，并将其存储在 threadName 变量中，同时使用 log.info()输出线程名称；然后使用 vars.getIteration()获取当前迭代的编号，并将其存储在 iteration 变量中，同时通过 log.info()输出迭代编号；接下来使用 vars.incIteration()将迭代编号递增 1；最后使用 vars.getIteration()获取递增后的迭代编号，并通过 log.info()输出新的迭代编号。

10.5　props 对象

10.5.1　props 对象简介

JMeter 的 props 对象用于在测试中存储和管理全局属性。props 对象是 java.util.Properties 类的实例。因为 java.util.Properties 类继承自 Hashtable 类，所以 props 对象除了拥有与 vars 对象

类似的 get()和 put()等方法外，还继承了 Hashtable 类的方法。

全局属性是测试计划中可以在不同组件之间共享和访问的配置参数。通过使用 props 对象，我们可以在测试计划的不同组件中读取和设置全局属性的值，而 vars 对象仅支持在单个线程组中读取和设置局部变量。

props 对象具有以下特点。

- 全局性：props 对象是全局的，其中存储的属性可以在整个测试计划中的各个组件之间共享和访问。这意味着可以在测试计划的不同组件中读取和设置相同的属性值，方便属性的统一管理和共享。
- 存储属性：props 对象以键值对的形式存储属性。可以使用 put(key, value)方法保存属性的值，使用 get(key)方法获取属性的值。
- 动态配置：由于 props 对象是全局的，因此可以在运行时动态地更改属性的值。这样我们就能够根据需要自动调整测试计划中的组件行为，而无须手动修改每个组件。

10.5.2 操作属性

props 对象提供了对属性进行 CRUD 操作的方法，如表 10-3 所示。

表 10-3 props 对象提供的操作属性的方法

方法	描述
getProperty(String key)	用指定的键在属性列表中搜索属性。如果在属性列表中未找到该键，则接着递归检查默认属性列表及其默认值。如果未找到属性，则此方法返回 null
getProperty(String key, String defaultValue)	用指定的键在属性列表中搜索属性。如果在属性列表中未找到该键，则接着递归检查默认属性列表及其默认值。如果未找到属性，则此方法返回默认值
setProperty(String key, String value)	调用 Hashtable 类的 put()方法。使用 getProperty()方法提供并行性。强制要求属性的键和值使用字符串。此方法的返回值是调用 Hashtable 类的 put()方法所返回的结果
get(Object key)	返回指定的键所映射的值，如果此映射不包含此键的映射，则返回 null。更确切地讲，如果映射包含满足(key.equals(k))的从键 k 到值 v 的映射（最多只能有一个这样的映射），则此方法返回 v，否则返回 null
put(K key, V value)	将指定的键映射到哈希表中指定的值。键和值都不可以为 null。通过使用与原来的键相同的键调用 get()方法，可以获取相应的值
remove(Object key)	从哈希表中移除指定的键以及相应的值。如果该键不在哈希表中，则此方法不执行任何操作
clear()	将哈希表清空，使其不包含任何键

使用 props 对象操作属性的示例如代码清单 10-8 所示。

代码清单 10-8　使用 props 对象操作属性的示例

```
1  // 获取 token 的值
2  def token = vars.get("token")
3
4  // 将 token 的值保存到属性 gtoken 中
5  props.put("gtoken", token)
```

```
6
7  // 定义属性 userId
8  props.setProperty("userId", "9527")
9
10 // 获取属性 gtoken 的值
11 log.info("gtoken == " + props.get("gtoken"))
12
13 // 获取属性 userId 的值
14 log.info("userId == " + props.getProperty("userId"))
15
16 // 获取属性 age 的值
17 log.info("age == " + props.getProperty("age", "not defined"))
18
19 // 删除 userId 属性
20 props.remove("userId")
21
22 // 清空所有属性
23 props.clear()
24
25 // gtoken 属性不存在，返回 null
26 log.info("gtoken == " + props.get("gtoken"))
```

在上述示例中，第 2 行代码通过 vars.get("token")方法获取了 token 的值，并将其赋给变量 token。第 5 行代码使用 props.put()方法将变量 token 的值保存到属性 gtoken 中。第 8 行代码使用 props.setProperty()方法定义属性 userId 并将其设置为 9527。第 11 行代码使用 props.get()方法获取属性 gtoken 的值。第 14 行代码使用 props.getProperty()方法获取属性 userId 的值，若该属性不存在，则返回 null。第 17 行代码使用 props.getProperty()方法获取属性 age 的值，若该属性不存在，则返回设置的默认值 not defined。第 23 行代码使用 props.clear()方法清空所有属性。第 26 行代码使用 props.get()方法获取 gtoken 属性的值，此时由于之前已经将所有属性删除了，因此返回 null。

10.5.3　获取属性信息

除了 get()与 getProperty()方法以外，props 对象还提供了其他获取属性信息的方法，如表 10-4 所示。

表 10-4　props 对象提供的获取属性信息的其他方法

方法	描述
propertyNames()	返回属性列表中所有键的枚举，如果在主属性列表中未找到同名的键，则包括默认属性列表中不同的键
stringPropertyNames()	返回属性列表中的键集，其中键及对应的值是字符串，如果在主属性列表中未找到同名的键，则包括默认属性列表中不同的键。其中键或值不是 String 类型的属性将被忽略
keys()	返回哈希表中键的枚举

续表

方法	描述
elements()	返回哈希表中值的枚举。对返回的对象使用枚举方法，以便按顺序获取这些值
values()	返回映射中包含值的集合。此集合受映射支持，因此对映射的更改可在集合中反映出来，反之亦然。如果在此集合上的迭代器处于进行中时修改此映射（除非通过迭代器自身的 remove 操作），则迭代器的结果是不确定的。可以通过 Iterator.remove、Collection.remove、removeAll、retainAll 和 clear 操作移除元素，还可以从映射中移除相应的映射关系。不支持 add 和 addAll 操作

使用 props 对象获取属性信息的示例如代码清单 10-9 所示。

代码清单 10-9　使用 props 对象获取属性信息的示例

```
1   // 获取变量 token 的值
2   def token = vars.get("token")
3
4   // 将变量 token 的值保存到属性 gtoken 中
5   props.put("gtoken", token)
6
7   // 定义属性 userId
8   props.setProperty("userId", "9527")
9
10  // 遍历所有属性名（包括系统属性名与 JMeter 属性名）
11  props.propertyNames().each {
12      log.info("propertyName: " + it)
13  }
14
15  // 以下操作的都是 JMeter 属性
16  // 获取所有 JMeter 属性的键
17  log.info("propertyNames:" + props.keys().toList())
18
19  // 获取所有 JMeter 属性的值
20  log.info("propertyValues:" + props.values().toList())
21
22  // 遍历 JMeter 属性值
23  props.elements().each {
24      log.info("value = " + it)
25  }
```

在上述示例中，我们首先获取变量 token 的值，并将其保存到属性 gtoken 中。然后定义属性 userId 并将其设置为 9527。接下来通过 props.propertyNames().each 方法遍历所有属性名，包括系统属性名和 JMeter 属性名，并使用 log.info()输出每个属性的名称。随后通过 props.keys().toList()方法获取所有 JMeter 属性的键，并使用 log.info()输出这些键的列表。接下来通过 props.values().toList()方法获取所有 JMeter 属性的值，并使用 log.info()输出这些值的列表。最后通过 props.elements().each

方法遍历 JMeter 属性值，并使用 log.info() 输出每个属性的值。

10.5.4   其他方法

除了前面提到的方法，props 对象提供的其他方法如表 10-5 所示。

表 10-5   props 对象提供的其他方法

方法	描述
list(PrintStream out)	将属性列表输出到指定的输出流（字节流）。此方法对调试很有用
list(PrintWriter out)	将属性列表输出到指定的输出流（字符流）。此方法对调试很有用
size()	返回哈希表中键的数量
isEmpty()	测试哈希表中是否没有键映射到值
contains(Object value)	测试映射表中是否存在与指定值关联的键。此方法的开销比 containsKey() 方法大
containsValue(Object value)	如果此哈希表将一个或多个键映射到指定的值，则返回 true
containsKey(Object key)	测试指定对象是否为哈希表中的键
toString()	返回 Hashtable 对象的字符串表示形式，并将键和元素转换为字符串
equals(Object o)	按照 Map 接口的定义，比较指定对象与 Map 接口是否相等

10.6   AssertionResult 对象

10.6.1   AssertionResult 对象简介

JMeter 的 AssertionResult 对象用于在测试执行期间对请求和响应进行断言，并提供详细的断言结果信息。AssertionResult 对象是 org.apache.jmeter.assertions.AssertionResult 类的实例，它通常用于检查响应数据或者其他类型的测试元素是否满足特定的条件。如果断言失败或发生错误，则在测试计划中标记对应的请求为失败或错误。

在 JMeter 中，可以通过添加断言来检查请求和响应的各种属性，例如响应代码、内容、时间等，以确保测试计划的正确性。而 AssertionResult 类就是用来存储和操作断言结果信息的。

10.6.2   获取断言信息

AssertionResult 对象提供的获取断言信息的方法如表 10-6 所示。

表 10-6   AssertionResult 对象提供的获取断言信息的方法

方法	描述
getName()	获取断言的名称
isFailure()	检查断言是否失败
isError()	检查断言是否出错
getFailureMessage()	获取断言失败或出错的相关信息，若没有设置失败或出错信息，则返回 null

使用 AssertionResult 对象获取断言信息的示例如代码清单 10-10 所示。

代码清单 10-10　使用 AssertionResult 对象获取断言信息的示例

```
1  // 获取断言的名称
2  def assertionName = AssertionResult.getName()
3  log.info("assertionName == " + assertionName)
4
5  // 检查断言是否失败
6  if (AssertionResult.isFailure()) {
7      // 处理断言失败的逻辑
8      log.info(assertionName + "断言失败")
9  }
10 // 检查断言是否出错
11 if (AssertionResult.isError()) {
12     // 处理断言出错的逻辑
13     log.info("${assertionName}断言错误")
14 }
15 // 获取断言失败或出错的相关信息，若没有设置失败或出错信息，则返回 null
16 if (AssertionResult.getFailureMessage() != null) {
17     // 处理断言失败或出错的相关逻辑
18 }
```

这段代码演示了如何在 JMeter 中使用 Groovy 语言来检查并处理断言结果。首先通过 AssertionResult.getName()方法获取断言名称，并将其赋给变量 assertionName。然后使用 log.info() 输出断言名称。接下来通过 AssertionResult.isFailure()方法检查断言是否失败，如果失败，则执行处理断言失败的逻辑，并使用 log.info()输出断言失败的信息。同样，通过 AssertionResult.isError() 方法检查断言是否出错，如果出错，则执行处理断言出错的逻辑，并使用 log.info()输出断言出错的信息。最后通过 AssertionResult.getFailureMessage()方法获取断言失败或出错的相关信息，如果设置了失败或出错信息，则执行相应的处理逻辑。

10.6.3　设置断言结果

AssertionResult 对象提供的设置断言结果的方法如表 10-7 所示。

表 10-7　AssertionResult 对象提供的设置断言结果的方法

方法	描述
setError(boolean e)	设置指示断言发生错误的标志，true 表示断言发生错误，false 表示断言成功
setFailure(boolean f)	设置指示断言失败的标志，true 表示断言失败，false 表示断言成功
setFailureMessage(String message)	设置断言失败的消息，以提供有关断言失败或出错的更多详细信息
setResultForFailure(String message)	设置断言失败的便捷方法
setResultForNull()	设置断言结果为 null 的便捷方法

使用 AssertionResult 对象设置断言结果的示例如代码清单 10-11 所示。

代码清单 10-11　使用 AssertionResult 对象设置断言结果的示例

```
1    // 当条件满足时断言成功，否则断言失败
2    if (condition) {
3        // 设置断言成功
4        AssertionResult.setFailure(false)
5
6        // 设置断言成功的消息
7        AssertionResult.setFailureMessage("Message when assertion is successful")
8    } else {
9        // 设置断言失败
10       AssertionResult.setFailure(true)
11
12       // 设置断言失败的消息
13       AssertionResult.setFailureMessage("Error message when assertion fails")
14   }
```

这段代码演示了如何在 JMeter 中使用 Groovy 语言进行断言操作。首先判断条件是否满足，若条件满足，则通过 AssertionResult.setFailure(false)方法将断言结果设置为成功。若条件不满足，则使用 AssertionResult.setFailure(true)方法将断言结果设置为失败，并通过 AssertionResult.setFailureMessage()方法设置断言失败的消息。这样就可以提供更详细的信息来描述断言失败的原因。

10.7　sampler 对象

10.7.1　sampler 对象简介

JMeter 的 sampler 对象是指向当前取样器的指针，通过它可以获取与当前取样器交互的属性和方法。

对于 HTTP Sampler，sampler 对象是 org.apache.jmeter.protocol.http.sampler.HTTPSamplerProxy 类的实例，该类继承自 org.apache.jmeter.protocol.http.sampler.HTTPSamplerBase 类。因此，可以使用 sampler 对象访问 HTTPSamplerBase 类中的属性和方法。

10.7.2　获取请求基本信息

使用 sampler 对象的方法可以获取 HTTP 请求的相关信息，如协议、主机名、监听端口、URL 等。sampler 对象提供的获取请求基本信息的方法如表 10-8 所示。

表 10-8　sampler 对象提供的获取请求基本信息的方法

方法	描述
getProtocol()	获取协议名
getDomain()	获取主机名
getPort()	获取监听端口
getPath()	获取请求路径
getQueryString()	获取查询字符串
getUrl()	获取 URL 对象
getMethod()	获取请求方法
getContentEncoding()	获取请求内容的编码格式
getFollowRedirects()	用于确定是否开启跟随重定向，若开启则返回 true，否则返回 false
getAutoRedirects()	用于确定是否开启自动重定向，若开启则返回 true，否则返回 false

使用 sampler 对象获取请求基本信息的示例如代码清单 10-12 所示。

代码清单 10-12　使用 sampler 对象获取请求基本信息的示例

```
1  // 获取协议名
2  log.info("协议名: " + sampler.getProtocol())
3
4  // 获取主机名
5  log.info("主机名: " + sampler.getDomain())
6
7  // 获取监听端口
8  log.info("监听端口: " + sampler.getPort())
9
10 // 获取请求路径
11 log.info("请求路径: " + sampler.getPath())
12
13 // 获取查询字符串
14 log.info("查询字符串: " + sampler.getQueryString())
15
16 // 获取 URL
17 log.info("URL: " + sampler.getUrl())
18
19 // 获取请求方法
20 log.info("请求方法: " + sampler.getMethod())
21
22 // 获取请求内容的编码格式
23 log.info("请求内容的编码格式: " + sampler.getContentEncoding())
24
25 // 用于确定是否开启跟随重定向，若开启则返回 true，否则返回 false
```

```
26 log.info("跟随重定向: " + sampler.getFollowRedirects())
27
28 // 用于确定是否开启自动重定向, 若开启则返回 true, 否则返回 false
29 log.info("自动重定向: " + sampler.getAutoRedirects())
```

这段代码演示了如何在 JMeter 中获取 HTTP 请求的基本信息，包括协议名、主机名、监听端口、请求路径、查询字符串、URL、请求方法、字符集、是否开启跟随重定向和是否开启自动重定向等。

10.7.3　设置请求基本信息

sampler 对象提供的设置请求基本信息的方法如表 10-9 所示。

表 10-9　sampler 对象提供的设置请求基本信息的方法

方法	描述
setAutoRedirects(boolean value)	设置是否开启自动重定向
setContentEncoding(String charsetName)	设置请求内容的编码格式
setDomain(String value)	设置主机名
setFollowRedirects(boolean value)	设置是否开启跟随重定向
setMethod(String value)	设置请求方法
setPath(String path)或 setPath(String path, String contentEncoding)	设置请求路径
setPort(int value)	设置监听端口
setProtocol(String value)	设置协议
setResponseTimeout(String value)	设置响应超时时间

使用 sampler 对象设置请求基本信息的示例如代码清单 10-13 所示。

代码清单 10-13　使用 sampler 对象设置请求基本信息的示例

```
1  // 设置是否开启自动重定向
2  sampler.setAutoRedirects(true)
3
4  // 设置请求内容的编码格式
5  sampler.setContentEncoding("UTF-8")
6
7  // 设置请求的域名
8  sampler.setDomain("www.example.com")
9
10 // 设置是否开启跟随重定向
11 sampler.setFollowRedirects(true)
12
13 // 设置 HTTP 请求方法
```

```
14 sampler.setMethod("POST")
15
16 // 设置 HTTP 请求路径
17 sampler.setPath("/api/v1/users")
18
19 // 设置请求监听端口
20 sampler.setPort(8080)
21
22 // 设置请求的协议
23 sampler.setProtocol("http")
24
25 // 设置响应超时时间
26 sampler.setResponseTimeout("5000")
27
28 // 输出配置信息
29 log.info("Auto Redirects: ${sampler.getAutoRedirects()}")
30 log.info("Content Encoding: ${sampler.getContentEncoding()}")
31 log.info("Domain: ${sampler.getDomain()}")
32 log.info("Follow Redirects: ${sampler.getFollowRedirects()}")
33 log.info("Method: ${sampler.getMethod()}")
34 log.info("Path: ${sampler.getPath()}")
35 log.info("Port: ${sampler.getPort()}")
36 log.info("Protocol: ${sampler.getProtocol()}")
37 log.info("Response Timeout: ${sampler.getResponseTimeout()}")
```

这段代码演示了如何在 JMeter 中设置 HTTP 请求的基本信息,包括设置 HTTP 请求的自动重定向是否开启、编码格式、域名、跟随重定向是否开启、请求方法、请求路径、监听端口、协议和响应超时时间等。

10.7.4 请求头管理

通过使用 sampler 对象的两个请求头管理方法,以及 org.apache.jmeter.protocol.http.control. HeaderManager 类与 org.apache.jmeter.protocol.http.control.Header 类,可以对 HTTP 请求头进行有效的管理。sampler 对象提供的请求头管理方法如表 10-10 所示。

表 10-10 sampler 对象提供的请求头管理方法

方法	描述
getHeaderManager()	获取取样器当前的信息头管理器,返回 HeaderManager 对象
setHeaderManager(HeaderManager value)	将信息头管理器添加到取样器中

HeaderManager 类的相关方法如表 10-11 所示。

表 10-11　HeaderManager 类的相关方法

方法	描述
HeaderManager()	构造方法
add(Header h)	向信息头管理器中添加请求头
get(int i)	根据索引查找信息头管理器中对应的请求头
getHeaders()	获取信息头管理器中的所有请求头，返回 CollectionProperty 对象
remove(int index)	删除信息头管理器中对应索引的请求头
removeHeaderNamed(String name)	根据名称删除信息头管理器中匹配的请求头
clear()	清空信息头管理器

Header 类的相关方法如表 10-12 所示。

表 10-12　Header 类的相关方法

方法	描述
Header()或 Header(String name, String value)	构造方法
getName()	获取请求头字段名
getValue()	获取请求头字段值
setName(String name)	设置请求头字段名
setValue(String name)	设置请求头字段值

　　sampler.getHeaderManager()方法返回　org.apache.jmeter.protocol.http.control.HeaderManager 对象，若没有任何 HTTP 信息头管理器作用于 HTTP 请求，则返回 null。此时若需要添加请求头，则必须先创建一个 HTTP 信息头管理器，再添加请求头，最后将这个 HTTP 信息头管理器添加到取样器中。有时为了解决请求头的冲突问题，可以在添加请求头前先删除同名的请求头。创建请求头需要实例化 org.apache.jmeter.protocol.http.control.Header 类，其构造方法为 Header (String name, String value)。还可以使用 sampler.getHeaderManager().getHeaders().getStringValue()方法输出所有的请求头信息。

　　使用 sampler 对象进行请求头管理的示例如代码清单 10-14 所示。

代码清单 10-14　使用 sampler 对象进行请求头管理的示例

```
1    // 导入所需的类
2    import org.apache.jmeter.protocol.http.control.Header
3    import org.apache.jmeter.protocol.http.control.HeaderManager
4
5    // 判断取样器是否有信息头管理器
6    if (sampler.getHeaderManager()) {
7        // 获取当前的 HeaderManager 对象
8        def headerManager = sampler.getHeaderManager()
```

```
 9
10      // 删除指定的请求头，防止请求头冲突
11      headerManager.removeHeaderNamed("Content-Type")
12
13      // 创建一个新的请求头
14      def newHeader = new Header("Content-Type", "xxx")
15
16      // 将新的请求头添加到 HeaderManager 中
17      headerManager.add(newHeader)
18  } else {
19      // 创建一个新的 HeaderManager 对象
20      def headerManager = new HeaderManager()
21
22      // 设置 HeaderManager 的名称
23      headerManager.setName("Header Manager")
24
25      // 创建一个新的请求头
26      def newHeader = new Header("Content-Type", "xxx")
27
28      // 将新的请求头添加到 HeaderManager 中
29      headerManager.add(newHeader)
30
31      // 将 HeaderManager 对象添加到取样器中
32      sampler.setHeaderManager(headerManager)
33  }
34  // 输出请求头信息
35  def headers = sampler.getHeaderManager().getHeaders().getStringValue()
36  log.info("请求头: " + headers)
```

这段代码演示了如何在 JMeter 中设置 HTTP 请求的请求头。首先导入 Header 和 HeaderManager 两个类。如果 sampler 对象中已经存在 HeaderManager，则可以获取当前的 HeaderManager 对象，并通过 removeHeaderNamed()方法删除指定的请求头，防止请求头冲突。然后创建一个新的请求头，并通过 add()方法将其添加到 HeaderManager 中。如果 sampler 对象中不存在 HeaderManager，则需要创建一个新的 HeaderManager 对象，并设置其名称。接下来创建一个新的请求头，并将其添加到 HeaderManager 中。最后将 HeaderManager 对象添加到取样器中并输出请求头信息。

10.7.5　请求参数管理

通过使用 sampler 对象的请求参数管理方法，以及 org.apache.jmeter.config.Arguments 类与 org.apache.jmeter.config.Argument 类，可以方便地对 HTTP 请求参数进行管理。sampler 对象提供的请求参数管理方法如表 10-13 所示。

表 10-13　sampler 对象提供的请求参数管理方法

方法	描述
getArguments()	获取请求参数，返回 Arguments 对象
setArguments(Arguments value)	设置请求参数
addArgument(String name, String value)	添加请求参数，name 为参数名称，value 为参数值
addArgument(String name, String value, String metadata)	添加请求参数，name 为参数名称，value 为参数值，metadata 为参数元数据（通常是一些描述性信息或额外的属性，可以方便你更好地理解参数的含义或处理参数）
addEncodedArgument(String name, String value)	添加已编码的请求参数，name 为参数名称，value 为进行过编码处理的参数值
addEncodedArgument(String name, String value, String metaData)	添加已编码的请求参数，name 为参数名称，value 为进行过编码处理的参数值，metadata 为参数元数据
addEncodedArgument(String name, String value, String metaData, String contentEncoding)	添加已编码的请求参数，name 为参数名称，value 为进行过编码处理的参数值，metadata 为参数元数据，contentEncoding 为参数值的编码格式（如 UTF-8、ISO-8859-1 等）
addNonEncodedArgument(String name, String value, String metadata)	添加未编码的请求参数，name 为参数名称，value 为未进行编码处理的参数值，metadata 为参数元数据
addNonEncodedArgument(String name, String value, String metadata, String contentType)	添加未编码的请求参数，name 为参数名称，value 为未进行编码处理的参数值，metadata 为参数元数据，contentType 为参数值的内容类型（如 application/json、text/plain 等）

Arguments 类的方法如表 10-14 所示。

表 10-14　Arguments 类的方法

方法	描述
Arguments()	构造方法
getArguments()	获取请求参数，返回 CollectionProperty 对象
getArgument(int row)	根据索引获取对应参数
getArgumentsAsMap()	获取参数映射
addArgument(Argument arg)	添加请求参数（参数为 Argument 对象）
removeAllArguments()	删除所有的参数
clear()	清空参数
removeArgument(int row)	删除索引所对应的参数
removeArgument(String argName)	根据参数名称删除参数
removeArgument(String argName, String argValue)	根据参数名称与值删除参数

Argument 类的方法如表 10-15 所示。

表 10-15　Argument 类的方法

方法	描述
Argument()或 Argument(String name, String value)或 Argument(String name, String value, String metadata)或 Argument(String name, String value, String metadata, String description)	构造方法
getName()	获取参数名称
getValue()	获取参数值
getMetaData()	获取参数元数据

方法	描述
setName(String newName)	设置参数名称
setValue(String newValue)	设置参数值
setMetaData(String newMetaData)	设置参数元数据

sampler.getArguments()方法返回 org.apache.jmeter.config.Arguments 对象。JMeter 中的一个参数就是一个名值（name-value）对，表格形式的参数数据很好理解，每一个输入项就是一个参数（名值对）。JSON、XML 格式的参数数据比较特殊，JMeter 将其 name 处理成空字符串（""），而将其 value 处理成 JSON 或 XML 格式数据的一个名值对。因此可以将一个 Arguments 对象看成一个一元映射列表，其中的每一个列表项就是一个一元映射。

使用 sampler 对象进行请求参数管理的示例如代码清单 10-15 所示。

代码清单 10-15　使用 sampler 对象进行请求参数管理的示例

```
1   import org.apache.jmeter.config.Arguments
2   import org.apache.jmeter.config.Argument
3
4   // 获取请求参数
5   def args = sampler.getArguments()
6
7   // 查看请求参数映射
8   log.info("请求参数映射: " + args.getArgumentsAsMap())
9
10  // 查看第一个请求参数
11  def firstParam = args.getArgument(0)
12  log.info(firstParam.getName())
13  log.info(firstParam.getValue())
14
15  // 添加请求参数
16  sampler.addArgument("ccc", "333")
17
18  // 查看添加后的请求参数映射
19  log.info("请求参数映射: " + args.getArgumentsAsMap())
20
21  // 修改最后一个请求参数
22  def lastParam = args.getArgument(args.size() - 1)
23  lastParam.setValue("444")
24
25  // 查看修改后的请求参数映射
26  log.info("请求参数映射: " + args.getArgumentsAsMap())
27
28  // 删除参数
```

```
29 args.removeArgument("ccc")
30
31 // 查看删除后的请求参数映射
32 log.info("请求参数映射: " + args.getArgumentsAsMap())
33
34 // 清空参数
35 args.clear()
36
37 // 查看清空后的请求参数映射
38 log.info("请求参数映射: " + args.getArgumentsAsMap())
39
40 // 添加未进行编码处理的 JSON 格式的参数, 参数名称为空字符串
41 sampler.addNonEncodedArgument("", '{"username": "Mike", "password":
   "123456"}', "")
42
43 // 查看添加后的请求参数映射
44 log.info("请求参数映射: " + args.getArgumentsAsMap())
```

这段代码演示了如何在 JMeter 中设置请求参数。首先导入 Arguments 和 Argument 两个类，然后通过 sampler.getArguments()方法获得请求的参数对象 args；通过 getArgumentsAsMap()方法获得请求参数的映射关系，并使用 log.info()方法输出；通过 getArgument()方法获取特定位置的请求参数，并使用 getName()和 getValue()方法获取参数名称和参数值。要添加新的请求参数，可以使用 sampler.addArgument(name, value)方法，其中 name 是参数名称，value 是参数值。要修改已有的请求参数，可以通过索引或参数名称来获得参数对象，并使用 setValue(value)方法修改参数值。要删除参数，可以使用 removeArgument(name)方法，其中 name 是要删除的参数的名称。要清空所有参数，可以使用 clear()方法。要添加 JSON 格式的参数，可以使用 sampler. addNonEncodedArgument(name, value, metadata)方法，其中 name 是参数名称，value 是参数值，metadata 是参数元数据，可以为空字符串。最后使用 getArgumentsAsMap()方法再次查看请求参数的映射关系，并使用 log.info()方法输出，以检查是否成功添加、修改或删除了请求参数。

10.7.6　文件上传参数管理

通过使用 sampler 对象的文件上传参数管理方法，以及 org.apache.jmeter.protocol.http.util. HTTPFileArg 类与 org.apache.jmeter.protocol.http.util.HTTPFileArgs 类，可以方便地对 HTTP 请求文件上传参数进行管理。sampler 对象提供的文件上传参数管理方法如表 10-16 所示。

表 10-16　sampler 对象提供的文件上传参数管理方法

方法	描述
getHTTPFiles()	获取文件上传参数, 返回 HTTPFileArg 对象数组
setHTTPFiles(HTTPFileArg[] files)	将文件上传参数添加到取样器中

HTTPFileArg 类的方法如表 10-17 所示。

表 10-17　HTTPFileArg 类的方法

方法	描述
HTTPFileArg()或 HTTPFileArg(String path)或 HTTPFileArg(String path, String paramname, String mimetype)或 HTTPFileArg(HTTPFileArg file)或 HTTPFileArg(JMeterProperty path, JMeterProperty paramname, JMeterProperty mimetype)	构造方法
getPath()	获取文件上传参数的文件路径
getParamName()	获取文件上传参数的参数名称
getMimeType()	获取文件上传参数的 MIME 类型
setPath(String newPath)	设置文件上传参数的文件路径
setParamName(String newParamName)	设置文件上传参数的参数名称
setMimeType(String newMimeType)	设置文件上传参数的 MIME 类型

HTTPFileArgs 类的方法如表 10-18 所示。

表 10-18　HTTPFileArgs 类的方法

方法	描述
HTTPFileArgs()	构造方法
addHTTPFileArg(String path)或 addHTTPFileArg(String path, String param, String mime)或 addHTTPFileArg(HTTPFileArg file)	将文件添加到文件参数列表中
asArray()	将文件参数列表转换为 HTTPFileArg 对象数组
getHTTPFileArg(int row)	根据索引获取文件参数
getHTTPFileArgCount()	获取文件参数个数
removeHTTPFileArg(int row)	删除索引所对应的文件参数
removeHTTPFileArg(HTTPFileArg file)	删除文件参数
removeAllHTTPFileArgs()	删除所有文件参数
clear()	清空文件参数列表
setHTTPFileArgs(List<HTTPFileArg> files)	设置文件参数列表

使用 sampler 对象进行文件上传参数管理的一个示例如代码清单 10-16 所示。

代码清单 10-16　使用 sampler 对象进行文件上传参数管理的一个示例

```
1  import org.apache.jmeter.protocol.http.util.HTTPFileArg
2
3  // 获取已有的 HTTPFileArg 对象数组
4  def fileExists = sampler.getHTTPFiles()
5
6  // 创建一个 ArrayList 对象来存储 HTTPFileArg 对象数组
7  ArrayList<HTTPFileArg> fileList = new ArrayList<HTTPFileArg>()
8
9  // 将 HTTPFileArg 对象数组添加到 ArrayList 中
```

```
10  fileList.addAll(fileExists)
11
12  // 创建一个 HTTPFileArg 对象
13  HTTPFileArg fileArg = new HTTPFileArg()
14
15  // 设置要上传的文件的路径、参数名称、MIME 类型，可以直接在构造方法中设置
16  fileArg.setPath("d:/Appium.png")
17  fileArg.setParamName("book")
18  fileArg.setMimeType("image/png")
19
20  // 将 HTTPFileArg 对象添加到 ArrayList 中
21  fileList.add(fileArg)
22
23  // 将 ArrayList 转换为 HTTPFileArg 对象数组
24  HTTPFileArg[] fileArgs = fileList.toArray(new HTTPFileArg[fileList.size()])
25
26  // 将文件参数添加到取样器中
27  sampler.setHTTPFiles(fileArgs)
```

这段代码的作用是将已存在的 HTTPFileArg 对象数组和新创建的 HTTPFileArg 对象添加到一个 ArrayList 中，并将该 ArrayList 转换为 HTTPFileArg 对象数组，然后将文件参数添加到 JMeter 的取样器中。

如果刚开始没有设置任何文件上传参数，那么还可以使用 HTTPFileArgs 类来操作、管理文件参数。使用 sampler 对象进行文件上传参数管理的另一个示例如代码清单 10-17 所示。

代码清单 10-17   使用 sampler 对象进行文件上传参数管理的另一个示例

```
1   import org.apache.jmeter.protocol.http.util.HTTPFileArg
2   import org.apache.jmeter.protocol.http.util.HTTPFileArgs
3
4   // 创建两个 HTTPFileArg 对象，设置文件路径、参数名称、MIME 类型等信息
5   HTTPFileArg fileArg1 = new HTTPFileArg("/path/to/file1.txt", "file1",
    "text/plain")
6   HTTPFileArg fileArg2 = new HTTPFileArg("/path/to/file2.txt", "file2",
    "text/plain")
7
8   // 创建一个 HTTPFileArgs 对象
9   HTTPFileArgs fileArgs = new HTTPFileArgs()
10
11  // 添加多个 HTTPFileArg 对象
12  fileArgs.addHTTPFileArg(fileArg1)
13  fileArgs.addHTTPFileArg(fileArg2)
14
15  // 将 HTTPFileArgs 对象添加到 JMeter 取样器中
16  sampler.setHTTPFiles(fileArgs.asArray())
```

这段代码的作用是将多个文件参数添加到 JMeter 的 HTTP 请求中。首先创建两个 HTTPFileArg 对象，并设置文件路径、参数名称和 MIME 类型等信息。然后创建一个空的 HTTPFileArgs 对象 fileArgs，使用 addHTTPFileArg()方法将两个 HTTPFileArg 对象添加到 fileArgs 中。最后使用 asArray() 方法将 HTTPFileArgs 对象转换为 HTTPFileArg 对象数组并添加到 JMeter 取样器中。

10.8 prev 对象

10.8.1 prev 对象简介

JMeter 的 prev 对象用于访问前一个取样器执行的结果。通过 prev 对象的属性和方法，可以方便地获取和处理前一个取样器的响应数据和信息，实现更复杂的测试逻辑和数据分析。prev 对象是 org.apache.jmeter.samplers.SampleResult 类的实例。

需要注意的是，prev 对象只能在同一线程组内部使用，并且仅适用于操作前一个取样器的数据。

有一个与 prev 对象类似的对象——SampleResult 对象，该对象可以在 JSR223 Sampler 中使用，而 prev 对象不能，除此之外两者并无太大的差异。SampleResult 对象的使用不再单独介绍，读者可以参考 prev 对象的用法。

10.8.2 获取响应信息

prev 对象提供的获取响应信息的方法如表 10-19 所示。

表 10-19 prev 对象提供的获取响应信息的方法

方法	描述
getResponseCode()	获取响应状态码
getResponseMessage()	获取响应消息
getResponseData()	获取取样器响应体的字节数据
getResponseDataAsString()	获取取样器响应体字符串
getDataType()	获取取样器响应体数据类型，可以为 binary、text 或空字符串（""）
getDataEncodingWithDefault()	获取数据编码，若没有提供数据编码，则返回默认数据编码（DEFAULT_ENCODING）
getResponseHeaders()	获取取样器响应头（包含状态行）
getContentType()	获取取样器响应头中 Content-Type 字段的值域（包含参数）
getMediaType()	获取取样器响应头中 Content-Type 字段的值域（不包含参数）
getBytesAsLong()	获取取样器响应报文的大小
getLatency()	获取延迟时间
getConnectTime()	获取连接时间
getResultFileName()	获取响应结果保存路径
getHeadersSize()	获取取样器响应头大小
getBodySizeAsLong()	获取取样器响应体大小

使用 prev 对象获取响应信息的示例如代码清单 10-18 所示。

代码清单 10-18　使用 prev 对象获取响应信息的示例

```
1   // 获取响应状态码
2   def responseCode = prev.getResponseCode()
3   log.info("Response Code: $responseCode")
4
5   // 获取响应消息
6   def responseMessage = prev.getResponseMessage()
7   log.info("Response Message: $responseMessage")
8
9   // 获取响应体的字节数据
10  def responseData = prev.getResponseData()
11  log.info("Response Data: $responseData")
12
13  // 获取响应体字符串
14  def responseDataAsString = prev.getResponseDataAsString()
15  log.info("Response Data as String: $responseDataAsString")
16
17  // 获取响应体数据类型，可能为 text 或 binary
18  def dataType = prev.getDataType()
19  log.info("Data Type: $dataType")
20
21  // 获取数据编码，若没有提供数据编码，则返回默认数据编码（DEFAULT_ENCODING）
22  def dataEncoding = prev.getDataEncodingWithDefault()
23  log.info("Data Encoding: $dataEncoding")
24
25  // 获取响应头（包含状态行）
26  def responseHeaders = prev.getResponseHeaders()
27  log.info("Response Headers: $responseHeaders")
28
29  // 获取响应头中 Content-Type 字段的值域（包含参数）
30  def contentType = prev.getContentType()
31  log.info("Content Type: $contentType")
32
33  // 获取响应头中 Content-Type 字段的值域（不包含参数）
34  def mediaType = prev.getMediaType()
35  log.info("Media Type: $mediaType")
36
37  // 获取响应报文的大小
38  def bytes = prev.getBytesAsLong()
39  log.info("Bytes: $bytes")
40
41  // 获取延迟时间
```

```
42 def latency = prev.getLatency()
43 log.info("Latency: $latency")
44
45 // 获取连接时间
46 def connectTime = prev.getConnectTime()
47 log.info("Connect Time: $connectTime")
48
49 // 获取响应结果保存路径
50 def resultFileName = prev.getResultFileName()
51 log.info("Result File Name: $resultFileName")
52
53 // 获取响应头大小
54 def headersSize = prev.getHeadersSize()
55 log.info("Headers Size: $headersSize")
56
57 // 获取响应体大小
58 def bodySize = prev.getBodySizeAsLong()
59 log.info("Body Size: $bodySize")
```

这段代码演示了如何在 JMeter 中获取 HTTP 请求的响应信息。通过 prev 对象可以获取前一个请求的响应信息。使用 getResponseCode()方法可以获取响应状态码，使用 getResponseMessage()方法可以获取响应消息。通过 getResponseData()方法可以获取响应体的字节数据。使用 getResponseDataAsString()方法可以获取响应体数据的字符串形式。使用 getDataType()方法可以获取响应体数据类型，可能是 text 或 binary。使用 getDataEncodingWithDefault()方法可以获取数据编码，如果没有提供数据编码，则返回默认数据编码。通过 getResponseHeaders()方法可以获取响应头信息，包括状态行。使用 getContentType()方法可以获取响应头中 Content-Type 字段的值域，包括参数。使用 getMediaType()方法可以获取不包含参数的 Content-Type 字段的值域。使用 getBytesAsLong()方法可以获取响应报文的大小（字节数）。通过 getLatency()方法可以获取延迟时间，即从发送请求到接收到首字节数据的时间。使用 getConnectTime()方法可以获取连接时间，即建立连接所花费的时间。使用 getResultFileName()方法可以获取响应结果保存路径。通过 getHeadersSize()方法可以获取响应头大小。使用 getBodySizeAsLong()方法可以获取响应体大小（字节数）。

10.8.3 获取请求信息

prev 对象提供的获取请求信息的方法如表 10-20 所示。

表 10-20 prev 对象提供的获取请求信息的方法

方法	描述
getSamplerData()	获取取样器请求体字符串
getRequestHeaders()	获取取样器请求头
getSentBytes()	获取取样器请求报文的大小

续表

方法	描述
getURL()	获取取样器请求 URL 对象
getUrlAsString()	获取取样器请求 URL 字符串

使用 prev 对象获取请求信息的示例如代码清单 10-19 所示。

代码清单 10-19　使用 prev 对象获取请求信息的示例

```
1   // 获取请求体
2   def samplerData = prev.getSamplerData()
3   log.info("Sampler Data: $samplerData")
4
5   // 获取请求头
6   def requestHeaders = prev.getRequestHeaders()
7   log.info("Request Headers: $requestHeaders")
8
9   // 获取请求报文的大小
10  def sentBytes = prev.getSentBytes()
11  log.info("Sent Bytes: $sentBytes")
12
13  // 获取请求 URL 对象
14  def url = prev.getURL()
15  log.info("URL: $url")
16
17  // 获取请求 URL 字符串
18  def urlString = prev.getUrlAsString()
19  log.info("URL String: $urlString")
```

这段代码演示了如何在 JMeter 中获取 HTTP 请求的请求信息。使用 getSamplerData()方法可以获取请求体。通过 getRequestHeaders()方法可以获取请求头。使用 getSentBytes()方法可以获取请求报文的大小（字节数）。通过 getURL()方法可以获取请求 URL 对象。使用 getUrlAsString()方法可以获取请求 URL 字符串。

10.8.4　设置响应信息

prev 对象提供的设置响应信息的方法如表 10-21 所示。

表 10-21　prev 对象提供的设置响应信息的方法

方法	描述
setResponseCodeOK()	设置响应消息为 OK 时对应的状态码
setResponseCode(String code)	设置响应状态码

方法	描述
setResponseMessage(String msg)	设置响应消息
setResponseMessageOK()	设置响应消息为 OK
setResponseOK()	设置响应成功
setResponseData(byte[] response)或 setResponseData (String response, String encoding)	设置响应体数据（使用第二种参数形式时还可以设置字符编码）
setDataType(String dataType)	设置取样器响应体数据类型，可以为 binary 或 text
setSuccessful(boolean success)	设置取样器请求结果为成功
setDataEncoding(String dataEncoding)	设置数据编码
setResponseHeaders(String string)	设置取样器响应头
setContentType(String string)	设置取样器响应头中 Content-Type 字段的值域

使用 prev 对象设置响应信息的示例如代码清单 10-20 所示。

代码清单 10-20　使用 prev 对象设置响应信息的示例

```
1   // 设置响应状态码
2   prev.setResponseCode("200")
3
4   // 设置响应体数据，字符编码为 UTF-8
5   prev.setResponseData("hello world", "UTF-8")
6
7   // 设置取样器请求结果为成功并设置响应消息
8   prev.setSuccessful(true)
9   prev.setResponseMessage("Created")
10
11  // 设置响应体数据编码为 UTF-8
12  prev.setDataEncoding("UTF-8")
13
14  // 设置响应头
15  prev.setResponseHeaders("Content-Type: text/plain")
16
17  // 设置响应头中 Content-Type 字段的值域
18  prev.setContentType("text/html")
19
20  // 可以通过以下方式设置多个响应头字段
21  prev.setResponseHeaders("Content-Type: text/plain\nServer: Apache Tomcat")
```

这段代码演示了如何在 JMeter 中设置 HTTP 请求的响应信息。使用 setResponseCode()方法可以设置响应状态码，以上示例中响应状态码被设置为 200。通过 setResponseData()方法可以设置响应体数据和字符编码，以上示例中响应体数据被设置为 hello world，字符编码被设置为 UTF-8。以上示例使用 setSuccessful(true)方法将取样器请求结果设置为成功，并使用 setResponseMessage()方

法将响应消息设置为 Created。通过 setDataEncoding()方法可以设置响应体数据编码，以上示例中
响应体数据编码被设置为 UTF-8。使用 setResponseHeaders()方法可以设置响应头，以上示例设置
了一个 Content-Type 字段值为 text/plain 的响应头。通过 setContentType()方法可以设置响应头中
Content-Type 字段的值域，以上示例将 Content-Type 字段的值域设置为 text/html。还可以通过
setResponseHeaders()方法设置多个响应头字段，以上示例设置了两个响应头字段——"Content-Type:
text/plain"和"Server: Apache Tomcat"。

10.8.5　其他方法

　　prev 对象提供的其他方法如表 10-22 所示。

表 10-22　prev 对象提供的其他方法

方法	描述
setRequestHeaders(String string)	设置取样器请求头
getThreadName()	获取线程名
setThreadName(String threadName)	设置线程名
getSampleLabel()或 getSampleLabel(boolean includeGroup)	获取取样器名称
setSampleLabel(String label)	设置取样器名称
getAssertionResults()	获取取样器断言结果，返回 AssertionResult 数组，若不包含断言，则返回空数组
isSuccessful()	判断取样器请求是否成功
isBinaryType(String ct)	判断 DataType 是否为 binary
getGroupThreads()	获取线程组下正在运行的线程数
getAllThreads()	获取测试计划下所有正在运行的线程数

10.9　log 对象

10.9.1　log 对象简介

　　在 JMeter 中，log 对象用于在测试计划运行期间输出日志信息。它提供了一些方法，你可以
将自定义的日志消息输出到 JMeter 的日志文件中。log 对象是 org.apache.logging.slf4j.Log4jLogger
类的实例。

　　通过 log 对象可以将关键信息、调试信息或错误信息记录到 JMeter 的日志文件中，以便在
测试过程中进行监控和故障排查。

10.9.2　日志记录

　　log 对象提供的日志记录方法如表 10-23 所示。

表 10-23　log 对象提供的日志记录方法

方法	描述
trace(String msg)	记录 TRACE 级别的日志信息
debug(String msg)	记录 DEBUG 级别的日志信息
info(String msg)	记录 INFO 级别的日志信息
warn(String msg)	记录 WARN 级别的日志信息
error(String msg)	记录 ERROR 级别的日志信息

使用 log 对象进行日志记录的示例如代码清单 10-21 所示。

代码清单 10-21　使用 log 对象进行日志记录的示例

```
1  // 记录 TRACE 级别的日志信息
2  log.trace("This is a trace log message")
3
4  // 记录 DEBUG 级别的日志信息
5  log.debug("This is a debug log message")
6
7  // 记录 INFO 级别的日志信息
8  log.info("This is an info log message")
9
10 // 记录 WARN 级别的日志信息
11 log.warn("This is a warning log message")
12
13 // 记录 ERROR 级别的日志信息
14 log.error("This is an error log message")
15
16 // 可以通过运算符 "+" 将文本与变量拼接成字符串
17 def statusCode = prev.getResponseCode()
18 log.info('statusCode is ' + statusCode)
19
20 // 可以使用 Groovy 语言的字符串插值功能
21 def message = prev.getResponseMessage()
22 log.info("message is ${message}")
```

这段代码演示了如何在 JMeter 中记录不同级别的日志信息。使用 log.trace()方法可以记录 TRACE 级别的日志信息。通过 log.debug()方法可以记录 DEBUG 级别的日志信息。使用 log.info()方法可以记录 INFO 级别的日志信息。通过 log.warn()方法可以记录 WARN 级别的日志信息。使用 log.error()方法可以记录 ERROR 级别的日志信息。在记录日志信息时，文本与变量可以通过 "+" 运算符拼接成字符串。变量或表达式也可以通过字符串插值的方式嵌入字符串中，但需要注意的是，在 Groovy 语言中，只有双引号字符串才支持插值。

根据需要，在适当的位置插入这些方法，以记录相应级别的日志信息。注意，默认情况下，

JMeter 只会记录 INFO 及其以上级别的日志信息。如果想要记录更低级别的日志信息，则需要进行相应的配置。

10.9.3 其他方法

log 对象提供的其他方法如表 10-24 所示。

表 10-24 log 对象提供的其他方法

方法	描述
getName()	返回 Logger 实例的名称
isTraceEnabled()	判断 Logger 实例是否开启 TRACE 级别日志
isDebugEnabled()	判断 Logger 实例是否开启 DEBUG 级别日志
isInfoEnabled()	判断 Logger 实例是否开启 INFO 级别日志
isWarnEnabled()	判断 Logger 实例是否开启 WARN 级别日志
isErrorEnabled()	判断 Logger 实例是否开启 ERROR 级别日志

10.10 其他内置对象

Label 对象是 java.lang.String 类的实例。每个 JMeter 元素都有一个 Name 属性，Label 就是 Name 属性的值。

FileName 对象也是 java.lang.String 类的实例。FileName 的值是测试执行外部脚本文件的路径。

Parameters 对象仍然是 java.lang.String 类的实例。Parameters 的值是传递给脚本的参数字符串（将多个参数当作一个字符串）。

args 对象是 java.lang.String 数组。args 的值是传递给脚本的参数字符串数组（多个参数默认以空白字符分隔）。

使用 args 对象的一个示例如图 10-2 所示。

当使用 JSR223 Sampler 编写脚本时，通过 Parameters 选项传入参数 "p1 p2 p3"，参数之间用空格分隔。若要在 Script 输入框中获取传入的参数值，可以使用 args 对象，JMeter 会自动将多个参数按空白字符拆分并存入 args 对象中，这样就可以使用索引（索引从 0 开始）来访问不同的参数值。args[0]、args[1]与 args[2]对应的值分别为 p1、p2 和 p3。

在 JMeter 中，OUT 对象用于将自定义消息输出到控制台。OUT 对象提供了一些方法，你可以在测试计划运行期间向控制台输出信息。OUT 对象是 java.io.PrintStream 类的实例。

OUT 对象主要用于调试和输出自定义消息，以便进行实时监控和调试。OUT 对象提供的常用方法如下。

■ OUT.println(String message)：输出一行消息到控制台，并自动换行。

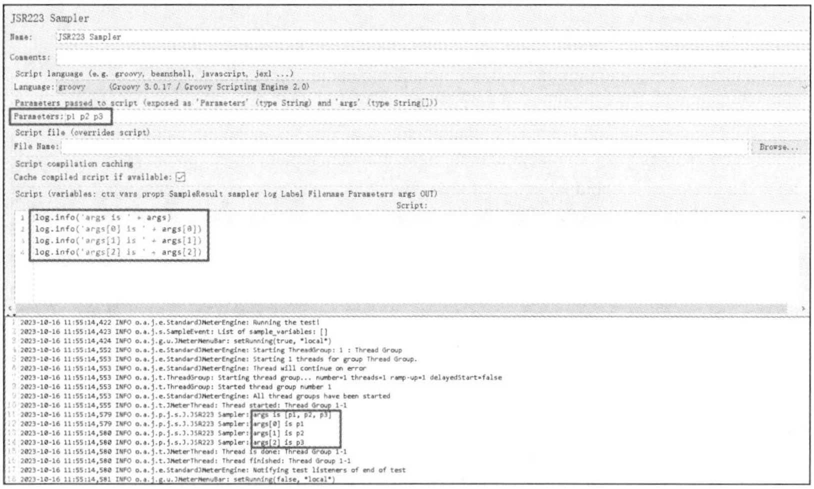

图 10-2 使用 args 对象的一个示例

■ OUT.print(String message)：输出消息到控制台，不自动换行。

这两个方法都接收一个字符串参数，用于指定要输出的消息。可以根据需要使用 println()
或 print()方法输出不同格式的消息。通过使用 OUT 对象，可以向控制台输出自定义消息，如
变量值、计算结果、调试信息等。

以下示例演示了如何在 JMeter 中使用 OUT 对象输出消息到控制台。

```
// 输出消息到控制台
OUT.println("This is a message.")
OUT.print("This is ")
OUT.print("another message.")
```

当在 JMeter 中执行测试计划时，通过使用 OUT 对象输出消息，可以在控制台实时查看相
关信息，以便进行调试和监控测试结果。

10.11 小结

本章介绍了 JMeter 中的内置对象，包括 ctx、vars、props、AssertionResult、sampler、prev、
log 对象等。学习这些内置对象的功能和用法可以提高读者在 JMeter 中编写性能测试脚本的能
力。通过了解和灵活运用这些内置对象，读者可以更加有效地处理测试数据和进行结果验证。

第 11 章　JSR223 元素与 Groovy 脚本开发

在 JMeter 中，JSR223 规范提供了一种强大的机制，允许开发人员使用各种支持 JSR223 规范的脚本语言，如 Groovy、JavaScript 等，编写自定义逻辑和操作。其中，作为一种功能强大的动态语言，Groovy 被广泛应用于脚本开发。

本章将介绍使用 JSR223 元素进行脚本开发的基本技巧和方法，以及如何将它们灵活地应用于各种测试场景。这将极大地增强 JMeter 的可扩展性和可定制性，帮助读者更好地完成性能测试和负载测试任务。

11.1　JSR223 元素与 Groovy 编程

JSR223 元素是 JMeter 中的一类功能十分强大的元素，它们允许用户使用多种脚本语言编写自定义代码。JSR223 元素的主要用途是在测试计划中执行自定义逻辑，如处理请求和响应数据、生成动态值、执行特定的计算或操作等。通过 JSR223 元素，用户可以灵活地扩展 JMeter 的功能，满足各种测试需求。

JSR223 元素支持多种脚本语言，包括但不限于以下几种。

- Groovy：一种基于 Java 语法的动态语言，具有强大的功能，可以与 Java 无缝集成。
- JavaScript：一种使用广泛的脚本语言，可以在浏览器和服务器端运行。
- BeanShell：一种简单的 Java 脚本语言，可以与现有的 Java 类和库进行交互。
- JEXL：一种简单而灵活的脚本语言，支持类似于 Java 的语法。

当使用 JSR223 元素时，可以选择合适的脚本语言，并编写自定义代码来实现特定的逻辑和操作。这提供了更强的灵活性和可定制性，可以满足各种测试场景的需求。

需要注意的是，使用 JSR223 元素和脚本语言可能会对测试性能产生一定的影响。复杂或低效的脚本可能会导致测试性能下降。因此，在编写和使用脚本时，应该谨慎评估其性能，并进行适当的优化。

11.1.1　添加和配置 JSR223 元素

所有 JSR223 元素的添加和配置操作都是类似的。这里以 JSR223 PreProcessor 为例进行说明。

在 JMeter 中，右击需要添加 JSR223 PreProcessor 的测试元素，选择 Add→Pre Processors→JSR223 PreProcessor，即可添加 JSR223 PreProcessor。JSR223 PreProcessor 配置面板如图 11-1 所示。

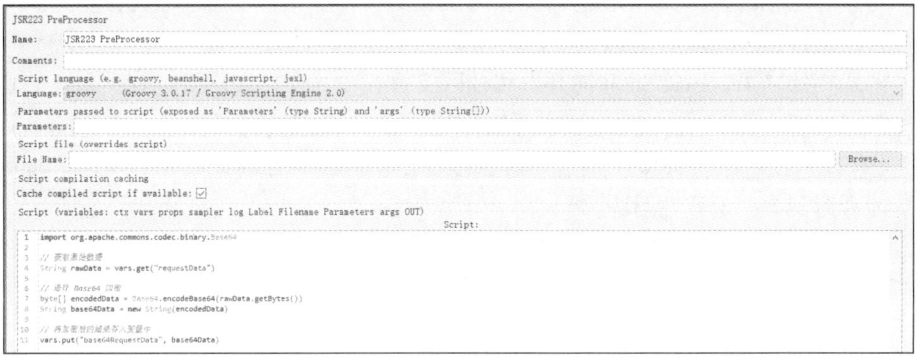

图 11-1　JSR223 PreProcessor 配置面板

Script language(e.g. groovy, beanshell, javascript, jexl)选项组用于选择使用的脚本语言。其中的 Language 下拉列表用于根据实际情况选择脚本语言，默认选择 Groovy 对应的选项。

Parameters passed to script (exposed as 'Parameters' (type String) and 'args' (type String[]))选项组用于设置传递给脚本的参数。其中的 Parameters 选项用于设置传递给脚本的参数。多个参数之间用空格分隔，在脚本中可以使用内置对象 Parameters 或 args 来引用。多个参数可当作一个字符串存放在 Parameters 对象中，或者按空格拆分成多个字符串存放在 args 对象中。

Script file (overrides script)选项组用于设置引用的外部脚本文件。其中的 File Name 选项用于设置引用的外部脚本文件的路径。在脚本中可以使用 FileName 内置对象获取外部脚本文件的路径。

注意，外部脚本文件中的脚本会覆盖你在 Script 输入框中输入的脚本。

Script compilation caching 选项组用于设置是否缓存编译后的脚本。其中的 Cache compiled script if available 复选框用于指定是否启用脚本编译缓存机制。在 JMeter 中，当使用 JSR223 元素执行 Groovy 脚本或其他支持编译的脚本时，可以启用脚本编译缓存机制。这样第一次执行脚本时就会进行编译，并将编译后的字节码缓存起来。在后续执行中，如果脚本内容没有发生变化，JMeter 将直接使用缓存的字节码，而不需要再次编译。这避免了重复编译脚本的开销，可以显著提高执行脚本的性能。特别是在循环执行或大规模并发场景中，性能的提升效果更明显。

Script 输入框用于编辑自定义脚本。

11.1.2　为什么选择 Groovy

在 JMeter 中，通常将 Groovy 用作自定义脚本语言，而不是 BeanShell。以下列出了一些原因。

- 性能好：Groovy 的性能比 BeanShell 的性能好。Groovy 是一种编译型语言，它将脚本代码编译为字节码并在 JVM 上运行，因此其脚本执行速度更快。而 BeanShell 是一种解释型语言，脚本每次执行时都需要解析才能执行。
- 功能和语法丰富：Groovy 提供了更丰富的功能和语法，与 Java 更接近，并且具有更多的扩展功能和库。Groovy 可以无缝地与 Java 代码集成，也可以直接使用 Java 类和库。与之相比，BeanShell 的功能和语法较简单，不支持一些高级特性和库。
- 社区支持：Groovy 拥有活跃的社区和广泛的用户群体，可以获得更多的支持和文档资源。相比之下，BeanShell 的开发和社区支持较少，文档和示例也较少。
- 兼容 JMeter：JMeter 自 3.1 版本开始，对 BeanShell 的支持已经不再推荐，而推荐使用 JSR223 元素结合 Groovy 语言，这意味着在较新版本的 JMeter 中，使用 BeanShell 可能会遇到一些兼容性问题。

由于 Groovy 具有更好的性能、更丰富的功能和语法、更广泛的社区支持，以及与 JMeter 更好的兼容性，因此在 JMeter 中选择 Groovy 作为自定义脚本语言是更好的选择。

由于篇幅限制，本书无法详细介绍 Groovy 编程的所有知识。如果读者希望系统地学习 Groovy 编程，可以根据本书提供的资源进行深入学习。这样可以获得更全面的知识，并更好地掌握 Groovy 编程技能。

11.2　JSR223 PreProcessor

11.2.1　JSR223 PreProcessor 的应用场景

JSR223 PreProcessor 是用于在每个请求之前执行自定义逻辑的组件。它允许使用脚本语言编写在发送请求前需要处理的逻辑。以下是一些常见的应用场景。

- 请求数据处理：如果需要在发送请求之前对请求数据进行处理，使用 JSR223 PreProcessor 是一个很好的选择。可以编写逻辑来修改请求参数、计算签名、加密数据等，以满足特定的测试需求。
- 请求头处理：通过 JSR223 PreProcessor 可以对请求头进行自定义处理。例如，添加特定的请求头参数、修改 User-Agent、设置认证信息等。这样可以更好地模拟各种场景和测试需求。
- 参数化数据生成：使用 JSR223 PreProcessor 可以编写逻辑来动态生成参数化数据。例如，从文件中读取数据、生成随机数、计算时间戳等。这样可以模拟真实的用户行为，为每个请求提供唯一的数据。

- 登录操作：如果测试需要先登录应用程序或网站，可以使用 JSR223 PreProcessor 处理登录操作。可以编写逻辑来获取凭据、构建登录请求、执行登录操作，并将登录状态保存到会话或上下文中，以便后续请求使用。
- 条件判断和流程控制：JSR223 PreProcessor 可以实现条件判断和流程控制逻辑。可以编写逻辑来检查特定条件，根据条件决定是否发送请求，或者跳过一些请求或线程。
- 前置数据准备：JSR223 PreProcessor 可以用于准备测试前的数据环境。可以编写逻辑来清除或初始化数据库、创建测试数据、重置系统状态等，以确保测试之间都是独立的。

11.2.2　JSR223 PreProcessor 的应用案例

1. 对请求数据进行 Base64 加密

有些接口需要在请求发送前对参数进行 Base64 加密，常见的 Base64 加密工具有如下 3 种。

- Java（Java 6+）自带的 DatatypeConverter 类。
- Java（Java 8+）自带的 util 包中的 Base64 类。
- Apache 的 commons.codec 工具包。

使用 DatatypeConverter 类进行 Base64 加密的示例如代码清单 11-1 所示。

代码清单 11-1　使用 DatatypeConverter 类进行 Base64 加密的示例

```
1  import javax.xml.bind.DatatypeConverter
2
3  // 获取原始数据
4  String rawData = vars.get("requestData")
5
6  // 进行 Base64 加密
7  String base64Data = DatatypeConverter.printBase64Binary(rawData.getBytes())
8
9  // 将加密后的字符串存入变量中
10 vars.put("base64RequestData", base64Data)
```

这段代码首先使用 Java 标准库中的 DatatypeConverter.printBase64Binary()方法接收一个字节数组参数，将其转换成 Base64 编码格式并返回一个字符串；然后将加密后的字符串存入变量中。

使用 Base64 类进行 Base64 加密的示例如代码清单 11-2 所示。

代码清单 11-2　使用 Base64 类进行 Base64 加密的示例

```
1  // Base64 类默认已导入，下面的 import 语句可以不写
2  import java.util.Base64
```

```
 3
 4   // 获取原始数据
 5   String rawData = vars.get("requestData")
 6
 7   // 进行 Base64 加密
 8   byte[] encodedData = Base64.getEncoder().encode(rawData.getBytes())
 9   String base64Data = new String(encodedData)
10
11   // 将加密后的字符串存入变量中
12   vars.put("base64RequestData", base64Data)
```

这段代码使用 Java 标准库中的 Base64 类进行 Base64 加密，相较于代码清单 11-1，这段代码更加清晰易懂。这段代码使用 Base64.getEncoder().encode()方法对原始数据进行 Base64 加密，并使用 String 类的构造函数将加密后的字节数组转换成字符串格式。

使用 commons.codec 工具包进行 Base64 加密的示例如代码清单 11-3 所示。

代码清单 11-3　使用 commons.codec 工具包进行 Base64 加密的示例

```
 1   import org.apache.commons.codec.binary.Base64
 2
 3   // 获取原始数据
 4   String rawData = vars.get("requestData")
 5
 6   // 进行 Base64 加密
 7   byte[] encodedData = Base64.encodeBase64(rawData.getBytes())
 8   String base64Data = new String(encodedData)
 9
10   // 将加密后的字符串存入变量中
11   vars.put("base64RequestData", base64Data)
```

这段代码使用 Apache Commons Codec 库中的 Base64 类进行 Base64 加密：先调用 Base64.encodeBase64()方法对原始数据进行 Base64 加密，并将加密后的数据存储在字节数组 encodedData 中；再使用 String 类的构造函数将加密后的字节数组转换成字符串格式。

2. 对请求数据进行 MD5 加盐加密

有些接口的参数需要进行 MD5 加密，并且为了提高安全性，可能还会使用盐值。在这种情况下，使用 JMeter 自带的 digest()函数可能无法满足需求，我们需要编写自定义代码来实现加密逻辑。对数据进行 MD5 加密的常用工具如下。

■ Java 自带的 security 包中的 MessageDigest 类。

■ Apache Commons Codec 库。

假设请求数据为如下 JSON 格式数据。

```
{
    "username": "John",
    "Card" : {"ID" : "${id}", "bankCard": "yyyy"}
}
```

这里对 ID 字段的值进行了参数化：从参数 id 中获取数据。在发送请求前需要对 ID 字段数据进行 MD5 加盐加密。使用 MessageDigest 类进行 MD5 加盐加密的示例如代码清单 11-4 所示。

代码清单 11-4　使用 MessageDigest 类进行 MD5 加盐加密的示例

```
1   import java.security.MessageDigest
2
3   // 获取请求参数
4   def requestData = vars.get("id")
5
6   // 定义盐值
7   def salt = "salt123"
8
9   // 将盐值与请求数据拼接，加盐的方式需要根据具体的需求而定
10  def saltedData = requestData + salt
11
12  // 计算 MD5 哈希值
13  def md = MessageDigest.getInstance("MD5")
14  md.update(saltedData.getBytes("UTF-8"))
15  byte[] digest = md.digest()
16  String hashedData = new BigInteger(1, digest).toString(16)
17
18  // 将加密后的数据设置为新的请求参数
19  vars.put("id", hashedData)
```

这段代码使用 Java 标准库中的 MessageDigest 类来计算字符串的 MD5 哈希值，并在计算之前对原始数据进行加盐处理。首先导入 java.security.MessageDigest 类，从变量中获取原始请求数据 id，并定义一个盐值，此处为 salt123，盐值可以根据具体需求自行修改。然后将盐值与请求数据拼接，通过加盐方式增加哈希的强度。接下来使用 MessageDigest.getInstance("MD5")获取 MD5 算法的实例，调用 md.update()方法将加盐后的数据转换为字节数组，并更新 MD5 算法的摘要。随后调用 md.digest()方法获取摘要字节数组，并使用 BigInteger 类的构造函数将摘要字节数组转换为十六进制字符串的哈希数据。最后将加密后的哈希数据存入名为 id 的变量中，以便在测试步骤中使用。

也可以使用 Apache Commons Codec 库进行 MD5 加盐加密，假设请求数据为如下 JSON 格式数据。

```
{
    "username": "John",
```

```
    "Card" : {"ID" : "4444442012121 28888", "bankCard": "6222888888888888"}
}
```

在发送请求前需要对 ID 字段数据进行 MD5 加盐加密。使用 Apache Commons Codec 库进行 MD5 加盐加密的示例如代码清单 11-5 所示。

代码清单 11-5　使用 Apache Commons Codec 库进行 MD5 加盐加密的示例

```
 1  // 导入所需的类
 2  import org.apache.commons.codec.digest.DigestUtils
 3  import groovy.json.JsonSlurper
 4  import groovy.json.JsonOutput
 5
 6  // 获取请求参数
 7  def requestData = sampler.getArguments().getArgument(0).getValue()
 8
 9  // 解析 JSON 数据
10  def json = new JsonSlurper().parseText(requestData)
11  def id = json.Card.ID
12
13  // 定义盐值
14  def salt = "salt123"
15
16  // 将盐值与 ID 字段拼接，加盐的方式需要根据具体的需求而定
17  def saltedId = id + salt
18
19  // 计算 MD5 哈希值
20  def hashedId = DigestUtils.md5Hex(saltedId)
21
22  // 更新 JSON 数据中的 ID 字段
23  json.Card.ID = hashedId
24
25  // 将更新后的 JSON 数据作为新的请求参数进行发送
26  sampler.getArguments().getArgument(0).setValue(JsonOutput.toJson(json))
```

这段代码的作用是对请求参数中的 JSON 数据进行处理，提取其中的 ID 字段，对其进行加盐加密处理，然后更新 JSON 数据中的 ID 字段，并将修改后的 JSON 数据作为新的请求参数进行发送。

3．调用 JavaScript 实现 RSA 加密

在一些情况下，请求数据在前端会经过 JavaScript 处理，例如进行 Base64 编码、RSA 加密等。如果要在 JMeter 中模拟这些行为，可以使用 Java 自带的 ScriptEngine 类和 nashorn 引擎来执行 JavaScript 代码。

　　JSEncrypt 是目前在前端实现 RSA 加密的十分常用的 JavaScript 库，使用时需要先下载 jsencrypt.min.js（版本为 2.3.1）并放置在指定目录中，还要确保在脚本中正确加载该文件。使用 JSEncrypt 进行 RSA 加密的示例如代码清单 11-6 所示。

代码清单 11-6　使用 JSEncrypt 进行 RSA 加密的示例

```
1   // 导入所需的类
2   import javax.script.ScriptEngineManager
3
4   // 获取请求参数
5   def username = vars.get("username")
6   def password = vars.get("password")
7
8   // 创建 JavaScript 引擎，可以选择合适的 JavaScript 引擎
9   def engine = new ScriptEngineManager().getEngineByName("nashorn")
10
11  // 加载 jsencrypt.min.js
12  engine.eval("var navigator = this;")
13  engine.eval("var window = this;")
14  engine.eval(new File("D:/apache-jmeter-5.6.2/scripts/ch11/JSR223
          PreProcessor/jsencrypt.min.js").text)
15
16  // 设置公钥（这里是示例公钥，在实际场景中应该根据具体情况设置正确的公钥）
17  def publicKey = "-----BEGIN PUBLIC KEY-----\\nMIGfMA0GCSqGSIb3DQEBAQ
    UAA4GNADCBiQKBgQDh+RZVXuQ32rEiSA682ZZxOONxQKGBY5WtRx9p\\nJL8jP6TtjfA
    CcClnPOlIgy9zn8vTmMrCRzYiJy4WOD8PKOfQj3Lbb2O1q0SvU918sdcmJNpDRpA9\\nW0
    tQKEKcj7ALD8NSUokmaTbvG2BFpqJQeXFgfrE6/hykhPTmVs5KLETSswIDAQAB\\n-----
    END PUBLIC KEY-----"
18
19  // 创建 JSEncrypt 实例
20  engine.eval("var crypt = new JSEncrypt();")
21
22  // 设置公钥
23  engine.eval("crypt.setPublicKey('" + publicKey + "');")
24
25  // 使用公钥加密用户名和密码
26  def encryptedUsername = engine.eval("crypt.encrypt('" + username + "');")
27  def encryptedPassword = engine.eval("crypt.encrypt('" + password + "');")
28
29  // 将加密后的数据设置为新的请求参数
30  vars.put("encryptedUsername", encryptedUsername)
31  vars.put("encryptedPassword", encryptedPassword)
```

以上是一个使用 JavaScript 引擎和 jsencrypt.min.js 对用户名与密码进行加密的例子。首先创

建一个 JavaScript 引擎（ScriptEngine 对象），这里选择 nashorn 作为 JavaScript 引擎。然后通过 engine.eval()方法加载 jsencrypt.min.js。需要注意的是，ScriptEngine 本身不带浏览器内核，不支持浏览器内置对象 navigator、window 等，故需要添加第 12、13 行代码以进行处理。接下来创建一个 JSEncrypt 实例。最后通过 crypt.setPublicKey()方法设置公钥，同时使用 crypt.encrypt()方法分别对用户名和密码进行加密，并将加密后的数据设置为新的请求参数。

　　在 JMeter 中使用 ScriptEngine 执行 JavaScript 文件存在一些限制。例如，ScriptEngine 不支持浏览器对象，也不支持一些新版本的 JavaScript 语法。因此，在模拟前端 JavaScript 行为时，建议考虑其他解决方案。

4．将不规则的请求数据处理后作为请求参数发送

　　假设有如下格式的数据行。

```
a:1:{i:2925107;i:1389339;i:2778927;i:1317197;i:2880395;i:1389407;}
```

　　其中，2925107、2778927、2880395 表示键，而 1389339、1317197 和 1389407 是键对应的值。先将数据行处理成如下格式，再作为 HTTP 请求体发送。

```
id[2925107]=1389339&id[2778927]=1317197&id[2880395]=1389407
```

　　请求体数据格式为 application/x-www-form-urlencoded。
　　具体步骤如下所示。
　　（1）在线程组下添加 CSV Data Set Config，从 data.csv 文件中读取数据并保存到变量 kv 中，data.csv 文件的内容如下所示。

```
a:1:{i:2925107;i:1389339;i:2778927;i:1317197;i:2880395;i:1389407;}
a:2:{i:2925108;i:1389340;i:2778928;i:1317198;i:2880396;i:1389408;}
...
```

　　（2）在线程组下添加 HTTP 请求并设置。
　　（3）在 HTTP 请求下添加 JSR223 PreProcessor，设置语言为 Groovy，在 Script 输入框中输入一些代码，如代码清单 11-7 所示。

代码清单 11-7　将不规则的请求数据处理后作为请求参数发送

```
1  import org.apache.jmeter.protocol.http.control.Header
2  import org.apache.jmeter.protocol.http.control.HeaderManager
3
4  // 定义设置请求头的方法
5  def setHeader(name, value) {
6      // 检查 sampler 是否已关联 HeaderManager
7      if (sampler.getHeaderManager() == null) {
8          // 创建一个新的 HeaderManager 对象
```

```
9      def headerManager = new HeaderManager()
10     headerManager.setName("Header Manager")// 设置 HeaderManager 对象
                                                // 的名称
11
12     // 创建一个新的请求头
13     def newHeader = new Header(name, value)
14
15     // 将新的请求头添加到 HeaderManager 对象中
16     headerManager.add(newHeader)
17
18     // 将 HeaderManager 对象添加到 sampler 中
19     sampler.setHeaderManager(headerManager)
20  } else {
21     // 获取当前的 HeaderManager 对象
22     def headerManager = sampler.getHeaderManager()
23
24     // 创建一个新的请求头
25     def newHeader = new Header(name, value)
26
27     // 将新的请求头添加到 HeaderManager 对象中
28     headerManager.add(newHeader)
29  }
30 }
31
32 // 从变量 kv 中查找 "i:" 后的数字并保存到 matches 列表中
33 def matches = (vars.get("kv") =~ /i:\d+/).findAll().collect { it.split
   (":")[1] }
34
35 // 遍历 matches 列表，将索引为 i 的元素作为参数名称，而将索引为 i+1 的元素作为参数值，
   // 将它们添加到请求参数中
36 for (int i = 0; i < matches.size() - 1; i += 2) {
37    sampler.addArgument("id[" + matches.get(i) + "]", matches.get(i + 1))
38 }
39 // 调用方法设置请求头
40 setHeader("Content-Type", "application/x-www-form-urlencoded")
```

这段代码实现了设置请求头和添加请求参数的功能。首先定义一个 setHeader()方法，用于设置请求头。该方法接收两个参数——name（表示请求头的名称）和 value（表示请求头的值）。然后从变量 kv 中查找符合正则表达式"i:\d+"的字符串，将匹配结果保存在 matches 列表中。其中，"i:"表示固定字符串，"\d+"表示一个或多个数字。接下来使用循环遍历 matches 列表，每次迭代都以索引为 i 的元素作为参数名称，以索引为 i+1 的元素作为参数值，并将它们添加到取样器的请求参数中。参数名称采用格式 id[i]，其中 i 表示索引。最后调用 setHeader()方法，将请求头中的 Content-Type 字段设置为 application/x-www-form-urlencoded。

5.对请求参数进行 MD5 加密签名

假设某接口的请求参数（JSON 格式）需要使用 MD5 算法进行加密签名，签名方法如下。

（1）构造待签名字符串。待签名字符串的生成规则如下。

- 除 sign 字段外，所有发送到后端的请求参数均需要添加签名。
- 所有参与签名的请求参数都按照名称字符升序排列（参数名称不允许相同）。
- 如果参数值带中文，则需要指定编码为 UTF-8。
- 如果参数值为空，则对应参数不参与签名。
- 将合作密钥作为最后一个参数，参数名称为 key，参数值就是合作密钥字符串。
- 将请求参数以 name=value 格式用&拼接起来（按照名称字符升序拼接）。

（2）对待签名字符串使用 MD5 算法进行加密，生成的签名数据（32 位的小写字符串）就是公共参数 sign 的值。

对请求参数进行 MD5 加密签名的示例如代码清单 11-8 所示。

代码清单 11-8　对请求参数进行 MD5 加密签名的示例

```
 1  import groovy.json.JsonSlurper
 2  import groovy.json.JsonOutput
 3  import groovy.json.StringEscapeUtils
 4  import java.security.MessageDigest
 5
 6  // 合作密钥参数
 7  def key = "thisIsTestKey"
 8
 9  // 获取请求体的 JSON 数据
10  def requestBody = sampler.getArguments().getArgument(0).getValue()
11  log.info("requestBody: " + requestBody)
12
13  // 解析请求参数的 JSON 字符串
14  def jsonSlurper = new JsonSlurper()
15  def params = jsonSlurper.parseText(requestBody)
16  log.info("params: " + params)
17
18  // 移除值为空的键值对与 sign 字段
19  params = params.findAll { it.value && it.key != "sign" }
20
21  // 将请求参数按照名称字符升序排列并拼接成待签名字符串
22  def sortedParams = params.keySet().sort()
23  def signatureString = sortedParams.collect { k ->
24      def v = params[k]
25      // 中文字符编码为 UTF-8
```

```
26      if (v instanceof String && v.contains(/[^\x00-\xFF]/)) {
27          v = URLEncoder.encode(v, "UTF-8")
28      }
29      "${k}=${v}"
30 }.join("&")
31
32 // 添加合作密钥参数
33 signatureString += "&key=${key}"
34 log.info("signatureString: " + signatureString)
35
36 // 使用 MD5 算法加密生成签名数据
37 def md5 = MessageDigest.getInstance("MD5")
38 md5.update(signatureString.getBytes("UTF-8"))
39 def sign = md5.digest().collect { String.format("%02x", it) }.join()
40
41 // 将签名数据添加到原始请求参数的对象或映射中
42 params.put("sign", sign)
43
44 // 将最终的请求参数对象或映射转换回 JSON 字符串
45 def finalRequestBody = StringEscapeUtils.unescapeJava(JsonOutput.toJson
   (params))
46 //def finalRequestBody = JsonOutput.prettyPrint(JsonOutput.toJson(params))
47 log.info("finalRequestBody: " + finalRequestBody)
48
49 // 清空原先的请求参数
50 sampler.getArguments().clear()
51
52 // 将新生成的 JSON 字符串作为请求体数据（不编码）发送给接口
53 sampler.addNonEncodedArgument("", finalRequestBody, "json")
```

　　这段代码实现了对请求参数进行 MD5 加密签名的功能。首先获取请求体的 JSON 数据，使用 JsonSlurper()方法把请求参数的 JSON 字符串解析为 params 对象，并使用 findAll()方法移除 params 对象中值为空的键值对与 sign 字段。然后将请求参数按照名称字符升序排列，并拼接成待签名字符串。接下来把合作密钥参数添加到待签名字符串中，并使用 MD5 加密算法对待签名字符串进行加密，生成签名数据。最后将签名数据添加到原始请求参数的对象或映射中，并将最终的请求参数对象或映射转换回 JSON 字符串，清空原先的请求参数，将新生成的 JSON 字符串作为请求体数据（不编码）发送给接口。

6. 对请求参数进行 RSA 加密签名

　　假设某接口的请求参数（JSON 格式）需要使用 RSA 算法进行加密签名，签名方法如下。
　　（1）构造待签名字符串。待签名字符的生成规则如下。
■　　除 sign 字段外，所有发送到后端的请求参数均需要添加签名。

- 所有参与签名的请求参数都按照参数名称字符升序排列（参数名称不允许相同）。
- 如果参数值带有中文，则需要指定编码为 UTF-8。
- 如果参数值为空，则对应参数不参与签名。
- 将请求参数以 name=value 格式用&拼接起来（按照名称字符升序拼接）。

（2）对待签名字符串使用 RSA256 算法进行加密，生成的签名数据就是公共参数 sign 的值。

对请求参数进行 RSA 加密签名的示例如代码清单 11-9 所示。

代码清单 11-9　对请求参数进行 RSA 加密签名的示例

```
1   import groovy.json.JsonSlurper
2   import groovy.json.JsonOutput
3   import groovy.json.StringEscapeUtils
4   import java.security.MessageDigest
5
6   import java.security.KeyFactory;
7   import java.security.PrivateKey;
8   import java.security.PublicKey;
9   import java.security.Signature;
10  import java.security.spec.PKCS8EncodedKeySpec;
11  import java.security.spec.X509EncodedKeySpec;
12  import javax.crypto.Cipher;
13  import org.apache.commons.codec.binary.Base64;
14
15  // 定义 RSA 签名方法，用于通过私钥进行 RSA 加密签名
16  def signWithRSA(String plainText, String privateKeyStr) {
17      // 将私钥字符串转换为 PKCS8EncodedKeySpec 对象
18      def privateKeyBytes = Base64.decodeBase64(privateKeyStr)
19      def privateKeySpec = new PKCS8EncodedKeySpec(privateKeyBytes)
20
21      // 使用 RSA 算法生成 KeyFactory 对象
22      def keyFactory = KeyFactory.getInstance("RSA")
23
24      // 根据 PKCS8EncodedKeySpec 对象生成私钥
25      def privateKey = keyFactory.generatePrivate(privateKeySpec)
26
27      // 创建 Signature 对象并将其初始化为使用私钥进行签名
28      def signature = Signature.getInstance("SHA256withRSA")
29      signature.initSign(privateKey)
30
31      // 更新要签名的数据
32      signature.update(plainText.getBytes("UTF-8"))
33
34      // 完成签名并返回签名结果
```

```
35    def signBytes = signature.sign()
36    return Base64.encodeBase64String(signBytes)
37 }
38
39 // 获取请求体的 JSON 数据
40 def requestBody = sampler.getArguments().getArgument(0).getValue()
41 log.info("requestBody: " + requestBody)
42
43 // 解析请求参数的 JSON 字符串
44 def jsonSlurper = new JsonSlurper()
45 def params = jsonSlurper.parseText(requestBody)
46 log.info("params: " + params)
47
48 // 移除值为空的键值对以及 sign 字段
49 params = params.findAll { it.value && it.key != "sign" }
50
51 // 将请求参数按照名称字符升序排列并拼接成待签名字符串
52 def sortedParams = params.keySet().sort()
53 def signatureString = sortedParams.collect { k ->
54    def v = params[k]
55    // 中文字符编码为 UTF-8
56    if (v instanceof String && v.contains(/[^\x00-\xFF]/)) {
57        v = URLEncoder.encode(v, "UTF-8")
58    }
59    "${k}=${v}"
60 }.join("&")
61
62 log.info("signatureString: " + signatureString)
63
64 // 使用私钥进行签名
65 def privateKey = """MIICdgIBADANBgkqhkiG9w0BAQEFAASCAmAwggJcAgEAAoGB
   ALFQNEmqepMwKKZGB0gNvFRfPhjTM70dQ6YDKbsJzhhzOeG29v/ObGXbgleNEJJHlloz
   2xlS6DpYtzKVTricaKMmcd2DxusJyucBiVhQeSQ4qTa7KpPXeSxCd1jCGAJNDS1JEc8w
   JG2EBdNA1mF3ZPSecUfsxfuP1P0cYhuJfAgMBAAECgYBOsYfjQdQQywqj8o4v37iVDI0
   kNH5XMcg7tQdbEJy+DK47HzTdypU9dx++ZonvZbIm6mjM/myuqHz16Cn95f5Y9O6Z73i
   FCwYoqTBORv/t5z0CtVq2d5Wy3DGVczNnrcYmXA/s9sVzcXkxb1PmZsGzcYyHuwRmyhc
   AmiIQJBAPqp1CpwhBv8g/P7uJNOpIO6pra0vyySY7mGwBVaYVtGs5Bvpo093IBygjxwg
   nCA90GvxPLyBjYgydiQZo5WzKkCQQC1Fpe67VCkrvHccM571rRIAFRom5FunPBS+YVvr
   GkPdRavFt0n2aHNnSTZkPDSj8p2ZfIJNYCwncrqd+1PHAkAuz652qoKRc2v1EYpbwDEL
   BL2Dm2ekXEZRbG/8na6G3FJLHB8l5F2lo/h3uAreqRbgDIt20GBV54yWz6VPZAkEAoyn
   sG72e5zcbqYa0o7p3XdFFSMG6wJQ9aN+fqTI8CgeuYi8maI2PnO/JB6eq9W4N9MRCYr3
   MaFakwMKyFfQJAPZ2L6RKuUI7dlZF8UocvqPIdXF1weU9b7zETD9ptK70E6sOsf3+avr
   kRHP7V/gw3Njzo4XYYHP5dZDy4lr+XFQ==
66 """
67 def signature = signWithRSA(signatureString, privateKey)
68
```

```
69 // 将签名数据添加到原始请求参数的对象或映射中
70 params.put("sign", signature)
71
72 // 将最终的请求参数对象或映射转换回 JSON 字符串
73 def finalRequestBody = StringEscapeUtils.unescapeJava(JsonOutput.toJson
   (params))
74 log.info("finalRequestBody: " + finalRequestBody)
75
76 // 清空原先的请求参数
77 sampler.getArguments().clear()
78
79 // 将新生成的 JSON 字符串（不编码）作为请求体数据发送给服务器
80 sampler.addNonEncodedArgument("", finalRequestBody, "json")
```

这段代码主要用于对请求参数进行 RSA 加密签名。首先从 HTTP 请求体中获取参数，将其按照名称字符升序排列并拼接成待签名字符串。然后使用私钥进行 RSA 加密签名。最后将签名数据添加到原始请求参数的对象或映射中，将其转换回 JSON 字符串并发送给服务器。

11.3　JSR223 Timer

11.3.1　JSR223 Timer 的应用场景

JSR223 Timer 允许使用各种脚本语言编写代码来控制请求发送的时间间隔。下面是 JSR223 Timer 的几个常见应用场景。

- 延迟发送请求：JSR223 Timer 可以在每个请求之间添加延迟时间。这对模拟用户之间的等待时间或添加真实世界的延迟时间非常有用。可以使用脚本语言编写逻辑，根据需求设定不同的延迟时间。
- 并发负载控制：使用 JSR223 Timer 可以控制并发用户的发送速率。通过设置适当的延迟时间，可以模拟较低或较高的并发负载。这对测试系统在不同负载条件下的性能非常有帮助。
- 随机化请求发送时间：JSR223 Timer 允许设定随机化请求发送的时间间隔。使用脚本语言生成随机数或随机选择时间段，可以使请求在随机的时间点发送，更接近真实的用户行为。
- 动态调整请求发送频率：JSR223 Timer 允许根据特定条件动态调整请求发送的频率。根据脚本语言中的逻辑，可以在运行时根据性能指标、响应时间等实时调整请求发送的频率。

11.3.2　JSR223 Timer 的应用案例

1. 延迟发送请求

使用 JSR223 Timer 实现延迟发送请求的示例如代码清单 11-10 所示，该例使用 Groovy

语言来实现。

代码清单 11-10　使用 JSR223 Timer 实现延迟发送请求的示例

```
1  import org.apache.jmeter.protocol.http.sampler.HTTPSamplerProxy
2
3  // 设置延迟时间（单位：s）
4  int delayInSeconds = 10
5
6  // 等待延迟时间
7  Thread.sleep(delayInSeconds * 1000)
8
9  // 创建 HTTP 请求
10 HTTPSamplerProxy httpSampler = ctx.getCurrentSampler()
11 httpSampler.setDomain("****bbs****")
12 httpSampler.setPort(80)
13 httpSampler.setPath("/api/questions")
14 httpSampler.setMethod("GET")
```

这段代码创建一个 HTTP 请求并延迟发送。首先定义一个延迟时间变量 delayInSeconds，表示请求发送前需要等待的秒数。在这个例子中，设置延迟时间为 10s。然后使用 Thread.sleep() 方法使当前线程休眠指定的延迟时间（单位为 ms）。接下来使用 ctx.getCurrentSampler() 方法返回一个 HTTPSamplerProxy 对象。这个对象允许模拟 HTTP 请求并设置请求的各个属性。最后调用 setDomain()、setPort()、setPath() 和 setMethod() 方法，设置域名、端口、路径和请求方法。

2. 随机化请求发送的时间间隔

要在 JMeter 中使用 JSR223 Timer 随机化请求发送的时间间隔，可以使用 Groovy 脚本来生成随机时间间隔，并将其应用于定时器。

使用 JSR223 Timer 和 Groovy 脚本来随机化请求发送的时间间隔的示例如代码清单 11-11 所示。

代码清单 11-11　使用 JSR223 Timer 和 Groovy 脚本来随机化请求发送的时间间隔的示例

```
1  // 设置最小和最大时间间隔（单位：ms）
2  int minInterval = 1000
3  int maxInterval = 5000
4
5  // 生成随机时间间隔
6  def randomInterval = minInterval + (int) (Math.random() * (maxInterval -
   minInterval + 1))
7
```

```
8    // 返回随机时间间隔，此为等待时间
9    return randomInterval
```

这段代码主要随机化请求发送的时间间隔，以便更真实地模拟用户行为。首先定义两个变量 minInterval 和 maxInterval，它们分别表示最小和最大时间间隔，单位为 ms。然后使用 Math.random() 方法生成一个介于最小和最大时间间隔的随机数。为了使结果为整数，可以对结果进行强制类型转换。最后以生成的随机时间间隔作为返回值，用于等待下一次请求。

3．动态调整等待时间

当使用 JSR223 Timer 时，可以根据实时性能指标或响应时间来动态调整等待时间。基于 Groovy 的动态调整等待时间的示例如代码清单 11-12 所示。

代码清单 11-12   基于 Groovy 的动态调整等待时间的示例

```
1    import org.apache.jmeter.samplers.SampleResult
2
3    // 获取上一个请求的响应时间
4    def prevResponseTime = prev?.getTime()
5    log.info("prevResponseTime: " + prevResponseTime)
6
7    if (prevResponseTime != null) {
8        // 定义基准响应时间（单位：ms）变量
9        def baselineResponseTime = 500
10
11       // 计算调整系数
12       def adjustmentFactor = prevResponseTime / baselineResponseTime
13
14       // 根据调整系数确定等待时间
15       def dynamicWaitTime = baselineResponseTime * adjustmentFactor
16
17       // 设置等待时间
18       Thread.sleep(dynamicWaitTime.toLong())
19
20       // 输出调试信息
21       log.info("上一个请求的响应时间: " + prevResponseTime + "ms")
22       log.info("调整系数: " + adjustmentFactor)
23       log.info("等待时间: " + dynamicWaitTime + "ms")
24   }
```

这段代码使用 Groovy 语言在 JMeter 中实现了动态调整等待时间的逻辑。首先通过 "prev?.getTime()" 获取上一个请求的响应时间，并将其赋给 prevResponseTime 变量。如果上一个请求不存在或者没有响应时间，prevResponseTime 变量的值将为 null。然后判断 prevResponseTime 变量的值是不是 null。如果它不为 null，则继续执行调整等待时间的计算逻辑。接下来定义基

准响应时间（单位为 ms）变量 baselineResponseTime，并计算调整系数变量 adjustmentFactor 的值（等于上一个请求的响应时间除以基准响应时间），调整系数表示上一个请求的响应时间相对于基准响应时间的倍数。随后根据调整系数确定等待时间变量 dynamicWaitTime 的值（等于基准响应时间乘以调整系数）。最后使用 Thread.sleep()方法将等待时间变量 dynamicWaitTime 的值指定为当前线程的等待时间（单位为 ms）。

11.4 JSR223 Sampler

11.4.1 JSR223 Sampler 的应用场景

在 JMeter 中，JSR223 Sampler 是用于执行自定义逻辑的组件。它允许使用脚本编写需要在测试中执行的逻辑。以下是一些常见的 JSR223 Sampler 应用场景。

- 数据处理和转换：使用 JSR223 Sampler 可以编写逻辑来处理和转换测试数据。例如，解析响应数据、提取关键信息、计算指标或生成报告等。
- 高级验证和断言：JSR223 Sampler 可以用于执行高级验证和断言逻辑，以确保测试结果满足预期。可以编写逻辑来比较响应数据、验证状态码、检查特定字段的值等。
- 自定义发送请求：如果需要自定义发送请求，JSR223 Sampler 可以帮助实现。可以编写逻辑来构建并发送特定的请求，包括请求方法、URL、请求头和请求体等。
- 动态调整测试参数：使用 JSR223 Sampler 可以根据测试需求动态调整测试参数。例如，基于某些条件编写逻辑来动态修改请求参数，以模拟不同的测试场景和情况。
- 编写压力测试逻辑：JSR223 Sampler 可以用于编写复杂的压力测试逻辑。可以编写逻辑来模拟并发用户、认证过程、会话管理、缓存控制等，以更精确地模拟真实的负载情况。

11.4.2 JSR223 Sampler 的应用案例

1. 自定义发送请求

使用 JSR223 Sampler 可以自定义发送请求。这里以 MDClub 登录为例，自定义发送 HTTP 请求的实现方式如代码清单 11-13 所示。

代码清单 11-13　自定义发送 HTTP 请求的实现方式

```
1  import org.apache.http.HttpEntity
2  import org.apache.http.client.methods.CloseableHttpResponse
3  import org.apache.http.client.methods.HttpPost
4  import org.apache.http.entity.StringEntity
5  import org.apache.http.impl.client.CloseableHttpClient
6  import org.apache.http.impl.client.HttpClients
```

```
 7  import org.apache.http.util.EntityUtils
 8
 9  // 创建 HttpClient 对象
10  CloseableHttpClient client = HttpClients.createDefault()
11
12  // 创建 HttpPost 对象并设置 URL
13  HttpPost httpPost = new HttpPost("****://****bbs****/api/tokens")
14
15  // 设置请求头
16  httpPost.addHeader("Content-Type", "application/json")
17
18  // 设置请求体
19  String requestBody = '''{
20  "name": "foreknew",
21  "password": "${__digest(sha1,123456,,,)}",
22  "device": "Mozilla/5.0 (Windows NT 10.0; Win64; x64) AppleWebKit/537.36
    (KHTML, like Gecko) Chrome/116.0.0.0 Safari/537.36"
23  }'''
24  httpPost.setEntity(new StringEntity(requestBody, "UTF-8"))
25
26  // 发送 POST 请求
27  CloseableHttpResponse response = client.execute(httpPost)
28
29  // 获取响应内容
30  HttpEntity entity = response.getEntity()
31  String responseText = EntityUtils.toString(entity, "UTF-8")
32
33  // 输出响应结果
34  log.info('responseText: ' + responseText)
35
36  // 关闭响应和 HttpClient 对象
37  response.close()
38  client.close()
```

这段代码使用 Groovy 脚本发送一个 POST 请求到 ****://****bbs****/api/tokens，请求头设置为 Content-Type: application/json。请求体是一个 JSON 格式的字符串，里面包含用户名、密码和设备信息。密码使用 JMeter 内置函数 digest() 进行 SHA1 加密。脚本执行后，获取到的响应内容会以 UTF-8 编码方式转换为字符串，同时关闭响应和 HttpClient 对象。

也可以使用第三方库，比如性能不错的 OkHttp 库来发送 HTTP 请求。下面是一个示例。

（1）确保已将 OkHttp 库的相关 JAR 文件（比如 okhttp-3.14.9.jar 与 okio-1.13.0.jar）添加到 JMeter 的 lib 目录下。

（2）在 JMeter 线程组下添加 JSR223 Sampler，并选择语言为 Groovy，在 Script 输入框中编写一些代码，如代码清单 11-14 所示。

代码清单 11-14　使用 OkHttp 库发送 HTTP 请求

```
1   import okhttp3.MediaType
2   import okhttp3.OkHttpClient
3   import okhttp3.Request
4   import okhttp3.RequestBody
5   import okhttp3.Response
6   import okhttp3.ResponseBody
7
8   // 创建 OkHttpClient 对象
9   OkHttpClient client = new OkHttpClient()
10
11  // 请求体
12  String requestBody = '''{
13  "name": "foreknew",
14  "password": "${__digest(sha1,123456,,,)}",
15  "device": "Mozilla/5.0 (Windows NT 10.0; Win64; x64) AppleWebKit/537.36
    (KHTML, like Gecko) Chrome/116.0.0.0 Safari/537.36"
16  }'''
17
18  // 设置请求体的内容类型
19  final MediaType JSON_MEDIA_TYPE = MediaType.parse("application/json;
    charset=utf-8")
20
21  // 创建 Request 对象
22  Request request = new Request.Builder()
23      .url("http://www.***.com/api/tokens")              // 设置请求的 URL
24      .post(RequestBody.create(JSON_MEDIA_TYPE, requestBody))// 设置请求体
25      .addHeader("Content-Type", "application/json")          // 设置请求头
26      .build()
27
28  // 发送 POST 请求
29  Response response = client.newCall(request).execute()
30
31  // 获取响应体
32  ResponseBody responseBody = response.body()
33  String responseText = responseBody.string()
34
35  // 输出响应结果
36  log.info('responseText: ' + responseText)
37
38  // 关闭响应体和 OkHttpClient 对象
39  responseBody.close()
40  client.dispatcher().executorService().shutdown()
```

这段代码使用 OkHttp 库发送登录 MDClub 的请求。首先导入与 OkHttp 库相关的类，并创建一个 OkHttpClient 对象，用于发送 HTTP 请求。然后定义一个字符串变量 requestBody，它表示请求体的内容。随后定义一个 MediaType 对象，它表示请求体的内容类型。接下来使用 Request.Builder()创建一个 Request 对象，并设置请求的 URL、请求体、请求头。最后使用 OkHttpClient 对象的 newCall()方法发送 POST 请求，并获取 Response 对象，同时关闭响应体和 OkHttpClient 对象。

2．获取 CSV 文件行数作为线程数

JSR223 Sampler 并不一定要发送自定义请求，也可以仅做数据处理，兼具前置处理器与后置处理器的功能，并且不依赖取样器。以下是一个示例，读取 CSV 文件行数作为线程组的线程数，具体步骤如下。

（1）在测试计划下添加 setUp 线程组。

（2）在 setUp 线程组下添加 CSV Data Set Config，并关联 data.csv 文件。

（3）在 setUp 线程组下添加 JSR223 Sampler，并选择 Groovy 语言，在 Script 输入框中编写一些代码，如代码清单 11-15 所示。

代码清单 11-15　获取 CSV 文件行数作为线程数

```
 1   import java.io.LineNumberReader
 2
 3   // 打开 CSV 文件并获取行数
 4   def csvFile = new File("D:/apache-jmeter-5.6.2/scripts/ch11/data.csv")
 5   def lineNumberReader = new LineNumberReader(new FileReader(csvFile))
 6   lineNumberReader.skip(Long.MAX_VALUE) // 跳到文件末尾
 7   def lineCount = lineNumberReader.getLineNumber() + 1 // 行号从 0 开始，
     // 因此需要加 1
 8
 9   // 输出行数
10   log.info("CSV 文件行数：${lineCount}")
11
12   // 将线程数保存到属性中
13   props.put("threads", lineCount)
```

在这段代码中，首先创建一个 File 对象，它表示要读取的文件。然后创建一个 LineNumberReader 对象，并将一个 FileReader 对象传递给 LineNumberReader()构造函数。接下来使用 skip()方法跳到文件末尾，使用 getLineNumber()方法获取文件行数并保存到 lineCount 变量中。最后将 lineCount 变量的值保存到 threads 属性中，以方便跨线程组传递。

（4）在测试计划下添加一个线程组，将线程数设置为${__groovy(props.get("threads"),)}，这里获取属性 threads 的值作为线程数。

3．读取数据库表数据并保存到 CSV 文件中

要在 JMeter 中使用 JSR223 Sampler 从 MySQL 数据库中读取数据并保存到 CSV 文件中，可按照以下步骤进行操作。

（1）确保已在 JMeter 的 lib 目录下添加了适当的 MySQL JDBC 驱动程序 JAR 文件，以便能够连接 MySQL 数据库。如果尚未添加，请下载 MySQL JDBC 驱动程序 JAR 文件并将其放置在 lib 目录下。

（2）在线程组下添加 JSR223 Sampler，并选择 Groovy 语言，在 Script 输入框中编写一些代码，如代码清单 11-16 所示。

代码清单 11-16   读取数据库表数据并保存到 CSV 文件中

```
1   import java.sql.*
2
3   // 进行 MySQL 数据库连接配置
4   String url = "jdbc:mysql://localhost:3306/your_database_name"
5   String username = "your_username"
6   String password = "your_password"
7
8   // 设置查询语句
9   String query = "SELECT * FROM your_table_name"
10
11  // 设置 CSV 文件的保存路径
12  String csvFilePath = "/path/to/your/output.csv"
13
14  try (
15      // 创建数据库连接
16      Connection connection = DriverManager.getConnection(url, username,
        password)
17      // 创建查询语句
18      Statement statement = connection.createStatement()
19      // 执行查询语句并获取结果集
20      ResultSet resultSet = statement.executeQuery(query)
21      // 创建 CSV 文件写入器
22      FileWriter fileWriter = new FileWriter(csvFilePath)
23  ) {
24      // 获取结果集的元数据（列信息）
25      ResultSetMetaData metaData = resultSet.getMetaData()
26      int columnCount = metaData.getColumnCount()
27
28      // 将获取的元数据写入 CSV 文件的表头（列名）
29      for (int i = 1; i <= columnCount; i++) {
```

```
30          fileWriter.append(metaData.getColumnName(i))
31          if (i < columnCount) {
32              fileWriter.append(",")
33          }
34      }
35      fileWriter.append("\n")
36
37      // 创建 StringBuilder 用于构建一行数据
38      StringBuilder rowData = new StringBuilder()
39      while (resultSet.next()) {
40          rowData.setLength(0) // 清空 StringBuilder
41
42          // 构建一行数据
43          for (int i = 1; i <= columnCount; i++) {
44              rowData.append(resultSet.getString(i))
45              if (i < columnCount) {
46                  rowData.append(",")
47              }
48          }
49
50          // 将一行数据写入 CSV 文件
51          fileWriter.append(rowData.toString()).append("\n")
52      }
53 } catch (SQLException e) {
54     e.printStackTrace()
55 } catch (IOException e) {
56     e.printStackTrace()
57 }
```

  这段代码使用 Groovy 语言和 JDBC 来连接 MySQL 数据库,并将查询结果写入 CSV 文件。首先设置数据库连接的 URL、用户名和密码,以及查询语句和 CSV 文件的保存路径。然后通过 DriverManager 类的 getConnection()方法创建数据库连接。接下来创建 Statement 对象,用于执行 SQL 查询语句。通过执行查询语句,获得一个 ResultSet 对象,其中包含了结果集。随后创建 FileWriter 对象,用于写入 CSV 文件。通过调用 ResultSet 对象的方法,获取结果集的元数据,即列信息。将列名写入 CSV 文件的第一行,并使用循环遍历结果集中的每一行数据。对于每一行,使用循环遍历每一列的值,并将其写入 StringBuilder,通过逗号分隔不同列的值。在完成每一行数据的拼接后,将其写入 CSV 文件的新一行。最后在代码最外层使用 try-with-resources 语句,确保数据库连接、查询语句、结果集和文件写入器在使用完毕后自动关闭,释放资源。

  也可以使用 Groovy SQL 库读取数据库表数据并保存到 CSV 文件中,如代码清单 11-17 所示。

代码清单 11-17　使用 Groovy SQL 库读取数据库表数据并保存到 CSV 文件中

```
1   import groovy.sql.Sql
2
3   // 进行 MySQL 数据库连接配置
4   def url = "jdbc:mysql://localhost:3306/mdclub"
5   def username = "root"
6   def password = "root"
7   def driver = "com.mysql.jdbc.Driver"
8
9   // 设置查询语句
10  def query = "SELECT username, email FROM mc_user"
11
12  // 设置 CSV 文件的保存路径
13  def csvFilePath = "D:/output2.csv"
14
15  // 使用 withInstance()创建数据库连接并执行查询
16  Sql.withInstance(url, username, password, driver) { sql ->
17      // 执行查询语句并获取结果集
18      def resultSet = sql.rows(query)
19
20      // 创建 CSV 文件写入器
21      def file = new File(csvFilePath)
22
23      file.withWriter { writer ->
24          // 写入 CSV 文件的表头（列名）
25          def columnNames = resultSet[0].keySet()
26          writer.append(columnNames.join(",")).append("\n")
27
28          // 写入结果集的每一行数据
29          resultSet.each { row ->
30              def rowData = columnNames.collect { row[it] }
31              writer.append(rowData.join(",")).append("\n")
32          }
33      }
34  }
```

　　这段代码使用 Groovy 语言和 Groovy SQL 库来连接 MySQL 数据库，并执行查询操作，将查询结果保存为 CSV 文件。首先定义 MySQL 数据库的连接配置，包括数据库的 URL、用户名、密码和驱动程序。然后设置要执行的查询语句以及 CSV 文件的保存路径。接下来使用 Sql.withInstance()创建数据库连接，并在闭包中执行查询操作。其中使用 sql.rows ()方法执行查询语句，并将结果存储在 resultSet 变量中。最后创建一个 File 对象，它表示要写入的 CSV 文件。使用 file.withWriter()方法创建一个文件写入器，并在闭包中进行 CSV 文件的写入。整个过程完成后，文件写入器和数据库连接会自动关闭。

11.5　JSR223 PostProcessor

11.5.1　JSR223 PostProcessor 的应用场景

JSR223 PostProcessor 是用于在每个请求之后对响应数据进行处理的组件。它允许你使用脚本编写需要在请求完成后执行的逻辑。以下是一些常见的 JSR223 PostProcessor 应用场景。

- 提取数据：JSR223 PostProcessor 可以用于从响应数据中提取所需的信息。可以编写逻辑来解析和提取关键信息，如会话 token、认证标识、响应时间等。
- 数据处理和转换：使用 JSR223 PostProcessor 可以编写逻辑来处理和转换响应数据。例如，对 JSON 或 XML 数据进行解析、对数据进行排序、计算指标或生成报告等。
- 验证和断言：JSR223 PostProcessor 可以用于执行验证和断言逻辑，以确保请求的响应符合预期。可以编写逻辑来比较响应数据、验证特定字段的值、检查状态码等。
- 数据清理：如果需要清理测试过程中产生的临时数据或资源，JSR223 PostProcessor 可以帮助实现。可以编写逻辑来释放资源、删除临时文件或重置测试环境等。
- 动态参数设置：使用 JSR223 PostProcessor 可以根据响应结果设置动态参数的值。例如，根据上一个请求的响应结果动态更新下一个请求的参数，实现动态参数传递。
- 性能监控和日志记录：通过 JSR223 PostProcessor 可以编写逻辑来实现性能监控和日志记录。可以使用合适的脚本语言编写代码，收集关键指标、生成日志文件，以便后续分析和评估测试结果。

11.5.2　JSR223 PostProcessor 的应用案例

1. 提取复杂的响应数据

假设响应是一个嵌套的 JSON 字符串，其中包含多个部门的员工信息，每个员工信息包含姓名、年龄和技能列表。需要按照部门对员工进行分组，并计算每个部门的员工平均年龄和具备某项特定技能的员工数量。JSON 数据如下所示。

```
{
  "departments": [
    {
      "name": "部门 A",
      "employees": [
        {
          "name": "张三",
          "age": 25,
```

```
              "skills": ["Java", "Python"]
          },
          {
              "name": "李四",
              "age": 30,
              "skills": ["C++", "JavaScript"]
          }
      ]
  },
  {
      "name": "部门 B",
      "employees": [
          {
              "name": "王五",
              "age": 28,
              "skills": ["Java", "SQL"]
          },
          {
              "name": "赵六",
              "age": 32,
              "skills": ["Python", "HTML"]
          }
      ]
  }
  ]
}
```

提取复杂响应数据的示例如代码清单 11-18 所示。

代码清单 11-18　提取复杂响应数据的示例

```
1  import groovy.json.JsonSlurper
2
3  // 获取响应数据
4  def response = prev.getResponseDataAsString()
5
6  // 解析 JSON 响应
7  def jsonSlurper = new JsonSlurper()
8  def json = jsonSlurper.parseText(response)
9
10 // 提取部门列表
11 def departmentList = json.departments
12
13 // 定义存储部门数据的映射表
14 def departmentData = [:]
```

```groovy
15
16  // 遍历部门列表并统计员工信息
17  departmentList.each { department ->
18      def departmentName = department.name
19
20      // 初始化部门数据
21      def departmentInfo = [
22              employeeCount: 0,
23              totalAge      : 0,
24              skillCount    : 0
25      ]
26
27      // 提取员工列表
28      def employees = department.employees
29
30      // 遍历员工列表并统计信息
31      employees.each { employee ->
32          def name = employee.name
33          def age = employee.age
34          def skills = employee.skills
35
36          // 更新部门数据
37          departmentInfo.employeeCount++
38          departmentInfo.totalAge += age
39
40          // 检查员工是否具备某项特定技能
41          if (skills.contains("Java")) {
42              departmentInfo.skillCount++
43          }
44      }
45
46      // 计算员工平均年龄
47      def averageAge = departmentInfo.totalAge / departmentInfo.employeeCount
48
49      // 存储部门数据
50      departmentData[departmentName] = [
51              averageAge: averageAge,
52              skillCount: departmentInfo.skillCount
53      ]
54  }
55
56  // 输出部门数据
57  departmentData.each { department, data ->
58      def averageAge = data.averageAge
59      def skillCount = data.skillCount
```

```
60
61    log.info("Department: ${department}")
62    log.info("Average Age: ${averageAge}")
63    log.info("Skill Count: ${skillCount}")
64 }
```

在这段代码中，首先获取响应数据，并使用 JsonSlurper 类将其解析为 JSON 对象。然后从 JSON 对象中提取部门列表，并定义存储部门数据的映射表。在对每个部门进行遍历时，初始化这个映射表，并提取该部门的员工列表。接下来遍历员工列表以统计员工信息，包括员工数量、员工年龄之和，以及具备特定技能的员工数量。随后计算每个部门的员工平均年龄，并将部门数据存储到 departmentData 映射表中。最后遍历 departmentData 映射表并将部门名称、员工平均年龄和具备特定技能的员工数量输出到 JMeter 的日志中。

2. 将响应数据从 Unicode 字符转换为中文字符

在实际的测试工作中，响应数据可能需要进行格式转换的情况有以下几种。

- 数据提取：当从响应数据中提取特定字段或信息时，可能需要对其进行格式转换。例如，当从响应数据中提取一个日期字段的值时，可能需要将其转换为特定的日期格式。
- 数据比较和验证：在测试过程中，有时需要对响应数据与预期结果进行比较以验证其正确性。在这种情况下，可能需要将响应数据的格式转换为与预期结果相匹配的格式，以便进行准确的比较。
- 数据分析和统计：在性能测试或负载测试中，可能需要对响应数据进行分析和统计。这可能涉及数据类型转换，例如将字符串类型转换为数值类型，以进行更精确的计算和分析。
- 数据展示和报告：在生成测试报告或监控图表时，通常需要将响应数据转换为适合展示的格式，比如将日期时间格式化、将数值格式化为指定的小数位数等。
- 数据存储和导出：在将响应数据保存到文件、数据库或其他外部系统中时，可能需要将其转换为适合目标文件、数据库或系统的格式。

假设服务器返回 JSON 格式的数据，其中的中文使用 Unicode 编码如下。

```
{
  "name": "\u5f20\u4e09",
  "age": 25,
  "address": "\u5317\u4eac\u5e02\u671d\u9633\u533a"
}
```

现在需要将 Unicode 字符转换为中文字符并将转换后的响应数据写入响应体中。在需要转换响应数据的取样器下添加 JSR223 PostProcessor，并选择 Groovy 语言，在 Script 输入框中编写一些代码，如代码清单 11-19 所示。

```
1    // 导入所需的类
2    import org.apache.commons.text.StringEscapeUtils
3
4    // 假设服务器返回的响应数据保存在 response 变量中
5    def response = prev.getResponseDataAsString()
6
7    // 将 Unicode 字符转换为中文字符
8    def convertedResponse = StringEscapeUtils.unescapeJava(response)
9
10   // 输出转换后的响应数据
11   log.info('convertedResponse: ' +  convertedResponse)
12
13   // 将转换后的响应数据设置为响应体
14   prev.setResponseData(convertedResponse, 'utf-8')
```

在这段代码中，首先使用 apache.commons.text.StringEscapeUtils 类的 unescapeJava()方法将 Unicode 字符转换为中文字符。转换后的结果保存在 convertedResponse 变量中。然后使用 prev.setResponseData()方法将转换后的响应数据设置为响应体。

3. 从提取的多组数据中随机选择多个关联值

有时候，我们需要从响应数据中提取多个 JSON 字段的数据，每个 JSON 字段的数据都存放在一个数组中。假设现在要获取多个数组中相同索引所对应的数据（数据之间有关联性），并且索引需要随机获取。如果将 JSON 提取器的 Match No.(0 for Random)设置为 0，虽然每个字段的数据都是随机的，但是因为破坏了数据之间的关联性，所以完成不了上面的任务。比如 username 数组有 3 个元素，分别为 Mike、John、Dive，password 数组有 3 个相应的密码元素，分别为 123、456、789。假设从 username 数组中随机取 John，从 password 数组中随机取 789，这样就会出现用户名与密码不匹配的情况。解决方法是随机取数组索引并保存到变量中，根据保存的索引，从每个数组中选择相同索引所对应的元素。这样可以确保从不同数组中选取的元素是相关联的。

我们仍然使用 11.5.2 节的第 1 个案例中的 JSON 数据作为服务器返回的响应数据，从中随机抽取一名员工的信息。从提取的多组数据中随机选择多个关联值的示例如代码清单 11-20 所示。

```
1    // 导入 JsonPath 类
2    import com.jayway.jsonpath.JsonPath
3
4    // 提取 JSON 数据
5    def jsonResponse = prev.getResponseDataAsString()
```

```
 6
 7  // 解析 JSON 数据并提取所需数据
 8  def nameList = JsonPath.read(jsonResponse, '$.departments[*].employees
    [*].name')
 9  def ageList = JsonPath.read(jsonResponse, '$.departments[*].employees
    [*].age')
10  def skillsList = JsonPath.read(jsonResponse, "\\$.departments[*].
    employees[*].skills")
11
12  // 随机获取相同索引所对应的元素
13  def randomIndex = (int) (Math.random() * nameList.size())
14  def name = nameList[randomIndex]
15  def age = ageList[randomIndex]
16  def skills = skillsList[randomIndex]
17
18  // 将数据保存到变量中
19  vars.put("name", name.toString())
20  vars.put("age", age.toString())
21  vars.put("skills", skills.toString())
22
23  log.info("name: ${name}")
24  log.info("age: ${age}")
25  log.info("skills: ${skills}")
```

以上代码演示了如何使用 JsonPath 类从 JSON 数据中提取多个数组，并确保提取的元素是相关联的。首先提取服务器响应数据，并保存在 jsonResponse 变量中。然后使用 JsonPath 解析 JSON 数据，从中提取需要的数据并分别保存到 nameList、ageList 和 skillsList 中。接下来使用随机数生成索引，以确保每次运行时都能获取不同的索引。根据随机生成的索引，从每个数组中获取对应的元素，并将其保存到变量中。最后使用 vars.put()方法将数据保存到 JMeter 变量中，以便后续使用。

注意，在使用 JsonPath.read()方法时，JSON Path 字符串需要使用单引号括起来；若使用双引号，则需要对$符号使用双反斜线进行转义（即\\$）。

4．根据 URL 下载图片并对其进行 Base64 编码

假设有一个这样的测试需求：一个请求返回一个图片的 URL，需要使用该 URL 获取图片并将其转换为 Base64 编码的字符串，然后将该字符串传递给另一个请求。

具体实现步骤如下。

（1）发送第一个请求，使用后置处理器提取 URL 并保存到变量中，假设变量名为 imageUrl。

（2）在第一个请求下添加 JSR223 PostProcessor，并选择 Groovy 语言，在 Script 输入框中编写一些代码，如代码清单 11-21 所示。

代码清单 11-21　根据 URL 下载图片并对其进行 Base64 编码

```
1  import java.nio.file.*
2  import java.net.URL
3  import java.util.Base64
4
5  def downloadAndEncodeImage(String imageUrl) {
6     try {
7         // 下载图片并保存
8         def imageBytes = new URL(imageUrl).openStream().getBytes()
9
10        // 进行 Base64 编码
11        def encodedImage = Base64.getEncoder().encodeToString(imageBytes)
12
13        return encodedImage
14    } catch (Exception ex) {
15        log.info("图片下载失败: " + ex.getMessage())
16        return null
17    }
18 }
19
20 // 调用示例
21 def imageUrl = vars.get("imageUrl")
22 def encodedImage = downloadAndEncodeImage(imageUrl)
23
24 if (encodedImage != null) {
25    log.info("编码后的图片数据: ${encodedImage}")
26 } else {
27    log.info("无法获取编码后的图片数据")
28    return
29 }
30
31 vars.put("encodedImage", encodedImage)
```

　　在上述代码中，首先定义一个名为 downloadAndEncodeImage 的方法，用于下载指定 URL
的图片，将其转换为 Base64 编码的字符串并返回。该方法使用 new URL(imageUrl). openStream()
打开一个输入流，并调用字节数组的 getBytes()方法将这个输入流中的所有内容读入 imageBytes
中。然后使用 Java 内置的 Base64 编码器，调用其中的 getEncoder()方法来获取编码器实例，对
字节数组 imageBytes 进行编码并返回。最后将编码后的数据保存到 encodedImage 变量中。

　　（3）发送第二个请求，在请求参数中通过${encodedImage}引用经过 Base64 编码加密的
图片数据。

11.6　JSR223 Assertion

11.6.1　JSR223 Assertion 的应用场景

JSR223 Assertion 用于对测试结果进行验证。它允许你使用脚本编写自定义的断言逻辑。以下是一些常见的 JSR223 Assertion 应用场景。

- 自定义验证逻辑：当需要对接口响应进行自定义的逻辑验证时，可以使用 JSR223 Assertion。例如，验证响应中特定字段的值是否符合预期，或者根据一些特定的业务规则对响应进行验证。
- 复杂数据结构验证：如果接口响应采用复杂的数据结构（如 JSON、XML 等），则可以使用 JSR223 Assertion 来解析和验证这些数据结构。通过编写脚本，我们可以在断言中使用适当的逻辑进行数据的提取和比较。
- 数据库查询和验证：当测试涉及数据库查询且需要对查询结果进行验证时，JSR223 Assertion 可以用于执行数据库查询，并对查询结果与预期结果进行比较。使用 JSR223 Assertion 可以编写数据库查询语句，并在断言中对结果进行验证。
- 性能指标验证：如果在测试中关注接口的性能指标，如响应时间、吞吐量等，则可以使用 JSR223 Assertion 来对这些性能指标进行验证。通过编写相应的脚本，可以在断言中计算和比较这些指标，并检查它们是否满足性能要求。
- 定制断言逻辑：当 JMeter 提供的内置断言无法满足特定需求时，可以使用 JSR223 Assertion 来编写定制的断言逻辑。这样你就可以根据具体的测试场景和需求，灵活地实现自己所需的断言验证逻辑。

11.6.2　JSR223 Assertion 的应用案例

1. 自定义验证逻辑

当使用 Groovy 编写 JSR223 Assertion 时，可以利用 Groovy 的强大功能和语法来处理接口响应数据并进行断言验证。下面是一个简单的示例。

假设一个接口返回如下 JSON 格式的响应。

```
{
  "name": "John",
  "age": 25,
  "email": "john@example.com"
}
```

我们希望对这个接口返回的响应进行断言验证，判断 age 字段的值是不是 25。

使用 JSR223 Assertion 编写自定义的断言逻辑来验证响应字段值是否正确的脚本示例如代

码清单 11-22 所示。

```
1    import groovy.json.JsonSlurper
2
3    // 获取接口响应
4    def response = SampleResult.getResponseDataAsString()
5
6    // 解析 JSON 响应
7    def jsonSlurper = new JsonSlurper()
8    def jsonResponse = jsonSlurper.parseText(response)
9
10   // 从 JSON 数据中获取 age 字段的值
11   def age = jsonResponse.age
12
13   // 判断 age 字段的值是不是 25
14   if (age == 25) {
15       // 断言成功
16       SampleResult.setSuccessful(true)
17       SampleResult.setResponseMessage("Age is correct")
18   } else {
19       // 断言失败
20       SampleResult.setSuccessful(false)
21       SampleResult.setResponseMessage("Age is not correct")
22   }
```

在上述示例中，首先通过 SampleResult.getResponseDataAsString()方法获取接口响应，并使用 JsonSlurper 类将响应数据解析为 Groovy 的 Map 对象。然后从解析得到的 JSON 数据中获取 age 字段的值，并将其与预期的值做比较。最后根据比较结果，设置 SampleResult 对象的属性来表示断言是否成功。如果 age 字段的值为 25，则设置 SampleResult.setSuccessful(true)，否则设置 SampleResult.setSuccessful(false)。这样在 JMeter 的测试结果中，便能够看到断言的结果，以判断接口响应是否符合预期。

我们再来看一个较复杂的例子。假设服务器返回如下 JSON 格式的响应数据。

```
{
  "ID":"M12345",
  "EDUCATION":"B.A.",
  "ANNUALINCOME":"5 - 6 L\/annum",
  "AGE":"29"
}
{
  "ID":"M12346",
  "EDUCATION":"B.Sc.",
```

```
    "ANNUALINCOME":"1 - 2 L\/annum",
    "AGE":"24"
  }
  {
    "ID":"M12347",
    "EDUCATION":"B.Com.",
    "ANNUALINCOME":"5 - 6 L\/annum",
    "AGE":"27"
  }
...
```

现在要验证年收入、年龄、教育程度是否在如下范围内。

- 年收入：1 万～10 万元。
- 年龄：18～30 岁。
- 教育程度：B.A.、B.Sc.或 B.Com.。

使用 JSR223 Assertion 编写自定义的断言逻辑来验证字段值的范围是否正确的脚本示例如代码清单 11-23 所示。

代码清单 11-23　使用 JSR223 Assertion 编写自定义的断言逻辑来验证字段值的范围是否正确的脚本示例

```
1    import groovy.json.JsonSlurper
2
3    // 获取接口响应
4    def response = SampleResult.getResponseDataAsString()
5
6    // 解析 JSON 响应
7    def jsonSlurper = new JsonSlurper()
8    def jsonResponse = jsonSlurper.parseText(response)
9
10   // 验证年收入
11   def annualIncome = jsonResponse.ANNUALINCOME
12   def lowerBound = (annualIncome =~ "(\\d+)")[0][1] as int
13   def upperBound = (annualIncome =~ "(\\d+)")[1][1] as int
14   def acceptableIncomeRange = 1..10
15   def isIncomeInRange = acceptableIncomeRange.contains(lowerBound) &&
     acceptableIncomeRange.contains(upperBound)
16
17   // 验证年龄
18   def age = jsonResponse.AGE
19   def ageRange = 18..30
20   def isAgeInRange = age.toInteger() in ageRange
21
22   // 验证教育程度
23   def education = jsonResponse.EDUCATION
```

```
24 def validEducationList = ["B.A.", "B.Sc.", "B.Com."]
25 def isEducationValid = validEducationList.contains(education)
26
27 // 断言结果
28 if (isIncomeInRange && isAgeInRange && isEducationValid) {
29     // 断言成功
30     SampleResult.setSuccessful(true)
31     SampleResult.setResponseMessage("Data is within the specified range")
32 } else {
33     // 断言失败
34     SampleResult.setSuccessful(false)
35     SampleResult.setResponseMessage("Data is not within the specified
       range")
36 }
```

在上述示例中，首先分别获取 annualIncome、age 和 education 字段的值，并进行相应的断言验证。对于年收入，使用 "=~" 操作符匹配最低与最高收入，如果最低与最高收入都包含在 1 万～10 万元的范围内，则 isIncomeInRange 为 true，否则为 false。对于年龄，将其转换为整数，并使用 in 操作符判断它是否在指定的范围（18～30 岁）内。如果它在指定的范围内，则 isAgeInRange 为 true，否则为 false。对于教育程度，则定义一个有效的教育程度列表 validEducationList，其中包括列表项 B.A.、B.Sc. 和 B.Com.；然后使用 contains() 方法检查获取到的教育程度是否在该列表中，如果在该列表中，则 isEducationValid 为 true，否则为 false。最后根据以上 3 个断言的结果，设置 SampleResult 对象的属性来表示断言是否成功。

2. 复杂的数据验证

对于添加购物车接口返回的 JSON 数据，具体的结构与字段会因为接口的设计和实际业务需求不同而有所不同。通常情况下，添加购物车接口返回的 JSON 数据如下。

```
{
  "status": "success",
  "message": "Product successfully added to the shopping cart",
  "cart_id": "12345",
  "items": [
    {
      "id": "1",
      "name": "Product 1",
      "price": 10.99,
      "quantity": 2
    },
    {
      "id": "2",
      "name": "Product 2",
      "price": 5.99,
```

```
            "quantity": 1
        }
    ]
}
```

其中的字段如下。

- status：表示接口执行的状态，可能的值包括 success、error 等。
- message：提示消息，用于描述接口的执行结果或相关信息。
- cart_id：购物车 ID，它是购物车的唯一标识符。
- items：购物车中的商品列表，每个商品包含以下字段。
  - id：商品 ID，它是商品的唯一标识符。
  - name：商品名称。
  - price：商品价格。
  - quantity：商品数量。

当使用 JSR223 Assertion 验证添加购物车接口的正确性时，可以编写一个 Groovy 脚本，如代码清单 11-24 所示。

代码清单 11-24　验证添加购物车接口的正确性

```groovy
1   import groovy.json.JsonSlurper
2   import java.math.BigDecimal
3
4   // 获取接口响应
5   def response = SampleResult.getResponseDataAsString()
6
7   // 解析 JSON 响应
8   def jsonSlurper = new JsonSlurper()
9   def jsonResponse = jsonSlurper.parseText(response)
10
11  // 验证 items 字段存在且不为空
12  if (!jsonResponse.containsKey("items") || jsonResponse["items"].isEmpty()) {
13      SampleResult.setSuccessful(false)
14      SampleResult.setResponseMessage("No items found in the shopping cart")
15      return
16  }
17
18  // 遍历 items 列表
19  def items = jsonResponse["items"]
20  for (item in items) {
21      // 验证 name 字段非空
22      if (!item.containsKey("name") || item["name"].isEmpty()) {
23          SampleResult.setSuccessful(false)
24          SampleResult.setResponseMessage("Invalid product name")
```

```
25        return
26    }
27
28    // 验证 price 字段存在且字段值为合法数字
29    def priceString = item["price"]
30    try {
31        BigDecimal price = new BigDecimal(priceString)
32    } catch (NumberFormatException e) {
33      SampleResult.setSuccessful(false)
34      SampleResult.setResponseMessage("Invalid price for product: "
         + item["name"])
35        return
36    }
37
38    // 验证 quantity 字段存在且字段值为合法数字
39    def quantityString = item["quantity"]
40    try {
41        BigDecimal quantity = new BigDecimal(quantityString)
42    } catch (NumberFormatException e) {
43      SampleResult.setSuccessful(false)
44      SampleResult.setResponseMessage("Invalid quantity for product: "
         + item["name"])
45        return
46    }
47 }
48
49 // 所有验证均通过
50 SampleResult.setSuccessful(true)
51 SampleResult.setResponseMessage("Shopping cart data is valid")
```

上述代码获取添加购物车接口返回的 JSON 数据并将其解析为一个对象，然后按照条件逐一进行字段验证：先验证商品列表字段（items）存在且不为空；再遍历 items 列表，并分别验证每个商品的 name 字段、price 字段和 quantity 字段。如果存在任何无效字段，则设置请求失败；如果所有的验证都通过，则设置请求成功。

3. 数据库查询与结果验证

在使用 JSR223 Assertion 进行提交订单接口的数据库查询与结果验证时，可以使用相关的数据库连接（如 JDBC）来执行查询并获取结果。代码清单 11-25 演示了如何在 JSR223 Assertion 中执行数据库查询并进行结果验证。

代码清单 11-25   在 JSR223 Assertion 数据库查询与结果验证

```
1   import groovy.sql.Sql
2
```

```
3   // 数据库连接配置
4   def dbUrl = "jdbc:mysql://localhost:3306/mydatabase"
5   def dbUser = "username"
6   def dbPassword = "password"
7
8   // 创建数据库连接
9   def sql = Sql.newInstance(dbUrl, dbUser, dbPassword, "com.mysql.jdbc
    .Driver")
10
11  // 获取接口响应
12  def response = SampleResult.getResponseDataAsString()
13
14  // 解析 JSON 响应并获取订单号
15  def orderId = ""
16  try {
17      def jsonResponse = new groovy.json.JsonSlurper().parseText(response)
18      orderId = jsonResponse.orderId
19  } catch (Exception e) {
20      SampleResult.setSuccessful(false)
21      SampleResult.setResponseMessage("Failed to parse JSON response: "
        + e.getMessage())
22      return
23  }
24
25  // 执行数据库查询
26  def query = "SELECT * FROM orders WHERE order_id = '${orderId}'"
27  def result = sql.firstRow(query)
28
29  // 验证查询结果
30  if (!result) {
31      SampleResult.setSuccessful(false)
32      SampleResult.setResponseMessage("Order not found in the database:
        ${orderId}")
33  } else {
34      // 其他验证逻辑
35      // ...
36  }
37
38  // 关闭数据库连接
39  sql.close()
```

上述代码演示了如何使用 Groovy 和 JSR223 Assertion 执行数据库查询与结果验证。首先配置数据库连接参数，包括数据库 URL、用户名和密码，并使用数据库 URL、用户名和密码创建数据库连接。然后获取接口响应，并解析 JSON 响应以获取订单号。接下来使用订单号执行数据库查询，查询出对应订单在 orders 表中的记录。最后对查询结果进行验证，如果订单在数据库中没有找到，就将取样器结果设置为 false，并设置响应消息为 Order not found in the database；反之，你可以在此基础上进行其他验证。

4．响应数据验签

对于有些对安全性要求很高的接口，为了确保接口调用的安全性，需要对接口返回的数据进行签名处理，也就是按照签名规则校验返回值。

假设服务器返回如下 JSON 数据。

```
{
    "data": {
        "cb_order_no": "TCAP1809261638005776347450",
        "discount_amount": 0,
        "local_order_no": "OPENAPI201809261637391813348",
        "order_status": "PAY_SUC",
        "out_order_no": "2018092622001487730519134546",
        "pay_time": "2018-09-26 16:38:33",
        "payment_channel": "ALIPAY",
        "payment_way": "BARCODE",
        "receive_amount": 1,
        "refund_amount": 0,
        "remark": "test",
        "request_id": "7590398f-f926-413a-b806-c47957b174a1",
        "request_time": "20180926163718",
        "response_time": "20180926164049",
        "subject": "test",
        "total_amount": 1
    },
    "result": {
        "success": true
    },
    "sign": "l84QPfTTCYfu9d7SOpmyW2wR47i1WgtaamsCeaH6/0NQf+zIT/h6id67gH
    XTzcQl7TCpR6wRnGUZKKbpm/ZZdQ2OuWNrLhygyI1hjIB7+Luu5zSOIjIiY66iRu4dO
    dYAIhIRtobI7ojxshewmb4CgTdjX18/GxOwoOtRmF4ybJA="
}
```

验签规则如下。

（1）签名数据由接口中指定的参与签名的字段按照以下规则拼接而成。

■ data 下的所有字段（sign 字段除外）均参与验签，并按照名称字符升序排列（参数名称不允许相同）。

■ 某些请求参数的值是允许包含中文的，为了避免中文的编码问题，我们规定所有带中文的参数值都必须按照 UTF-8 格式进行编码。

■ 如果参数值为空，则对应的参数不参与签名。

■ 将请求参数用&拼接起来（按照名称字符升序拼接）。

（2）参数签名使用 RSA 签名算法，且使用私钥进行签名，使用公钥进行验签。其中公钥为 MIGfMA0GCSqGSIb3DQEBAQUAA4GNADCBiQKBgQCk/Sdhqt691Lz5irvdT/H6dvW6UBNwTP0b c97EJcZGvOGAD2FGnbZVkozOH4qfBmnBRYm3JFJX6zmjnd3h9YOonOLNdbRnRctiRWG5aKp PIH9fl6+ET2GURYNPwbIiwtv0mcdKl6CAeu2TxeDrrHFxi1Kf27E75BsSDdMqP1KIrwIDAQAB。

响应数据验签的示例如代码清单 11-26 所示。

代码清单 11-26　响应数据验签的示例

```
1   import java.security.*
2   import java.security.spec.X509EncodedKeySpec
3   import org.apache.commons.codec.binary.Base64
4
5   // 从响应数据中获取待验签的数据
6   def response = prev.getResponseDataAsString()
7   def responseJson = new groovy.json.JsonSlurper().parseText(response)
8
9   // 将待验签的数据解析为 Map 对象
10  def dataMap = responseJson.data
11  log.info('----------dataMap------' + dataMap)
12
13  // 获取 sign 字段的值
14  def signStr = responseJson.sign
15  log.info('----------signStr------' + signStr)
16
17  // 公钥字符串
18  def publicKeyStr = '''
19  MIGfMA0GCSqGSIb3DQEBAQUAA4GNADCBiQKBgQCk/Sdhqt691Lz5irvdT/H6dvW6UBNwT
    P0bc97EJcZGvOGAD2FGnbZVkozOH4qfBmnBRYm3JFJX6zmjnd3h9YOonOLNdbRnRctiRW
    G5aKpPIH9fl6+ET2GURYNPwbIiwtv0mcdKl6CAeu2TxeDrrHFxi1Kf27E75BsSDdMqP1K
    IrwIDAQAB'''
20
21  // 验签方法
22  def verifySignature(dataMap, publicKeyStr, sign) {
23      // 移除值为空的键值对与 sign 字段
24      dataMap = dataMap.findAll { it.value && it.key != "sign" }
25
26      // 根据验签规则，按照名称字符升序排列参数
27      def sortedParams = dataMap.keySet().sort()
28
29      // 按照规则拼接待验签字符串
30      def signatureString = sortedParams.collect { k ->
31          def v = dataMap[k]
32          // 中文字符编码为 UTF-8
```

```
33        if (v instanceof String && v.contains(/[^\x00-\xFF]/)) {
34            v = URLEncoder.encode(v, "UTF-8")
35        }
36        "${k}=${v}"
37    }.join("&")
38
39    log.info('-----------signatureString----------' + signatureString)
40
41    try {
42        // 获取 Base64 编码的公钥字节数组
43        def publicKeyBytes = Base64.decodeBase64(publicKeyStr)
44
45        // 使用公钥进行验签
46        def keyFactory = KeyFactory.getInstance("RSA")
47        def publicKeySpec = new X509EncodedKeySpec(publicKeyBytes)
48        def publicKey = keyFactory.generatePublic(publicKeySpec)
49
50        def signature = Signature.getInstance("MD5withRSA")// SHA256withRSA
51        signature.initVerify(publicKey)
52        signature.update(signatureString.getBytes("UTF-8"))
53
54        // 对签名结果进行 Base64 解码
55        def decodedSign = Base64.decodeBase64(sign)
56
57        // 验证签名的有效性
58        def isValid = signature.verify(decodedSign)
59
60        return isValid
61    } catch (Exception e) {
62        log.error("验签失败：${e.getMessage()}")
63        return false
64    }
65 }
66
67 // 调用验签方法进行验签
68 def isValid = verifySignature(dataMap, publicKeyStr, signStr)
69 log.info('isValid: ' + isValid)
70
71 // 断言验证结果
72 if (isValid) {
73    AssertionResult.setFailure(false)
74    AssertionResult.setFailureMessage("验签成功")
75 } else {
76    AssertionResult.setFailure(true)
77    AssertionResult.setFailureMessage("验签失败")
78 }
```

上述代码用于验证从响应数据中提取的数据与签名是否一致。首先使用 prev. getResponseDataAsString()获取接口的响应数据，并使用 JsonSlurper 类将其解析为 JSON 对象，从 JSON 对象中获取待验签的数据（在本例中为 dataMap）和签名（在本例中为 signStr）。然后定义 verifySignature()方法，该方法接收待验签的数据、公钥字符串和签名作为参数。在 verifySignature()方法中，先移除值为空的键值对与 sign 字段，并对待验签的参数按照名称字符进行升序排列，将排序后的参数按照规则拼接成待验签字符串。再将 Base64 编码的公钥字符串解码为公钥字节数组，并使用公钥进行验签。对签名结果进行 Base64 解码，并通过 verify() 方法验证签名的有效性。最后在主程序中调用 verifySignature()方法进行验签，并根据验签结果设置断言验证的结果和消息。

5. 性能指标验证

当需要验证接口的性能指标（如响应时间、TPS）是否满足性能要求时，可以使用 JSR223 Assertion 来计算和比较这些指标。

假设有以下测试场景。

■　发送请求并记录响应时间。

■　验证响应时间是否在预期范围内。

■　统计并验证吞吐量。

验证性能指标的示例如代码清单 11-27 所示。

代码清单 11-27　验证性能指标的示例

```
1    // 获取前一个请求的响应时间
2    def responseTime = prev.getTime()
3    log.info('responseTime: ' + responseTime)
4
5    // 验证响应时间是否在预期范围内
6    def expectedResponseTime = 1000  // 预期响应时间为1000ms
7    if (responseTime <= expectedResponseTime) {
8        // 响应时间在预期范围内
9        AssertionResult.setFailure(false)
10       AssertionResult.setFailureMessage("Response time is within the
         expected range")
11   } else {
12       // 响应时间不在预期范围内
13       AssertionResult.setFailure(true)
14       AssertionResult.setFailureMessage("Response time exceeds the expected
         range")
15       return
16   }
17
```

```
18  // 统计吞吐量
19  def sampleCount = prev.getSampleCount() // 获取取样器数量
20  def elapsedTime = prev.getTime() / 1000 // 获取经过的时间（单位：s）
21  def tps = sampleCount / elapsedTime       // 计算吞吐量
22  log.info('TPS: ' + tps)
23
24  // 验证吞吐量是否符合要求
25  def minTps = 10 // 最小吞吐量
26  if (tps >= minTps) {
27      // 吞吐量符合要求
28      AssertionResult.setFailure(false)
29      AssertionResult.setFailureMessage("Throughput meets the requirement")
30  } else {
31      // 吞吐量不符合要求
32      AssertionResult.setFailure(true)
33      AssertionResult.setFailureMessage("Throughput does not meet the
            requirement")
34      return
35  }
36
37  // 所有验证都通过
38  SampleResult.setSuccessful(true)
39  SampleResult.setResponseMessage("PT pass!")
```

上述代码用于验证请求的响应时间和吞吐量是否符合预期要求。首先使用 prev.getTime() 获取前一个请求的响应时间，并将其保存在 responseTime 变量中，对当前请求的响应时间与预期响应时间进行比较。如果当前响应时间小于或等于预期响应时间，则说明响应时间符合要求，设置断言成功；否则，设置断言失败。同时，使用 return 语句提前结束脚本的执行。然后通过取样器数量和经过的时间，计算出当前的吞吐量，对计算得到的吞吐量与最小吞吐量进行比较。如果吞吐量大于或等于最小吞吐量，则表示吞吐量符合要求，设置断言成功；否则，设置断言失败。同时，使用 return 语句提前结束脚本的执行。最后，如果所有的验证都通过，则设置整个请求执行成功。

11.7　JSR223 Listener

11.7.1　JSR223 Listener 的应用场景

JSR223 Listener 是用于执行自定义逻辑以监控和记录测试结果的组件。它允许你使用脚本编写自定义监听器来满足特定的场景需求。以下是一些常见的 JSR223 Listener 应用场景。

- 自定义报告生成：JSR223 Listener 可以用于生成自定义的测试报告。可以编写逻辑来提取并格式化所需的测试结果数据，并将其输出到目标文件中，以创建符合需求的报告。

- 数据存储和分析：使用 JSR223 Listener 可以将测试结果数据存储到数据库、日志文件或其他数据存储介质中，便于后续分析和处理。可以编写逻辑来执行数据转换、过滤或计算等操作，从而得到更详细或更有意义的测试结果。
- 实时监控和可视化：JSR223 Listener 可以用于实时监控和可视化测试结果。可以编写逻辑来动态更新和展示测试指标、图表或实时数据，以便对测试进度与性能进行实时监控和可视化呈现。
- 自定义错误处理方式：使用 JSR223 Listener 可以编写逻辑来自定义测试中的错误处理方式。可以定义自己的错误处理机制，根据需要执行特定的操作，如发送通知、记录日志、执行补救操作等。
- 性能分析和优化：通过编写自定义逻辑，JSR223 Listener 可协助进行性能分析和优化。可以从测试结果数据中提取关键指标，并执行计算、对比、趋势分析等操作，以便找到潜在的性能问题并采取优化措施。

11.7.2　JSR223 Listener 的应用案例

1. 按响应时间区间显示结果

使用 50 个线程向****bbs****发送 HTTP 请求，在响应结果中，要求按如下响应时间区间进行统计。

- 响应时间小于或等于 120（单位为 ms）的请求个数。
- 响应时间区间为(120,150]（单位为 ms）的请求个数。
- 响应时间区间为(150,180]（单位为 ms）的请求个数。
- 响应时间大于 180（单位为 ms）的请求个数。

步骤如下。

（1）添加线程组，设置线程数为 50。

（2）在线程组下添加 HTTP 请求，设置域名为****bbs****。

（3）在 HTTP 请求下添加一个 JSR223 Listener，并选择 Groovy 语言，在 Script 输入框中编写一些代码，实现按响应时间区间显示结果，如代码清单 11-28 所示。这些代码实现了根据请求的响应时间动态修改请求的名称。通过这种方式，可以根据请求的响应时间对请求进行分类，便于后续统计和分析。

代码清单 11-28　按响应时间区间显示结果

```
1  log.info("----------------------------" + prev.getTime())
2  if (prev.getTime() <= 120) {
3    // 响应时间小于或等于120（单位: ms）
4    // 设置取样器名称
```

```
5    prev.setSampleLabel(prev.getSampleLabel() + " <= 120")
6  } else if (prev.getTime() <= 150) {
7    // 响应时间区间为(120,150] (单位: ms)
8    prev.setSampleLabel(prev.getSampleLabel() + "(120,150]")
9  } else if (prev.getTime() <= 180) {
10   // 响应时间区间为(150,180] (单位: ms)
11   prev.setSampleLabel(prev.getSampleLabel() + "(150,180]")
12 } else {
13   // 响应时间大于 180 (单位: ms)
14   prev.setSampleLabel(prev.getSampleLabel() + " > 180")
15 }
```

（4）在 HTTP 请求下添加一个聚合报告。

（5）保存脚本并执行测试计划。

（6）按响应区间显示的结果如图 11-2 所示。

图 11-2　按响应时间区间显示的结果

从图 11-2 中可以看出，HTTP 请求结果按响应时间区间完成了分组统计。

2．检查某个断言是否失败

有一个 HTTP 请求，其中包含响应断言和持续时间断言。现在要求只有当响应断言失败时，才会阻止执行下一个 HTTP 请求并停止测试；而在其他情况下，测试可以继续执行。

步骤如下。

（1）在测试计划中添加用户自定义变量 switch，将其值设置为 true。

（2）添加线程组并使用默认配置。

（3）在线程组下添加循环控制器，设置循环次数为 5。

（4）在线程组下添加 If 控制器，将表达式设置为${__groovy(vars.get("switch"),)}。

（5）在 If 控制器下添加 HTTP 取样器，设置域名为****bbs****。

（6）在 HTTP 请求下添加响应断言，设置断言响应状态码为 200。

（7）在 HTTP 请求下添加持续时间断言，设置持续时间为 300 ms。

（8）在 HTTP 请求下添加 JSR223 Listener，并选择 Groovy 语言，在 Script 输入框中编写一些代码，检查某个断言是否失败，如代码清单 11-29 所示。

代码清单 11-29　检查某个断言是否失败

```
1  import org.apache.jmeter.assertions.AssertionResult
2
3  // 获取前一个请求的断言结果数组
4  AssertionResult[] results = prev.getAssertionResults()
5
6  // 设置是否停止执行测试的标志
7  boolean flag = false
8
9  // 遍历断言结果数组
10 for(int i = 0; i < results.length; i++) {
11     // 获取第 i 个断言结果
12     AssertionResult result = results[i]
13
14     // 判断当前断言是不是响应断言
15     boolean isResponseAssertion = result.getName().equals("Response
       Assertion")
16     log.info('isResponseAssertion: ' + isResponseAssertion)
17
18     // 判断响应断言是否失败
19     boolean resultHasFailed = result.isFailure() || result.isError()
20     log.info('resultHasFailed: ' + resultHasFailed)
21
22     // 当前断言是响应断言并且失败时，设置 flag 为 true
23     if(isResponseAssertion && resultHasFailed) {
24         flag = true
25         break
26     }
27 }
28 // 修改退出标志
29 vars.put("switch", (!flag).toString())
30 log.info('switch: ' + vars.get("switch"))
```

在上述代码中，首先使用 prev.getAssertionResults() 获取前一个请求的断言结果数组，并将其保存在 results 变量中。然后定义一个布尔型变量 flag，用于标记是否有响应断言失败的情况。接下来使用 for 循环遍历断言结果数组。在 for 循环内部，先获取当前断言结果对象 result，判断当前断言是不是响应断言（响应断言名为 Response Assertion）；再使用 result.isFailure() || result.isError() 判断当前断言是否失败。如果当前断言是响应断言且失败，则将 flag 设置为 true，并使用 break 语句提前结束循环。在 for 循环外部，使用 vars.put("switch", (!flag).toString()) 将 flag 的取反结果转为字符串并存储在 switch 变量中。这样 If 控制器就可以根据 switch 的值控制是否继续执行测试。

11.8　小结

本章介绍了使用 JSR223 元素进行脚本开发的技巧，JSR223 元素包括 JSR223 PreProcessor、JSR223 Timer、JSR223 Sampler、JSR223 PostProcessor、JSR223 Assertion 和 JSR223 Listener。通过使用 JSR223 元素和 Groovy 脚本，可以灵活地控制性能测试过程中的各个环节，满足特定的测试需求。这提供了更强的可扩展性和灵活性，使得 JMeter 能够更好地适应不同的测试场景。

附录 A　MDClub 系统部署说明

本书有相当一部分案例使用了 MDClub 这个开源社区系统。读者可以根据本附录，自己部署一个 MDClub 系统以进行学习与研究。

MDClub 是一个采用 Material Design 设计风格的开源社区系统。它有如下特点。

- 它支持响应式设计，可自动适配手机和计算机。
- 它是超级轻量级的，CSS 与 JavaScript 代码仅占用 98KB 内存空间。
- 它能自动适配暗色模式。
- 它通过首屏服务端渲染、次屏前端渲染，完美兼顾 SEO（Search Engine Optimization，搜索引擎优化）和用户体验。
- 它使用了自主开发的富文本编辑器。
- 它提供规范的 RESTful API 和 JavaScript SDK（Software Development Kit，软件开发工具包）。

为了方便起见，我们选择在 Windows 系统中使用 PHPStudy 集成包来部署，这样可以较快速地搭建 MDClub 系统。部署 MDClub 系统需要安装的程序如表 A-1 所示。

表 A-1　部署 MDClub 系统需要安装的程序

软件	功能	备注
phpstudy_x64_8.1.1.3.exe	PHP 调试环境的程序集成包	—
mdclub-v1.0.2.zip	MDClub 应用程序	—
Nginx 1.15.11	Web 服务器	—
MySQL 5.7.26	数据库服务器	—
php7.3.4nts	PHP 运行支持程序	需要启用 gd 或 imagemagick、fileinfo、json、pdo、iconv、curl 扩展
Composer 2.5.8	管理 PHP 项目的依赖程序	—

在安装之前，我们首先需要为 MDClub 网站准备一个域名，如果在本机上进行测试，则可以

直接在 Windows 系统的 C:\Windows\System32\drivers\etc\hosts 中添加"127.0.0.1 ****bbs****"。

MDClub 系统的部署步骤如下。

（1）双击 phpstudy_x64_8.1.1.3.exe，启动安装程序，按照提示操作即可安装 phpStudy。

（2）在 phpStudy 中，在面板左侧选择"软件管理"，在面板右侧选择"Web Servers"标签，并选择 Nginx 1.15.11，单击"安装"按钮即可安装 Nginx。

（3）在 phpStudy 中，在面板左侧选择"软件管理"，在面板右侧选择"数据库"标签，并选择 MySQL 5.7.26，单击"安装"按钮即可安装 MySQL。

（4）在 phpStudy 中，在面板左侧选择"软件管理"，在面板右侧选择"php"标签，并选择 php7.3.4nts，单击"安装"按钮即可安装 PHP。

（5）在 phpStudy 中，在面板左侧选择"软件管理"，在面板右侧选择"composer"标签，并选择 Composer 2.5.8，单击"安装"按钮即可安装 Composer。

（6）部署 MDClub 应用。在 phpStudy 安装目录下的 WWW 目录中创建一个名为****bbs ****的子目录，将 mdclub-v1.0.2.zip 解压到该目录下。因为安装脚本中有两个外部链接已经失效，所以需要修改一下代码。具体操作如下。

①　找到 www.***.com\templates\default\install.php，使用文本编辑器打开它，找到第 36 行：

```
<link rel="stylesheet" href="*****://unpkg****/mdui@1.0.2/dist/css/mdui.
min.css"/>
```

改为如下内容。

```
<link rel="stylesheet" href="*****://cdnjs.cloudflare****/ajax/libs/mdui/
1.0.2/css/mdui.min.css"/>
```

②　继续找到第 669 行与第 670 行。

```
<script src="*****://unpkg****/mdui@1.0.2/dist/js/mdui.min.js"></script>
<script src="*****://unpkg****/mdclub-sdk-js@1.0.4/dist/mdclub-sdk.min.js">
</script>
```

改为如下内容。

```
<script src="*****://cdnjs.cloudflare****/ajax/libs/mdui/1.0.2/js/mdui.
min.js"></script>
<script src="*****://cdnjs.cloudflare****/ajax/libs/mdui/1.0.2/js/mdui.
esm.min.js"></script>
```

保存所做的修改。

（7）创建 MDClub 数据库。创建一个名为 mdclub 的 MySQL 数据库，设置字符集为 utf8mb4，设置排序规则为 utf8mb4_general_ci。

（8）创建网站。在 phpStudy 中，在面板左侧选择"网站"，单击"+创建网站"按钮，弹出"网站"对话框，在"基本配置"选项卡中进行一些设置，如图 A-1 所示。再选择"伪静态"选项卡，将****bbs****安装目录下的.nginx.conf 文件的内容复制后粘贴到此处的输入框中，如图 A-2 所示。最后，单击"确认"按钮，网站创建完毕，新增一条网站记录，内容如下。

图 A-1　基本配置

图 A-2　复制并粘贴文件内容

- 域名：****bbs****。
- 根目录：<此处为 MDClub 应用的 public 子目录>。
- PHP 版本：php7.3.4nts。

（9）安装项目依赖。在新增的网站记录中，单击"管理"按钮，选择 composer 并单击，弹出"composer 设置"窗口，设置 PHP 版本为 php7.3.4nts，然后单击"确认"按钮。此时会打开命令行窗口，并自动切换到网站的根目录，输入"cd .."后按 Enter 键切换到安装目录，再输入"composer install"命令后按 Enter 键，按提示安装即可，如图 A-3 所示。

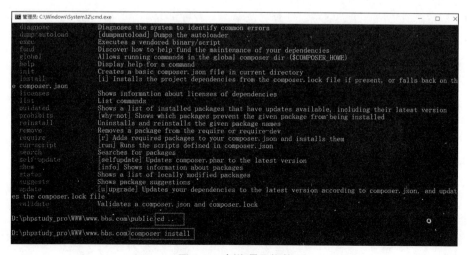

图 A-3　安装项目依赖

（10）修改数据库配置。在****bbs****\config 目录下，找到 config.default.php 文件，在其中修改数据库相关的配置，如图 A-4 所示。

```php
<?php

return [
    'APP_DEBUG'         => false,                // 是否开启调试模式。
    'APP_RUNTIME'       => __DIR__ . '/../var',  // 临时文件存放目录
    'APP_SHOW_API_DOCS' => false,                // 若为 true，则访问 /api 页面时，将显示 swagger 文档

    'DB_CONNECTION'     => 'mysql',              // 数据库类型
    'DB_HOST'           => 'localhost',          // 数据库主机地址
    'DB_PORT'           => '3306',               // 数据库端口号
    'DB_DATABASE'       => 'mdclub',             // 数据库名称
    'DB_USERNAME'       => 'root',               // 数据库用户名
    'DB_PASSWORD'       => 'root',               // 数据库密码
    'DB_CHARSET'        => 'utf8mb4',            // 数据库字符集
    'DB_PREFIX'         => 'mc_',                // 数据库表前缀
];
```

图 A-4　修改数据库相关的配置

（11）在浏览器的地址栏中输入"****://****bbs****/install"并按 Enter 键启动安装程序。总共有 3 个步骤——检查环境、创建数据库、完成安装。按照提示执行一般不会有太大问题。请记住安装过程中设置的管理员账号和密码。

（12）修改验证码的限制次数。默认 3 次就会出现验证码，测试时可以将次数调大些，比如改成 3000 次。打开****bbs****\src\Validator\Token.php 文件，找到第 36 行，进行如下修改（注意后面的逗号不要丢了）。

```
App::$config['APP_DEBUG'] ? 30 : 3000,
```

（13）设置注册验证邮箱。以管理员身份登录，访问****://****bbs****/admin/options/mail 页面，按要求进行设置即可。

MDClub 包括前台系统与后台系统两个子系统。

■　前台系统包括首页、话题、问答、文章、人脉等部分。

■　后台系统包括话题、提问、回答、文章、评论、用户、举报、设置等部分。

关于 MDClub 接口说明的具体 API 文档，请参考 MDClub 网站。